全国勘察设计
建筑环境与能源应用工程专业
优秀工程 1

中国勘察设计协会建筑环境与能源应用分会　主编

中国建筑工业出版社

图书在版编目（CIP）数据

全国勘察设计建筑环境与能源应用工程专业优秀工程. 1/
中国勘察设计协会建筑环境与能源应用分会主编. —北京：
中国建筑工业出版社，2018.8
ISBN 978-7-112-22460-9

Ⅰ.①全… Ⅱ.①中… Ⅲ.①建筑工程-环境管理-中国-
图集 Ⅳ.①TU-023

中国版本图书馆 CIP 数据核字（2018）第 161016 号

本书配套资源下载流程：
中国建筑工业出版社官网 www.cabp.com.cn→输入书名或征订号查询→
点选图书→点击配套资源即可下载。
重要提示：下载配套资源需注册网站用户并登录。

责任编辑：张文胜
责任设计：李志立
责任校对：焦 乐

全国勘察设计建筑环境与能源应用工程专业优秀工程 1
中国勘察设计协会建筑环境与能源应用分会 主编

*
中国建筑工业出版社出版、发行（北京海淀三里河路9号）
各地新华书店、建筑书店经销
北京科地亚盟排版公司制版
廊坊市海涛印刷有限公司印刷
*
开本：787×1092 毫米 1/16 印张：20 字数：495 千字
2018 年 8 月第一版 2018 年 8 月第一次印刷
定价：**68.00** 元（附网络下载）
ISBN 978-7-112-22460-9
（32334）

本书编审委员会

主　任：罗继杰

副主任：潘云钢　方国昌　戎向阳　伍小亭

成　员：寿炜炜　张　杰　朱建章　于晓明　屈国伦

　　　　马伟骏　徐稳龙　张铁辉　熊衍仁　金久炘

　　　　姚国梁　赵士怀　罗　英　金丽娜　吴大农

　　　　夏卓平　吴祥生　白小步　李兆坚　黄世山

　　　　周　敏　陈仕泉　褚　毅　朱宝仁　车轮飞

　　　　李向东　马　德

策　划：杨爱丽

统　稿：訾冬毅　龚　雪

前　言

本书收录了 2017 年度"全国优秀工程勘察设计行业奖（建筑环境与能源应用专业）"获奖工程 30 项和"第 2 届全国建筑环境与设备工程青年设计师大奖赛"获奖工程 6 项。获奖工程的汇集问世，是对我国当代暖通空调工程设计的检阅与展示，是对辛勤耕耘在设计一线并取得优异成绩的设计师的表彰，也是中国勘察设计协会建筑环境与能源应用分会成立四十年之后，坚持初心，致力建设绿色暖通的一项重要工作。

"全国优秀工程勘察设计行业奖（建筑环境与能源应用专业）"是工程设计行业的最高奖项。参评的工程设计项目由全国各省（市）勘察设计协会评审推荐，评审委员会由来自全国各设计院暖通空调专业的具有深厚学术造诣和丰富实践经验的知名总工组成。在中国勘察设计协会的领导下，评委会经过对参评项目的认真审阅、咨询质疑、推敲比较、记名投票，形成提名项目名单，经中国勘察设计协会网站公示，由中国勘察设计协会理事长会议审定批准。获奖作品名至实归，当之无愧；获奖作品具有时代性和权威性，代表了当前建筑环境与能源应用工程设计行业的最高水平。

设计作为人类有意识创造活动的先导，是驱动创新的有效手段。在生态文明建设和人民美好生活愿景前，暖通空调设计在暖通空调工程中居龙头地位。获奖设计以绿色理念统领，通过对先进节能技术、系统与设备的熟练掌握和创新应用，凸显了暖通空调设计行业的发展水平和暖通空调制造业达到的高度。因此工程设计创优和评优，对于保证设计质量和提高设计水平具有强烈的示范作用，进而对建筑节能、对提高行业科技水平、拓展专业领域具有重要意义。为此，增强设计师的创优意识、不断提高设计能力与设计水平是设计师重要职责和应尽的义务，也是中国勘察设计协会建筑环境与能源应用分会工作的宗旨。

在当今世界新一轮科技革命、我国社会经济发展进入新阶段、建设绿色暖通、建设空调强国的大背景下，设计师经常面临新的、复杂功能、大型规模的建筑工程设计的挑战。对此，设计师必须与时俱进，迫切需要更多地看、更多地学，通过及时全面了解行业工程设计的发展状况，不断获取新的知识与信息，丰富自身的阅历，提升技术水平，创作优秀设计。然而工作繁重，又使设计师的再学习、外出调研受到限制。"观千剑后而识器"，获奖工程的汇集出版，则为大家创造了便利，树立了可学习、可借鉴的样板，提供了寻找差距的标杆，对在新时代下做好设计帮助建立较为全面和正确的认识。

鉴于书籍版面所限，不可能反映工程设计全貌，本书改变常规的汇集设计图纸的做法，把获奖工程的总结汇编成籍。让大家观摩和思考获奖者的经验与心得，从中以窥设计的核心和练成获奖设计的过程：技术方案的比选、对节能技术与设备的适宜性选择、各系统的科学合理集成设计、节能运行控制策略的规定，实际的测试验证等。当然，我们还可以从中感受到获奖设计师的责任担当、贯穿始终的绿色与创新理念、严谨求精的工匠精神。从创优到评奖，从工程设计到总结，至今凝练为汇集出版，其中包含着许许多多申报工程的设计者、评委、编委、编辑人员的智慧和汗水，在此，中国勘察设计协会建筑环境与能源应用分会向他们致以最诚挚的感谢和崇高敬意！

考察获奖设计，我们还能发现，优秀的设计以节能为核心，但绝不是节能技术与设备或者是所谓"高大上"的技术与产品的堆砌；获奖设计，是体现绿色理念、体现当代先进设计水平、满足建筑功能并且节能、化繁为简的适宜的设计，是遵守规范标准、符合质量要求的设计。因此，设计师在对获奖设计的借鉴与学习中，不应当只是简单模仿、亦步亦趋，而是要有自己的社会责任，结合工程实际，在绿色、创新、适宜理念统领下，做出满足业主要求、节能的设计，以最为经济合理的投入，创造更好的节能减排效果。这样的设计，是具有参评获奖工程潜质的设计，是实现人民美好生活要求的优秀设计。

从评选出获奖工程设计，到带动、促进工程设计创优，推动更多的优秀设计涌现，使开展全国优秀勘察设计评优具有更为深远的意义。我们坚信，获奖工程设计将以"一花绽放"，带领暖通空调工程设计走向"万紫千红"，形成满园春色；我们的工程设计将在总体上得到新的提高，上升至新的层面。我们充满期待，下一轮获奖设计将从更多的优秀设计中脱颖而出，下一册获奖工程汇集会使大家更觉惊艳。

"楼观沧海日，门对浙江潮"。打开获奖工程汇集，我们强烈地感受到我国社会主义新时代的经济建设正如沧海之日冉冉升起；优秀工程设计、获奖工程设计正如钱塘之潮滚滚前来、展示出建设绿色暖通、建设暖通空调强国的强劲之势。乘风破浪潮头立，扬帆起航正当时。让我们坚守初心，执着创新创优，施展才华，贡献智慧，开启绿色暖通新征程，为建设美好生活作出新的贡献。

中国勘察设计协会建筑环境与能源应用分会

2018 年 6 月 30 日

目　　录

2017 年度全国优秀工程勘察设计行业奖（建筑环境与能源应用专业）一等奖 …… 1

深圳市城市轨道交通 11 号线工程通风空调系统设计 ……………………………… 3
中国建筑股份有限公司技术中心试验楼改扩建工程 ……………………………… 16
华泰证券广场暖通空调设计 ……………………………………………………… 26
云阳县市民文化活动中心空调设计 ……………………………………………… 34
卧龙自然保护区都江堰大熊猫救护与疾病防控中心建筑环境与设备设计 …… 46
南开大学新校区（津南校区）1 号能源站工程 ………………………………… 56

2017 年度全国优秀工程勘察设计行业奖（建筑环境与能源应用专业）二等奖 …… 65

清华大学新建医院一期工程 ……………………………………………………… 67
朱集西煤矿井下降温与热能利用工程设计 ……………………………………… 78
珠江新城 F2-4 地块项目暖通空调设计 ………………………………………… 92
北京英特宜家购物中心大兴项目二期工程（北京荟聚中心）暖通空调设计 …… 101
武汉光谷国际网球中心一期 15000 座网球馆空调系统设计 …………………… 109
淮安大剧院空调设计 ……………………………………………………………… 118
华数白马湖数字电视产业园 IDC 机房的余热利用运行实例 ………………… 121
凯德商用·天府中心暖通空调设计 …………………………………………… 126
金域生物岛总部大楼 ……………………………………………………………… 138
佛山新城商务中心一期工程 ……………………………………………………… 145
雅砻江流域集控中心大楼暖通空调设计 ………………………………………… 154
上海东方肝胆医院 ………………………………………………………………… 160
镇江广播电视中心 ………………………………………………………………… 169
上海浦东发展银行合肥综合中心空调设计 ……………………………………… 182

2017 年度全国优秀工程勘察设计行业奖（建筑环境与能源应用专业）三等奖 … 191

合肥加拿大国际学校·合肥中加学校教学楼 …………………………………… 193
临安市体育文化会展中心 ………………………………………………………… 198
福建海峡银行办公大楼 …………………………………………………………… 202
广深港客运专线福田站通风空调系统设计 ……………………………………… 208
重庆轨道交通六号线一期工程通风空调、给排水及消防、气体灭火系统

设计 ·· 215

哈大客专沈阳站房暖通设计 ································· 224

河南安钢集团舞阳矿业有限责任公司地表水水源热泵机房设计 ······· 234

中银大厦（苏州）空调设计 ························· 242

中衡设计集团新研发设计大楼 ···················· 248

邯郸市西污水热泵能源站项目 ·················· 254

第2届"全国建筑环境与设备工程青年设计师大奖赛"金奖 ············· 263

北京地铁14号线工程施工设计 ················ 265

第2届"全国建筑环境与设备工程青年设计师大奖赛"银奖 ············· 271

山西大剧院空调系统设计 ······················ 273

五台山机场改扩建工程航站、航管、办公综合楼工程暖通空调设计 ······· 278

第2届"全国建筑环境与设备工程青年设计师大奖赛"铜奖 ············· 285

泊头市医院迁建项目暖通空调系统设计 ············ 287

虹桥商务区核心区一期08地块暖通空调系统设计 ·········· 294

南海意库梦工厂大厦空调设计 ················· 305

2017 年度全国优秀工程勘察设计行业奖
（建筑环境与能源应用专业）

一　等　奖

深圳市城市轨道交通 11 号线
工程通风空调系统设计①

- 建设地点： 深圳市
- 设计时间： 2011 年 3 月～2015 年 11 月
- 竣工日期： 2016 年 3 月
- 设计单位： 深圳市市政设计研究院有限
  公司
- 主要设计人：杨 宁 潘荣平
- 本文执笔人：潘荣平

作者简介：

杨宁：高级工程师，1994 年 7 月毕业于天津城市建设学院暖通空调专业。现在深圳市市政设计研究院有限公司工作，担任暖通专业总工程师，轨道交通院院长。先后承担深圳市轨道交通 1，4，5，7，11，12 等多条线路的暖通专业技术负责人、审核人等。

一、工程概况

深圳市城市轨道交通 11 号线工程的起点位于深圳福田中心区福田枢纽，终点位于莞深交界以南（深圳侧）碧头站。2011 年 3 月设计开始至 2015 年 11 月结束，2016 年 3 月竣工验收。本线正线全长约 51.9km，设 18 座车站，其中地下站 14 座，高架站 4 座，新设松岗车辆段、机场北停车场。采用 A 型车 8 节编组，最高运行时速 120km/h。全线路空调建筑面积：111327.27m²，空调冷负荷 24544kW，空调冷指标 120W/m²（总建筑面积），220W/m²（空调面积），全线通风空调系统投资约 3.2 亿元。

二、工程设计特点

1. 设计参数

（1）室外空气计算参数

1）区间隧道通风系统和车站轨道排风系统

夏季通风室外计算温度：31.0℃；夏季通风室外相对湿度：75%；冬季通风室外计算温度：15.0℃。

2）地下车站公共区

空调室外计算干球温度：33℃；空调室外计算相对湿度：75%；夏季通风室外计算温度：31.0℃；冬季通风室外计算温度：15.0℃。

3）车站设备管理用房

空调室外计算干球温度：34℃；空调室外计算相对湿度：75%；夏季通风室外计算温度：31.0℃；冬季通风室外计算温度：15.0℃。

---

① 编者注：该工程设计主要图纸可从中国建筑工业出版社官方网站本书的配套资源中下载。

4）停车场、车辆段、控制中心

空调室外计算干球温度：34℃；空调室外计算相对湿度：75％；夏季通风室外计算温度：31.0℃；冬季通风室外计算温度：15.0℃。

（2）室内空气计算参数

1）地下车站（按全封闭屏蔽门设置）

站厅：干球温度 30.0℃，相对湿度 40％～65％；站台：干球温度 28.0℃，相对湿度 40％～65％；地下换乘平台：干球温度 28.0℃，相对湿度 40％～65％；出入口通道（超过 60m 时）：干球温度 30℃，相对湿度不控制；温度波动范围：±1℃。

2）空调送风温差

站台、站厅（当送风为同一空调器时按站厅送风温差控制）$\Delta T \approx 10℃$；电气用房如果采用冷风降温时，送风温差保证在电气设备空载时不结露的情况下，适当提高送风温差，一般取 $\Delta T \approx 15 \sim 19℃$；其他设备管理用房区域 $\Delta T \approx 10℃$。

当发热量大的电气用房与管理用房为同一空调器送风时，合理选用送风温差，保证电气用房不结露及湿度控制范围。

3）商铺、银行

干球温度 27.0℃，相对湿度：40％～65％；温度波动范围：±1℃。

4）车站主要管理、设备用房设计标准（见表 1）

车站主要管理、设备用房设计标准表　　　　　　　　　　　表 1

房间名称	室内计算温度（℃）/相对湿度（％）		换气次数（h⁻¹）		备注
	夏季		进风	排风	
站长室、会议室、警务室、票务处、AFC 票务室、乘务员休息室、更衣室、弱电系统综合值班室、安全办公室、保洁员休息室、站务室	27	≤65			空调（运营时间）
监控设备室、信号设备室、通信设备室、环控电控室、变电所控制室、屏蔽门控制室、低压开关柜室、跟随变电所、弱电综合 UPS 室、EPS 室	27	45～60			空调（气体保护用房，24h）
车站控制室、AFC 机房、公安通信设备室、蓄电池室、党政通信设备室、民用通信机房	27	45～60			空调（24h）
35kV 开关柜室、整流变压器室、1500V 直流开关柜室、再生制动能量回馈设备室	36		排除余热计算确定		通风或冷风降温（气体保护用房，24h）
照明配电室、电力电缆井	36				通风
消防泵房、备用房、检修室、储藏室、车站备品库、工务用房			4	4	通风
茶水室、盥洗室				10	排风
气瓶室	36		8	8	通风
工作人员卫生间、公共卫生间				15	独立排风
污水/废水泵房				15	独立排风
保洁工具间、垃圾间及垃圾收集间				15	独立排风
环控机房、冷水机房			6	6	通风

注：1. 车站控制室、会议室等的空调换气次数不小于 6h⁻¹。

　　2. 地下车站设于公共区的票务处、银行、商铺等纳入大系统防火分区，但可单独设置风机盘管，其中银行 24h 运行。

　　3. 其他未列明处按现行国家标准《地铁设计规范》GB 50157 表 12.2.35 执行。

5）停车场、控制中心、车辆基地等主要用房的设计标准按具体工艺要求确定。

2. 功能要求

（1）在正常情况下降温、除湿，为乘客提供舒适的乘车环境。

（2）对设备用房及管理用房提供正常所需的温湿条件。

（3）列车阻塞时，提供一定的送风量，确保乘客的通风需求。

（4）发生火灾时，提供迅速有效的排烟手段，为乘客提供逃生的环境。

3. 设计原则

（1）地下车站公共区通风空调系统按车站设置全封闭式站台门系统设计。

（2）高架车站站厅公共区采用自然通风，设置风扇辅助通风；站台设置全高安全门，公共区采用自然通风辅以机械通风，并设置空调候车室。

（3）车辆段、停车场依据各建筑生产工艺和生活办公需要分别设置空调、通风与除尘净化系统。

（4）对车站内的设备、管理用房分别按照工艺、功能的要求，提供空调、通风换气，满足管理人员的适当舒适度要求，满足设备正常运行对温湿度的要求。

（5）隧道通风系统、车站通风空调系统按远期运营条件进行设计，区间排热系统和公共区通风空调系统采用变频节能的运营措施。

（6）地下车站空调系统设计要以人为本，为乘客提供过渡性的舒适环境，为车站内的工作人员提供较为适宜的工作环境。

（7）风亭及其风口布置应充分考虑城市主导风向的影响，进风亭风口应设于全年主导风向的上风向，排风亭风口应设于全年主导风向的下风向。风亭的设计应与车站周边的城市环境相协调。风亭应尽量采用分散型，避免采用组合式风亭，以减小风亭体量，防止进、排风倒灌。通过风亭传播的噪声及室外冷却塔的噪声应符合《声环境质量标准》GB 3096—2008 的要求。

（8）全线车站和隧道按同一时间内仅有一处发生火灾进行设计。换乘车站，按与该站相关的车站范围内同一时间发生一次火灾考虑。

（9）列车正常运行时，排除余热和余湿，为乘客在地下车站内创造一个往返于地面至地下列车内的过渡性舒适环境。

（10）列车阻塞在区间隧道内时，环控系统向阻塞区间提供一定的送、排风量，以保证列车空调冷凝器的继续运行，从而维持列车内部乘客能接受的热环境条件。

（11）列车在区间隧道或车站内发生火灾时，环控系统向乘客和消防人员提供必要的新风量，形成一定迎面风速，引导乘客安全撤离，并具有有效排烟功能。

（12）车站设备管理用房空调系统与公共区制冷空调系统共用一个冷源。

（13）环控系统运行模式注重节能运行，设备选型注重高效、节能、环境保护要求，特别是国产化要求，以节省投资。

（14）换乘站设计原则：全线共设 10 个地下换乘站，包括福田站、车公庙站、红树湾站、后海站、南山站、前海湾站、机场站、机场北站、福永站、松岗站。

1）换乘站风井设置原则：根据《地铁设计规范》第 19.1.2 条："同一线路按同一时间内发生一次火灾考虑"的原则，隧道通风系统各条线单独设置，风井单独设置，不考虑合用。各条线车站尽量合用进风亭、排风亭，其中不同线路的站台排热（U/O）根据换乘形式可合用同一个排风井，并考虑相关的火灾模式。

2）车站环控通风系统设置原则：地下换乘车站环控系统应尽量实现资源共享，具体见表2。

地下换乘车站通风空调系统 表2

序号	站名	换乘关系	通风空调系统	备注
1	福田站	与2、3号线和广深港客专换乘站厅换乘	隧道通风系统各线分设； 送排风亭由福田综合交通枢纽统筹考虑； 站厅层大、小系统由福田综合交通枢纽统筹考虑；11号线站台层大小系统独立设置； 统一设置冷源	已作为枢纽工程实施
2	车公庙站	与1号线站厅换乘、与7、9号线通道换乘	隧道通风系统各线分设； 11号线送、排风亭独立设置； 11号线大、小系统分设； 11号线设冷源与7/9号线共享	由车公庙枢纽统一设计
3	红树湾南站	与9号线平行，同站台换乘	隧道通风系统各线分设； 9/11号线送排风亭合设； 9/11号线统筹设置车站大、小系统； 统一设置冷源	已由9号线统一设计
4	后海站	与2号线通道换乘，与前海环线站厅T字换乘，与15号线通过后海物业或地面换乘	隧道通风系统各线分设； 送、排风亭各线分设； 大、小系统各线分设； 冷源分设	
5	南山站	与10号线十字岛侧（11号线岛，10号线侧）换乘	隧道通风系统各线分设； 进排风亭各线分设； 大、小系统分设； 11号线预留10号线冷源及接口条件，统筹考虑冷却塔布置	
6	前海湾站	与1、5号线、港深机场联络线站厅平行换乘	隧道通风系统各线分设； 送、排风亭各线分设； 大、小系统各线分设； 冷源分设	
7	机场站	与港深线站厅平行换乘	隧道通风系统各线分设； 送、排风亭各线分设； 大、小系统各线分设； 冷源分设	
8	机场北站	与穗莞深站厅通道换乘，与深茂站厅通道换乘	隧道通风系统各线分设； 送、排风亭各线分设； 大、小系统各线分设； 冷源分设	
9	福永站	与远期1号线延长线通道换乘	隧道通风系统各线分设； 送、排风亭各线分设； 大、小系统各线分设； 冷源分设	
10	松岗站	与6号线共用站厅，岛侧换乘	隧道通风系统各线分设； 进排风亭各线分设； 站厅层大系统由11号线统一考虑，6号线站台层大系统独立设置；小系统各线分设； 在11号线侧设置冷源，与6号线共享	

三、暖通空调系统方案比较及确定

1. 系统制式的比选

深圳地处亚热带，属南亚热带季风气候。根据深圳气象站资料，深圳多年平均气温为 22.0℃，1 月最冷，月平均最低气温为 11.4℃；7 月最热，月平均最高气温为 29.5℃。根据《城市轨道交通工程项目建设标准》（建标 104-2008）第六十三条第三款的规定："地下车站设置空调系统必须符合下列条件……当地夏季最热月平均温度超过 25℃"。故深圳地铁 11 号线地下车站内设置空调系统。为保证全线服务水平，高架车站站厅层公共区、站台层公共区采用自然通风与局部机械通风相结合的方案。

从类似气候条件城市既有地铁线路及深圳地铁 1 号线、4 号线的运营经验看，地下车站设屏蔽门，既大大提高了地铁线路服务水平，又使空调负荷较开/闭式大为降低，从而降低了运营能耗。目前在建的深圳地铁 2 号线、3 号线、5 号线均采用全封闭式站台门制式，3 号线高架段采用安全门。

列车活塞风压及列车在隧道内的散热量均与车速的平方呈正比，由于 11 号线列车速度快，一方面列车活塞风压达 900～1100Pa，另一方面列车在隧道内的散热量也远比普通地铁大，如不设置全封闭式站台门，站台公共区风速、噪声指标均很高，大大降低服务标准，车站空调负荷也将大为增加。故深圳地铁 11 号线地下车站均设置全封闭式站台门。

2. 通风空调系统方案的比选

根据深圳的气候特点及已建轨道交通线路的建设运营经验，为保证服务水平，地下车站公共区设置空调系统。

（1）隧道通风系统设计

1）车站隧道通风

深圳市地铁 11 号线工程站台层有效长度为 186m，结合既有线路的运行情况，车站隧道通风系统按照双端排风形式设计。

2）隧道通风系统方案

根据本线的车站形式，区间隧道为单洞单线设置，列车采用 8 节编组 A 型车，最高运行速度 120km/h，最大列车运行 28 对/h 等特点，隧道通风系统可有以下 2 种有效方案：

方案 1：车站每条隧道设置两个活塞风井，车站隧道风机与区间隧道风机分开设置，在车站两端各单独设置 1 台车站隧道风机（变频），其系统如图 1 所示。该系统的优点是：隧道内换气次数大，列车在隧道内运行的空气阻力也有一定程度的减小，从而可以减少列车运营的牵引能耗，隧道内温度较低，两台隧道风机大部分功能可以互为备用，活塞风井、隧道风机的位置灵活，电动风阀数量较少，控制简单，运营检修方便，风机运行效率高；其缺点是：双活塞风井导致土建规模增大，对于用地紧张的城市中心区域，室外风亭设置较困难。

方案 2：与方案 1 相比，该方案的不同之处在于只在车站的出站端设置一个活塞风井，其系统图如图 2 所示。该系统的优点是：活塞风井数量减小，土建规模小，活塞风井、隧道风机的位置灵活，风阀数量少；其缺点是：隧道内换气数相对较少，行车阻力较大，增加列车运行的牵引能耗。

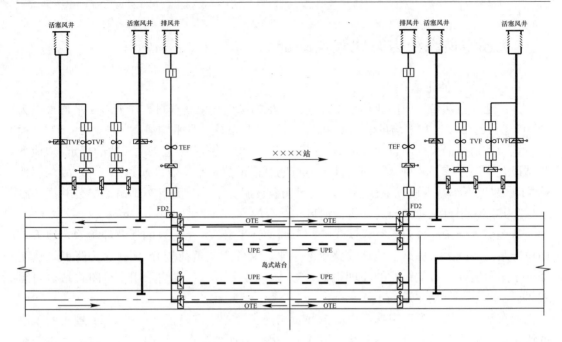

图 1　隧道通风系统图（方案一）

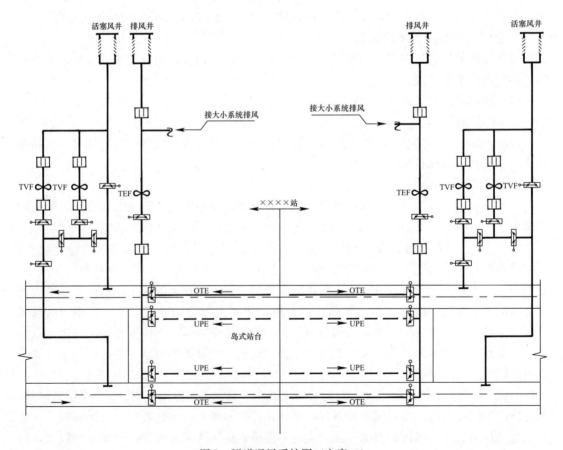

图 2　隧道通风系统图（方案二）

方案比选：对车站每条隧道设两个活塞风井和在出站端设一个活塞风井进行系统综合比较，如表 3 所示。

系统综合对比表

表 3

序号	比较内容	单活塞风井	双活塞风井
1	风井配置	出站端设置活塞风道	车站每条隧道均设置两个活塞风道
2	土建投资	较低	高
3	隧道内温度	较高（符合温度要求）	较低
4	列车运行费用	略高	略低
5	活塞风道布置要求	车站每端只需设置一个活塞风道，当采用合并方案时必须与排风道设置在一起	车站每端需设置两个活塞风道；活塞风道可与车站排风道分离，设置灵活
6	模式组织	较灵活，模式组织有一定的制约	灵活，两系统独立设置，运行及模式组织灵活、可靠

综上所述，结合本线线路规划用地、车站工法、周边环境、站间距、工程初投资、列车采用 8 节编组 A 型车、最高运行速度 120km/h、最大列车运行 28 对/h 等特点，并根据以往地铁建设经验，经过综合比较，推荐双活塞风井方案，即方案一。

（2）地下车站大系统设计

根据本线车站站台有效长度为 186m，以及现有建成线路的运营经验，采用环控机房设置双风机一次回风的全空气系统方案，如图 3 所示，大系统设备设置在车站两端各负担半个车站公共区的空调负荷。

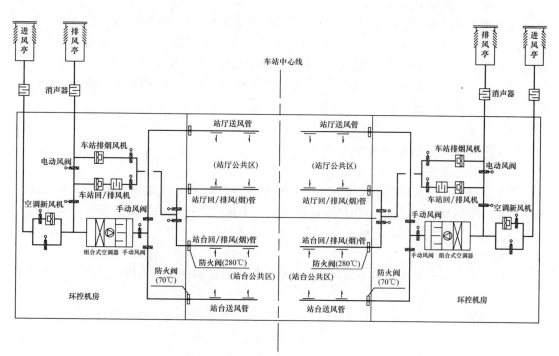

图 3　全空气系统双端送风系统示意图

（3）车辆段、停车场、控制中心通风空调方案

1）工艺设备用房提供合适的温度、湿度、空气含尘浓度等运行条件；火灾时能迅速转到预先设定的火灾运行模式。

2）舒适性通风空调系统

正常运行时为工作人员提供一个舒适的工作环境。当发生火灾时按《建筑设计防火规范》GB 50016—2014 规定设有排烟系统时能及时排除烟气，保障工作人员安全疏散；当不必设机械排烟系统时，利用自然方式排烟。

3）设备管理用房通风系统

平时采用自然通风的房间，火灾情况下如不满足自然排烟条件，应设机械排烟系统；设有机械通风的房间要能满足各房间的使用环境，火灾时能及时排除烟气（自然排烟或机械排烟）。

4）车辆段、地下停车场等通风（岗位送风）系统

车辆段为半地下建筑，采用自然通风或局部采用机械通风。地下停车场采用机械通风，其通风效果满足现行国家标准《工业企业设计卫生标准》GBZ 1—2010 的要求；在检修车间等常有人的地方考虑岗位空调送风，采用新风处理机组将冷风送至有人工作的地方。发生火灾时尽量利用自然排烟，当自然排烟达不到要求时，设置机械排烟系统及时排除烟气。

四、通风防排烟系统

1. 区间隧道排烟系统

（1）列车区间隧道火灾

区间隧道通风系统包括区间隧道活塞通风与事故机械通风/排烟系统。车站两端上下行线路设双活塞通风系统，列车在区间内发生火灾或阻塞事故工况下，尽可能行驶到车站。若停在区间，需根据着火部位进行处理。一般区间隧道一端车站排烟，另一端车站送风，使烟气方向与人员疏散方向相反，使乘客尽快迎着气流方向向相邻车站进行疏散。

（2）车站轨行区域火灾

关闭下排热风道，由上排热风道排烟。

2. 地下车站公共区排烟系统

（1）站厅火灾工况

当车站站厅层公共区发生火灾时，空调水系统停止，关闭回/排风机，关闭车站送风系统和站台层回/排风系统，启动相应排烟风机，由站厅层排风系统排除烟雾，经风井至地面，使站厅层形成负压，新风经出入口从室外进入站厅，便于人员从车站出入口疏散至地面。具体模式如下：

大里程端：启动大里程端排烟风机，由站厅层大里程端排风系统排除烟雾，经风井至地面。

小里程端：启动小里程端排烟风机，由站厅层小里程端排风系统排除烟雾，经风井至地面。

（2）站台火灾工况

当车站站台层公共区发生火灾时，空调水系统停止，关闭回/排风机，关闭站台层送

风系统和站厅层回/排风系统，启动相应排烟风机，启动另一侧组合式空调机组向站厅送风。为保证站厅到站台的楼梯和扶梯口处具有不小于 1.5m/s 的向下气流，经车站控制室人工确认，站台门附近不存在人员跌落的安全隐患时开启站台首尾端门，且区间列车已经越行本站后，在车站控制室的 IBP 控制盘上打开站台首/尾端门，然后启动 TVF 风机低频运行，UPE/OTE 风机由低频运转切换为高频运转状态，进行排烟。由站台层排除烟雾，经风井至地面，使站台层形成负压，楼梯口形成向下气流，便于人员安全疏散至站厅层。具体模式如下：

大里程端：启动大里程端排烟风机，由站台层大里程端排风系统排除烟雾，经风井至地面。

小里程端：启动小里程端排烟风机，由站台层小里程端排风系统排除烟雾，经风井至地面。

3. 设备和管理用房火灾

根据不同的防烟分区，将相应的送、排风系统转换至防、排烟工况。

五、控制（节能运行）系统

1. 区间隧道通风系统

（1）区间隧道活塞风与机械通风（TVF）系统（简称区间隧道通风系统）

区间隧道通风系统由设置在车站端部的活塞风道、机械送排风机及机械风道、机械风亭、区间射流风机等组成。

区间隧道通风系统由活塞通风和机械通风组成各种不同的运行模式，满足正常运行、夜间通风、区间阻塞通风和区间火灾排烟等各种工况的要求。11 号线 TVF 风机选用变频风机，夜间通风低频运行，在阻塞通风工况、火灾工况下高频运行。

（2）UPE/OTE 排热系统

在车站两端的排热风道内设置的 UPE/OTE 风机、风阀、消声器等零部件构成 UPE/OTE 系统。当隧道温度小于 39℃时，UPE/OTE 风机不启动；当隧道温度大于 39℃时，UPE/OTE 风机开启。UPE/OTE 风机变频风机，正常模式下低频运行，事故及火灾工况下高频运行。

2. 地下车站空调通风系统

车站公共区通风空调系统，简称大系统。根据深圳的气候特点以及车站公共区负荷特点，本线大系统拟采取以下节能措施：

（1）根据室内外焓值确定工况

按《公共建筑节能设计标准》GB 50189—2015 第 5.3.6 条，根据室内、外空气焓值采用不同通风或空调工况：

1）当站外空气焓值大于车站空调大系统回风焓值时（$h_{室外} > h_{室内}$），按小新风空调工况运行。即关小回排风机正压端的排风阀，回风与新风混合后经组合空调柜处理后送入公共区。

2）当站外空气焓值小于或等于车站空调大系统回风焓值且高于空调送风焓值时（$h_{送风} \leqslant h_{室外} \leqslant h_{室内}$），采用全新风空调运行，关闭空调新风机，打开全新风阀，关闭回风阀，充分利用室外焓值较低的新风，经组合空调柜处理后送入公共区。回排风机风量全部排出室外。

3）当站外空气焓值小于空调送风焓值时（$h_{室外} < h_{送风}$），停止冷水机组运行，按通风工况运行。冬季关闭水系统，充分利用室外冷风带走车站公共区的余热和余湿。

（2）大系统变频控制

公共区空调系统一般由组合式空调机组、新风机、回排风机组成，通常按照最大负荷选型。公共区空调负荷主要由设备及照明发热量、人员发热量和新风负荷等部分组成，其中设备及照明发热量相对稳定，而人员发热量和新风负荷则波动较大，故系统多数时间在部分负荷下运行。因此，组合空调机组、回排风机等选用变频风机，负荷较低时降频运行。小新风机功率较小，且为保证一定的新风量，小新风机不变频。

（3）大温差送风

由于车站公共区吊顶在 3.0m 及以上，送风口一般高于吊顶或与之平齐，送风温差根据《民用建筑供暖通风与空气调节设计规范》GB 50736—2012 及《空调通风系统运行管理规范》GB 50365—2005 的要求取上限 10℃，据此进行盘管选型计算，采用露点送风，可最大限度降低冷风输送能耗。

3. 设备管理用房通风空调系统

设备管理用户通风空调系统，简称小系统。小系统除与大系统一样，采用焓值控制空调工况以及大温差送风外，结合其自身特点，采取多项节能措施。

典型地下车站的设备及管理用房见表 4。

地下车站设备管理用房分类表　　　　表 4

类别	设计标准	运行时间	消防模式	房间名称
第 1 类	空调管理用房	18h	人工扑灭	站长室、会议室、警务室、乘务员出退勤室、换乘室、更衣室、值班室
第 2 类	空调设备用房	24h	人工扑灭	车站控制室、AFC 机房、AFC 票务室、蓄电池室、综合维修室、工务用房
第 3 类	空调设备用房	24h	气体灭火	监控设备室、专用通信设备室、信号设备室、党政通信设备室、公用通信设备室、环控电控室、高压控制室、屏蔽门控制室
第 4 类	冷风降温	24h	气体灭火	35kV 开关柜室、整流变压器室、1500V 直流开关柜室、400V 低压开关柜室、跟随变电所
第 5 类	通风房间	24h	机械排烟	环控机房、冷水机房、超过 20m 的内走道
			人工扑灭	照明配电室、电缆井、备用房、储藏室、备品间、气瓶室
第 6 类	独立排风	24h	人工扑灭	卫生间、污水/废水泵房、清扫工具间、垃圾间

按《公共建筑节能设计标准》GB 50189—2005[①] 第 5.3.1 条要求，使用时间、温度、湿度等要求条件不同的空调区不应划分在同一空调系统中，故以上几类房间的通风、空调系统均按使用时间及室内设计参数的不同划分系统。

4. 运营管理

好的系统还要有好的管理，设计中充分考虑节能管理。从系统设置上采取相应措施，

---

① 该工程设计时，GB 50189—2015 尚未实施。

便于运营后进行节能管理。

（1）夜间关闭无关系统

夜间除关闭公共区空调系统外，通道、商铺的风机盘管也统一关闭。设备管理用房中 18h 空调的系统在夜间也统一关闭。

（2）冬季停开冷水系统

由于车控室、监控设备室、通信设备室、信号设备室、弱电电源室、屏蔽门控制室等重要设备用房在各站房中的重要程度，为保证即便空调系统设备故障时这些房间也不致因温升过高导致设备无法正常工作而影响到行车，对这些重要房间设置分体空调作为冗余空调系统。冬季时可充分发挥冗余空调系统的作用，关闭冷水机组、水泵、冷却塔以及空调柜，其余房间只作通风工况运行，可大大降低冬季空调耗电量。

（3）设置监控及计量手段

综合监控系统可实现现行国家标准《公共建筑节能设计标准》GB 50189 要求的全部参数检测、参数与设备状态显示、自动调节与控制、工况转换、能量计量与管理等功能。有了监控手段，运营部门可根据监测记录结合各车站具体情况随时调整运营方案。

车站公共区及重要设备管理用房设置温湿度探头，综合监控系统根据各区域实测参数实时调节空调系统出力。

对大、小系统空调柜过滤网均设压差报警装置。

在冷却塔补水管、膨胀水箱补水管上设置水表。运营部门可定期记录和分析补水记录，采取相应节水措施。

六、工程主要创新及特点

1. 技术特色

（1）11 号线快速轨道交通的特点

11 号线为国内首条长大、快速城市轨道交通线路，具有线路区间长，列车运行速度快、车站规模大等特点。

（2）11 号线车站通风空调技术方案

地下车站公共区采用全空气一次回风变风量通风空调系统（排风兼排烟），设备及管理用房采用全空气一次回风系统（兼事故排气），车站空调水系统采用一级泵变水量系统；区间隧道通风采用活塞/机械通风系统，车站轨行区采用机械排热系统；高架车站站厅公共区以自然通风为主，设置风扇辅助通风；站台公共区设置全高安全门，以自然通风为主，机械通风为辅，并设置空调候车室。设备采用节能产品，在保证舒适度的基础上有效降低运营成本。

（3）11 号线长大区间隧道通风的难点及解决方案

全线隧道通风系统（除福田站单活塞外）均为双活塞风井。松岗车辆段、机场北停车场出入段线及车站配线、交叉渡线设置射流风机与车站两端隧道风机，合理组织气流。利用 SES（Subway Environment Simulation Input Manager）对全线隧道通风系统进行模拟计算。合理配置隧道风机和射流风机，使隧道通风系统满足区间隧道正常、阻塞、火灾运行工况的功能要求，为地铁的安全运营提供适宜的环境。给乘客提供便捷的出行条件，经与行车专业配合，在机福区间、机机区间、宝碧区间、南前区间、红后区间、车红区间、车福区间等长大区间设置中间风井，解决了普速列车未有的长大区间列车追踪、阻塞及事故通风等问题。

（4）11 号线快速轨道交通长大区间压力波影响及采用地铁快线隧道泄压孔风压控制技术

列车在隧道内高速运行，由于空气流动受隧道及车体的限制以及空气的可压缩性，导致隧道内空气压力剧烈变化，压力波动传入车厢引起乘客耳膜压痛。经模拟计算，11 号线通风空调系统在压力变化较大的区间峒口及中间风井位置，采用地铁快线隧道泄压孔风压控制技术，在区间峒口及中间风井位置设置泄压孔。有效缓解由压力波动引起的耳鸣等不适影响，为乘客出行提供了舒适的乘车环境。

（5）工程规模大，投资多

全线隧道通风风机风量选型为 90m³/s 共 72 台，车站排热风机风量选型为 70m³/s 共 28 台，射流风机风量选型为 10.8m³/s 共 98 台。车站通风空调系统选用水冷螺杆式冷水机组共 25 台，总装机容量 24492kW。

（6）隧道通风难度大

11 号线共有机福区间、机机区间、宝碧区间、南前区间、红后区间、车红区间、车福区间 7 个长大区间，长大区间通风难度大，空气压力变化较大。采用地铁快线隧道泄压孔风压控制技术，在压力变化大的 7 个长大区间及过渡段设置泄压孔。

（7）节能措施

11 号线车站空调冷源均采用一级能效的螺杆式冷水机组，冷水泵及冷却水泵均采用变频水泵，分体空调均采用一级能效的机组，地下站公共区通风空调系统采用全空气一次回风变频空调系统，高架站采用自然通风与机械通风相结合的通风方式，有效节约了能源。

2. 技术成效与深度

11 号线试运营评估期间，经专家乘车体验与现场实测，达到了原设计意图。

（1）确定适宜的压力舒适度标准

到目前为止，国际上还没有一个被广泛接受的、统一的列车乘客舒适度标准。本项目根据 11 号线高水平运营服务等级的要求，参照国内外技术标准及乘客健康标准等，确定舒适度标准为 800Pa/3s。

（2）采用模拟与实测相结合的技术手段

1）设计中，在国内首次采用隧道压力波分析软件—ThermoTun 软件进行仿真模拟，对方案的确定起了指导性作用。

ThermoTun 软件是苏格兰邓迪大学（Dundee University）Alan Vardy 教授在 20 世纪 70 年代开始研发的专门用来分析高速列车在隧道中运行时所产生的压力波的分析软件。在 20 世纪 70～80 年代，英国和德国高速铁路针对该软件进行了大量的全尺度测试，验证了该软件在分析隧道压力波等高速铁路空气动力学独有现象方面的准确性。ThermoTun 软件已在国际上绝大部分高速铁路、地铁提速的设计过程中被使用，例如被应用在欧洲各国、日本、韩国等的最新铁路系统设计上。

ThermoTun 软件经过 30 多年的研究、验证、优化，可以准确地模拟高速列车在隧道中运行时各种空气动力学现象（例如压力波的产生、反射和衰减等现象），以及在不同隧道设计中进行列车内外人员压力舒适度的分析等。

2）11 号线开通后，由广州大学对本线区间及列车内部进行空气压力波测试，测试结果显示达到了设计标准要求。

通过测试，在 11 号线全线车厢内的大多数时间内，压力波动绝对值 $|P| \leqslant 700\text{Pa}$，但是有部分时间段出现压力绝对值 $|P| \geqslant 700\text{Pa}$，在对全段采用 1.7s 内压力变化 $|P| \leqslant 700\text{Pa}$ 的控制标准的同时对超过 700Pa 的部分应采用单位时间压力变化率小于 410Pa 的控制标准进行比较。经数据分析处理发现，11 号线全线车厢内在 1.7s 内的压力变化均小于 700Pa/1.7s，且单位时间内压力变化率均低于 410Pa/s，在宝安—碧海湾区间 1.7s 内的风压值变化达到最大值为 415Pa/s，其中在福田—车公庙、车公庙—红树湾南区间、宝安—碧海湾区间、机场北—机场区间，均有部分区域的 $|P|$ 超过 700Pa 的控制标准，采用压力变化率不高于 410Pa 的控制标准，在车公庙—红树湾南站区间单位时间的风压变化率达到最大值为 338Pa/s。各测点在列车全程运行期间 3s 内压力波动均小于该控制标准（800Pa/3s），各测点波动峰值均出现在宝安—碧海湾区间，列车中间测点为 540Pa/3s，列车从宝安—碧海碧区间启动运行 131s 后，车头测点 562Pa/3s，车尾测点达到最大值 614Pa/3s，低于控制标准。

4 个车站隧道内的压力波动绝对值 $|P|$ 均小于 700Pa，采用国外 1.7s 内压力变化 $|P| \leqslant 700\text{Pa}$ 及国内 3s 内压力变化 $|P| \leqslant 800\text{Pa}$ 的控制标准处理，发现该隧道段测点的压力波动没有超过控制标准。车站两端活塞通风道的设置能有效缓解隧道内压力波动，对站台门也起到一定的保护作用。因此，增大活塞风道流通断面，有利于将活塞气流分流，缓解隧道内压力波动。

（3）合理确定风井面积、优化区间隧道断面、优化区间风井结构形式

利用 SES（Subway Environment Simulation Input Manager）软件对全线隧道通风系统进行模拟计算，合理确定了活塞风井通风面积，且在车红区间、南前区间等长大区间采用了 6m 直径大盾构断面，优化了优化区间风井结构形式。

（4）峒口泄压形式、区间泄压孔风孔形式

采用快速轨道风压控制技术与土建结合，在长大区间联络处设置泄压阀，在过渡段隧道两侧及顶面设置泄压孔。

中国建筑股份有限公司技术中心试验楼改扩建工程①

- 建设地点： 北京市顺义区
- 设计时间： 2011 年 6 月 30 日～2013 年 1 月 15 日
- 竣工日期： 2015 年 2 月 4 日
- 设计单位： 中国中建设计集团有限公司
- 主要设计人：蒋永明 满孝新 马瑞江
  李 悦 郝晓磊 李壮壮
  赵 璨 张 楠
- 本文执笔人：蒋永明

作者简介：

蒋永明，高级工程师，注册设备工程师。现任中国中建设计集团有限公司主任工程师。2007 年毕业于哈尔滨工业大学供热供燃气通风与空调工程专业，工学硕士学位。代表工程：北京新机场南航保障设施运行及保障用房工程项目、深圳罗湖棚户区改造项目、北京奥体南区办公楼项目、万达有机农业园、北京韩华塑料有限公司锅炉房等。

一、工程概况

该工程位于北京市顺义区林河开发区林河大街北侧，东西长向约 428m，南北长向约 122m，用地呈长方形，南侧临林河大街，西侧临顺和路，东侧临顺康路。

本项目总建筑面积为 52273.09m²，包括 3 栋公用建筑，其中中部为试验楼，建筑面积为 40014.41m²，其中地上建筑面积为 29875.67m²，地下建筑面积为 10138.74m²，地上 7 层，局部地上 1 层和 4 层，地下 1 层。建筑高度 35.3m；东侧为办公楼，地上建筑面积 6193.72m²，地上 5 层，建筑高度 21.05m；西侧为配楼，建筑面积为 5967.96m²，地上 5 层，建筑高度 20.7m。新建试验楼定位为国内绿色建筑三星设计标识及美国 LEED 金奖双绿色认证项目（已获得国内绿色建筑三星设计标识及 LEED-NC 金奖认证）；结构类型为钢筋混凝土框架结构；项目建设包括结构与桥梁工程、绿色建造、岩土与地下工程及分布式工程测控与技术支持协同 4 大试验平台的研发建设，建成后已经成为国内最大、国际一流、并占据行业前端的试验平台（见图 1）。

图 1 中建股份技术中心试验基地外景图

试验楼的主要地下室主要功能为设备用房及停车库，地上主要功能为试验室及视频报告厅；办公楼的主要功能为办公室、

① 编者注：该工程设计主要图纸可从中国建筑工业出版社官方网站本书的配套资源中下载。

会议室、试验室等；西配楼主要为餐厅和试验室。

该工程总投资 3.7 亿元，空调工程单方造价 497.4 元/m²，暖通空调技术指标如表 1 所示。

暖通空调技术指标　　　　　　　　　　　　　　　表 1

空调建筑面积	40994.9m²	空调冷指标	99.5W/m²（总建筑面积）
空调冷负荷	5200.8kW		129.7W/m²（空调建筑面积）
空调设计冷量	5200kW	空调热指标	68.87W/m²（总建筑面积）
空调设计热量	3600kW		89.7W/m²（空调建筑面积）
空调通风系统总装机电容量	2415.37kW	装机电容量指标	46.2W/m²（总建筑面积）

二、暖通空调系统设计要求

1. 设计参数

（1）室外设计参数见表 2。

室外设计参数　　　　　　　　　　　　　　　　表 2

	夏季	冬季
空调室外计算干球温度	33.5℃	−9.9℃
空调室外计算湿球温度	26.4℃	—
室外相对湿度	59%	44%
供暖计算温度	—	−7.6℃
通风计算温度	30℃	−3.6℃
通风计算相对湿度	61%	—
室外平均风速	2.1m/s	2.6m/s
大气压力	1000.2hPa	1021.7hPa

（2）冷热源设计参数

用户侧夏季供/回水温要求：7℃/12℃，冬季供/回水温要求：45℃/40℃。

（3）室内设计参数见表 3。

空调及供暖房间设计参数　　　　　　　　　　　　表 3

区域	夏季		冬季		新风量	噪声
	温度（℃）	相对湿度（%）	温度（℃）	相对湿度（%）	[m³/(h·p)]	[dB(A)]
结构试验大厅	—	—	>5	—	—	≤55
试验室	26	≤60	20	35	40	≤50
测控室	26	≤60	20	35	40	≤45
会议室	26	≤60	20	35	20	≤40
力学试验室	20±2	50±5	20±2	50±5	40	≤45
防水、砂石、防水等试验室	23±2	60±10	23±2	60±10	40	≤55
仿真模拟计算区等	25±2	50±10	25±2	50±10	20	≤55

区域	夏季		冬季		新风量	噪声
	温度（℃）	相对湿度（%）	温度（℃）	相对湿度（%）	[m³/(h·p)]	[dB(A)]
办公室	26	≤60	20	35	30	≤45
领导办公室	26	≤60	20	35	50	≤45
餐厅	26	≤60	20	35	25	≤50
养护室	—	—	18	—	—	—
展览厅	26	≤60	20	30	20	≤50

（4）通风换气次数见表 4。

通风换气次数 表 4

房间名称	换气次数（h⁻¹）	房间名称	换气次数（h⁻¹）	房间名称	换气次数（h⁻¹）
冷热源机房	5（事故 12）	配电室	4	实验室	2（事故 12）
消防水泵房	4	卫生间	15	变配电室	>10
结构大厅	1	茶水间	3	库房	3
布草间	3	弱电机房	5		

2. 功能要求

试验房间满足平时及工艺使用要求；办公及其他房间满足平时使用要求。

3. 设计原则

本工程按照绿色建筑三星和 LEED-NC 认证体系设计，在项目中综合考虑了节地、节能、节水、节材等绿色建筑技术，并考虑提高室内环境质量及运营管理等措施，确保项目达到绿色认证目标。

三、暖通空调系统方案比较及确定

1. 冷热源设计

根据计算的建筑冷热负荷，在设计之初对常用的集中冷热源方案进行了比较分析，最终确定空调冷热源采用地源热泵系统（见表 5）。全年供冷的冷却水系统设计优先考虑利用自然冷源（空气能及土壤能），通过阀门的切换，可以实现：（1）夏季采用冷却塔＋热泵机组供冷；（2）过渡季节、冬季可以在不开启冷却塔的情况下，直接采用地源侧冷却水。

地源热泵机组设于试验楼的地下一层冷热源机房内，设有 5 台热泵机组（制冷量为 1180kW，制热量为 1200kW），其中 3 台地源热泵机组提供整个项目的空调用冷热水，另两台用于全年需要供冷的房间，对应的冷却塔为闭式，置于室外地坪处。

几种空调冷热源方案比较 表 5

方案	系统类型	冷热源初投资（估算）（万元）	运行成本（估算）（万元/a）	维护难度	环境污染情况	综合性价比
1	地源热泵系统	900	130	小	小	＊＊＊
2	城市热网供热＋电制冷	526	220	一般	一般	＊＊
3	燃气锅炉＋电制冷	480	180	一般	较大	＊
4	溴化锂直燃机	400	230	一般	较大	＊

2. 空调系统

（1）空调风系统

1）全空气空调系统：试验楼三层视频观众厅、配楼展览厅等大空间房间均设计为全空气空调系统，全空气系统为单风道低速、双风机系统。系统回风量与新风量比例可通过设置在新风管、回风管和排风管段上的电动调节风阀连锁进行调节，过渡季节实现全新风运行。气流组织为上送上回方式。

加湿采用湿膜加湿方式。

2）风机盘管＋新风系统：各层试验房间、办公室、餐厅、多功能厅等房间均设计为风机盘管＋新风系统，方便各房间独立调节，气流组织为上送上回方式。

结构试验大厅南侧部分试验室的新风机组使用热回收机组，热回收效率不低于 60％；结构试验大厅东侧部分试验室的新风机组，采用集中热回收机组（热回收效率不低于 60％），热回收机组设置于四层屋面上。

加湿采用湿膜加湿方式。

3）恒温恒湿机组：材料所力学室 2、水泥室、砂石室、徐变室、防水试验室及智能所仿真模拟计算区、工程测控区、园区智能控制区、信息机房等房间对温湿度有比较严格的要求，采用恒温恒湿室内机，电极式加湿方式。

4）分体式空调：因与集中空调系统使用时间的不同，在值班室等房间设置热泵型分体式空调。

5）在人员密度较高的部分试验室设置有 CO_2 传感器（CO_2 探头安装于高度 1.0～1.8m 范围内），当 CO_2 浓度超标时，增大对应新风机组的送风量。

6）设置新风流量测量装置以监测新风，使其精度在最小新风量 15％ 的偏差范围内。当新风量偏差 10％ 以上时，产生报警或者声音警报。

7）主要功能房间室内人员活动区域的设计风速均满足夏季不大于 0.3m/s，冬季不大于 0.2m/s 的要求。

（2）空调水系统

1）空调水系统为一级泵变流量两管制系统。

2）空调水系统均设计为异程式系统，并且考虑到风机盘管和空调机组的阻力差异及便于管理，风机盘管与空调（新风）机组水系统主干管分别从冷热源机房引出。

3）风机盘管系统每层分支设置平衡阀，每台风机盘管设置双位控制的电动两通阀；空调机组、新风机组系统每层分支设置平衡阀，组合式空调器、新风机组设置连续调节的电动两通调节阀。

4）地源侧，空调侧循环水泵均采用变频设计。

5）定压补水脱气装置可以对各水系统进行补水、定压、真空脱气，采用定压罐定压，补水泵 1 用 1 备；全程水处理装置，对循环水进行水质处理。

6）立管和水平干管最高点设自动排气阀，最低点设泄水。

四、通风防排烟系统

1. 自然排烟系统

地上房间，如结构辅助用房、工艺和模型试验室；视频观众厅；工程测控区、开敞办公室、视频会议室、多功能厅等，均采用自然排烟方式，可开启外窗面积不小于该区域建筑面积的 2%，外窗至走道最远点距离不超过 30m。

2. 机械排烟系统

（1）试验楼大于 20m 的内走道的排烟方式采用机械排烟方式，屋顶设置风机，排烟管通过竖井引到每层内走道，设置专用远程常闭多叶排烟风口。

（2）结构试验大厅按照中庭设计，排烟量采用 $4h^{-1}$ 计算，设置 5 台排烟风机，安放在屋面上，补风采用自然方式。

（3）油源室、岩土预留室、养护室等经常有人停留或可燃物较多且建筑面积大于 $50m^2$ 的地下房间，采用机械排烟，排烟风口设于房间内。

（4）地下车库采用双速风机，平时低速运行，发生火灾时高速运行排烟。

（5）地下部分采用机械排烟的区域，均设计相应的补风系统，其补风量不小于排烟量的 50%。

3. 防烟系统设计

（1）试验楼地上防烟楼梯间、合用前室有外窗，但限于前室外立面要求，开窗面积不能满足自然防烟要求，均设计机械加压送风系统。每部楼梯设置两个加压风机，加压风机设置在屋顶内。

楼梯间地上部分采用楼梯间自然排烟，前室机械加压方式；楼梯间地下部分采用楼梯间机械加压，前室机械加压方式；其中，1 号楼梯间地上部分由于外窗距离缘故，设置了机械加压系统，与地下部分楼梯间共用加压风机。

（2）楼梯间的加压风口为常开单层百叶送风口；前室加压风口为常闭电动多叶送风口（且具有 70℃熔断功能），着火时开启本层及邻层共计两层的加压风口。

（3）对需要设加压送风的所有疏散楼梯间、消防电梯前室、合用前室分别设置各自独立的机械加压送风系统。当有火灾发生时，向上述区域加压送风，使其处于正压状态（设计参数：防烟楼梯 40～50Pa、合用前室 25～30Pa），以阻止烟气的渗入。

（4）加压送风系统采用旁通阀控制，在楼梯间及消防电梯前室或合用前室适当位置设压力传感器，当任一层超压时，加压风机出口处的旁通泄压阀开启泄压。

五、控制（节能运行）系统

本工程采用直接数字式监控系统（DDC 系统），它由中央计算机及终端设备加上若干个 DDC 控制盘组成，在空调控制中心能显示打印出空调、通风、制冷、供热等各系统设备的运行状态及主要运行参数，并进行集中远距离控制和程序控制。

六、工程主要创新及特点

1. 地源热泵系统耦合技术应用及优化

办公室和常规试验室要求冬季供热，夏季供冷，另外有一部分试验室及数据机房要求全年供冷。本工程冷热源采用地源热泵系统，冷热源系统除了满足以上项目供冷供热要求外，还需要保证土壤的冷热平衡。

地源热泵系统能够通过耦合技术实现冬季提取全年供冷房间释放出的热量供给要求供暖的房间，并通过各种耦合技术组合，实现系统的节能运行。

通过地源热泵专用软件——GeoStar 软件对地源热泵系统进行深化设计计算和经济分析，得到合理的钻井间距和 U 形管方式；同时，对系统进行了冷热平衡分析，为设计方案合理性提供支持和指导。

（1）地源热泵系统热平衡分析

根据储量法计算浅层岩土体静热储，并评价系统年度运行条件下冷热负荷与静热储之间的均衡关系。经计算，在本项目中，地质体中 150m 以内温度变化 1℃可以释放或吸收的热能为 24.38×10^{12} J。

本项目建筑冬季最大热负荷为 3600kW，夏季最大冷负荷约 5200kW，其中包括全年的制冷负荷 2000kW，考虑到有全年制冷，需要全年一直向地下排热，为了使地层温度保持平衡，整个制冷季需要冷却塔调峰。

根据建筑最大冷热负荷以及系统性能系数计算热泵系统冬夏季向土壤取、排功率，具体公式为：

$$Q_h = 最大热负荷 \times \left(1 - \frac{1}{COP}\right)$$
$$= 3600kW \times \left(1 - \frac{1}{4}\right) = 2700kW$$

$$Q_c = 最大冷负荷 \times \left(1 + \frac{1}{EER}\right)$$
$$= 5200kW \times \left(1 + \frac{1}{4.5}\right) = 6354.4kW$$

$$Q_q = 最大冷负荷 \times \left(1 + \frac{1}{EER}\right)$$
$$= 2000 \times \left(1 + \frac{1}{4.5}\right) = 2444kW$$

式中　Q_h——冬季最大吸热功率，kW；

$\quad\quad Q_c$——夏季最大放热功率，kW；

$\quad\quad Q_q$——除制冷季以外时间最大放热功率；

$\quad\quad COP$——制热性能系数，取 4；

$\quad\quad EER$——制冷性能系数，取 4.5。

即：热泵系统冬季从土壤提取的最大功率为 2700kW，夏季向土壤释放的最大功率为 6354.4kW，除制冷季以外的时间向土壤释放的最大功率为 2444kW。

夏季制冷天数取 110d，本项目建筑为综合类建筑，热泵机组每天运行 10h，全负荷使用系数取 0.5；全年制冷热泵机组每天正常运行 10h，全负荷使用系数取 0.5，其余时间全负荷使用系数取 0.3；冬季供暖机组正常运行 120d，热泵机组每天正常运行 10h，全负荷使用系数取 0.8，其余时间全负荷使用系数取 0.3，则有：

夏季制冷季热泵机组向土壤的排热总量为：

$$Q_1 = 运行时间 \times 全负荷系数 \times 单位时间排热量$$
$$= 110 \times 10 \times 0.5 \times 6354.4 \times 3600 \times 1000$$

$$=12.58\times10^{12}\,\mathrm{J}$$

除夏季制冷季以外的制冷时间，热泵机组向土壤的排热总量为：

$$Q_2=运行时间\times全负荷系数\times单位时间排热量$$
$$=255\times(10\times0.5+14\times0.3)\times2444\times3600\times1000$$
$$=20.64\times10^{12}\,\mathrm{J}$$

冬季供暖季热泵机组从土壤提取总的热量为：

$$Q_3=运行时间\times全负荷系数\times单位时间取热量$$
$$=120\times(0.8\times10+14\times0.3)\times3600\times2700\times1000$$
$$=14.23\times10^{12}\,\mathrm{J}$$

制冷季冷却塔调峰带走的热量为：

$$Q_4=运行时间\times全负荷系数\times单位时间带走的热量$$
$$=110\times10\times2813.85\times3600\times1000$$
$$=11.14\times10^{12}\,\mathrm{J}$$

全年热泵机组向土壤排放的热量 $Q=Q_1+Q_2-Q_3-Q_4=7.85\times10^{12}\,\mathrm{J}$。

地质体中 150m 以内温度变化 1℃可以释放或吸收的热能为 $24.38\times10^{12}\,\mathrm{J}$，全年热泵机组向土壤的排热量为 $7.85\times10^{12}\,\mathrm{J}$，因此，地源热泵运行一年地质体温度变化为约升高 0.32℃。

考虑到地下水流动对地层散热的影响，以及热泵系统运行的间歇期，均有利于地层温度的恢复，总体上地埋管系统对地层温度的影响不大，地源热泵系统的设计比较合理。

图 2 所示为利用 GeoStar 软件模拟系统运行 20 年的地下土壤温度变化曲线。

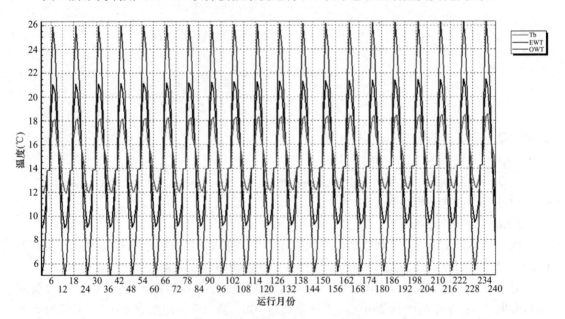

图 2　运行 20 年的温度变化曲线

从图中可以看出，运行 20 年后，土壤温度基本不变，地源热泵空调系统可以稳定运行，满足办公区域的供热供冷要求。

（2）地源热泵系统运行策略

本工程冷热源采用地源热泵系统（见图 3），为了更加合理高效利用冷热源系统，结合项目特点，给出相应的运行策略（见表6）。

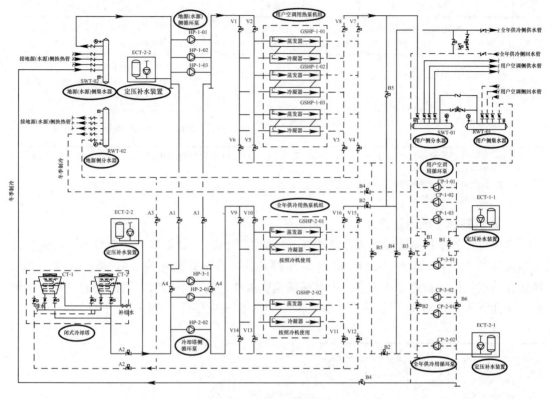

图3 地源热泵系统原理图

地源热泵系统运行策略　　　　　　　　　　　　　　　　表6

季节	不同工况	开启阀门	运行组合
夏季	设计满负荷	V1、V3、V5、V7、V9、V11、V13、V15、A2、B2、B3	全部设备运行
	AB侧均部分负荷	V1、V3、V5、V7、V9、V11、V13、V15、A2、B2、B3	热泵机组台数、变频控制，水泵开启与机组一一对应
	总冷负荷（A侧＋B侧）≤3台热泵机组的额定制冷量	V1、V3、V5、V7、V9、V11、V13、V15、A1、A3、A4、B2、B3	停用冷却塔，热泵机组台数（开启总台数≤3台）、变频控制，水泵开启与机组一一对应
过渡季节	B侧设计满（或部分）负荷，且地埋管满足常年制冷需求	B4	开启水泵CP-B1-05、06
	B侧设计满（或部分）负荷，且地埋管不满足常年制冷需求	V9、V11、V13、V15、A2、B2、B3	开启冷却塔、热泵机组GSHP-B1-04、05，水泵CP-B1-05、06，HP-B1-05～06
冬季	设计满（或部分）负荷	V2、V4、V6、V8、B4	热泵机组GSHP-B1-01～03，水泵CP-B1-01～03、CP-B1-05～06、HP-B1-01～03，以及对应定压补水等设备
	增大供应热负荷，如：极端天气等	V2、V4、V6、V8、B4	提高热泵机组用户侧供回水温度，其余机组运行同上

续表

季节	不同工况	开启阀门	运行组合
冬季	增大供应热负荷，如：极端天气等	V2、V4、V6、V8、A1、A4、B1、B4、B5	额外开启水泵 CP-B1-04，其余机组运行同下
	热泵 GSHP-B1-01～03 出现故障	V2、V4、V6、V8、A1、A4、B1、B4、B5	热泵机组 GSHP-B1-01、02、04，水泵 CP-B1-01～03、CP-B1-05～06、HP-B1-01～03，以及对应定压补水等设备
	地埋管换热效率远低于实际供热需求	关断连接配楼的管线，其余同上几项	配楼改由预留的换热站提供热量

注：1. A 侧代表除全年供冷部分外，各楼空调机组、风机盘管冷热水管组成的用户侧；B 侧代表全年供冷部分的用户侧。
2. 其余未出现在表格中的阀门均为关闭。
3. 有些阀门符号代表多个阀门。

2. 建筑基础下地埋管设计

本项目室外换热系统按照满足系统冬季换热需求设计，共钻凿 445 个换热孔，建筑外场地可钻凿 216 个，建筑基础下布置 229 个换热孔，换热孔间距为 5m，单孔深度 150m。换热孔采用正循环钻进方式成孔，根据现场地质条件，施工中采用泥浆护壁的方式进行钻孔。每孔下入 D32 双 U 形换热管，管底采用 U 形接头成品件（见图 4）。

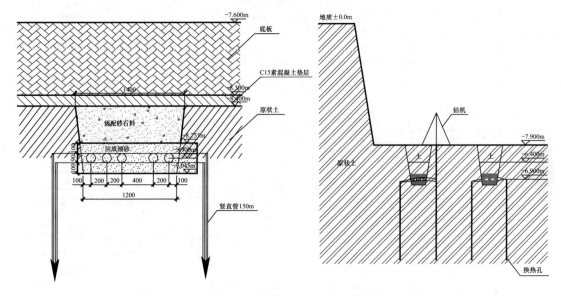

图 4 建筑基础下埋管示意图

（1）试验房间平时排风与工艺排风系统设计统筹

针对试验房间平时排风量小、工艺排风量大的特点，在试验房间排风口设排气扇，通过控制排气扇开启达到平时通风与工艺排风的有效切换，对排放有害有毒气体的房间单独预留工艺排风条件。

（2）自然通风与采光

本工程试验楼部分为了加强自然通风和采光，除了在外墙及玻璃幕墙设可开启外窗外，在试验楼西侧还设置约 40m² 的天井以促进自然通风。在结构试验大厅屋顶设置 9 排、每排34个直径1000mm的导光筒以增强结构试验大厅的自然采光效果。同时，本项目在地下车库设置3套光导管照明系统，改善地下车库采光，每个光导管可改善$25m^2$的地下空间，有效减少了照明光源的使用。

（3）分系统的水力平衡措施

为便于系统平衡，空调机组、风机盘管、全年制冷系统的水系统管路分开设置。在回水主干管上设手动平衡阀，利于调节。

（4）空调水系统采用一级泵变频技术

冷水泵采用变频设计，根据空调水系统最不利点压差控制水泵转数，改变水泵流量，通过旁通管上的往返流量控制空调冷水机组和循环水泵运行台数。采用水泵变频技术，可使得系统比较灵活地适应负荷的变化，节约运行费用。

（5）室内空气质量保证措施

在办公室、会议室、实验室、多功能厅等人群密度高的房间设置CO_2浓度监控系统，设置22个CO_2浓度探头，每个监测点监控的范围约为$50\sim70m^2$建筑面积，重点监测区域为会议室等人员密度较大的空间。CO_2浓度监测系统可与新风进行联动，保证室内良好的空气质量。

（6）BIM技术的应用

设计阶段，通过BIM技术应用，解决了水、暖、电、通风与空调系统等各专业间管线、设备的碰撞，使用"错、漏、碰、缺"功能检测出多处碰撞问题，优化了设计方案，为设备及管线预留了合理的安装及操作空间（见图5），减少了使用空间占用。

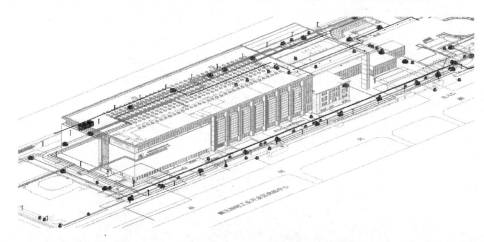

图5 试验楼及地源热泵机房BIM效果图

华泰证券广场暖通空调设计

- 建设地点： 江苏省南京市
- 设计时间： 2010 年 9 月～2011 年 7 月
- 竣工日期： 2014 年 4 月
- 设计单位： 江苏省建筑设计研究院有限公司
- 主要设计人：邱建中 李 智 刘文青
  朱 琳 谢 蓉
- 本文执笔人：李 智

作者简介：

邱建中，研究员级高级工程师，注册公用设备（暖通空调）工程师；1986 年毕业于重庆大学（原重庆建筑工程学院）供热与通风专业。现任江苏省建筑设计研究院有限公司副总工程师。主要设计代表作品：南京奥体中心游泳馆、南京博物院二期工程等。

一、工程概况

本工程为华泰证券股份有限公司新建的总部业务综合楼，项目位于江苏省南京市，总建筑面积 249606m²，其中地上建筑面积 161482.48m²，地上建筑群组由 6 座主体建筑和连廊围合而成，分别为：1 号对内业务综合楼，地上共 13 层，高度 58.75m；2 号业务楼，地上共 9 层，高度 42.75m；3 号对外业务综合楼，地上共 12 层，高度 54.35m；4 号数据中心，地上共 9 层，高度 41.55m；5、6 号商务楼（酒店），地下 2 层，地上共 14 层，高度 55.55m。地下两层（局部夹层），地下建筑面积 88124m²，主要为设备用房、地下停车库、服务用房等。项目外景如图 1 所示。

图 1 项目外景图

该项目空调工程投资概算为 18000 万元，单方造价为 798 元/m²，冷热负荷指标见表 1。

空调冷热负荷指标 表1

序号	项目 概况	建筑面积	空调最大冷负荷		空调最大热负荷	
		(m²)	(kW)	(W/m²)	(kW)	(W/m²)
1	5、6号商务楼	45076	5410	120	3155	70
2	1、2、4号对内办公	71373	8565	120	3570	50
3	3号对外办公	31341	3761	120	1567	50
4	商业	18175	3272	180	1636	90
5	4号数据库房	2900	1160	400		

二、暖通空调系统设计要求

1. 室外设计参数（按南京市参数）（见表2）

室外设计参数 表2

北纬	东经	夏季					
		空调干球温度	空调湿球温度	空调日平均温度	风速	大气压	通风干球温度
32°00′	118°48′	34.8℃	28.1℃	31.2℃	2.6m/s	1004.3hPa	31.2℃

冬季				
空调干球温度	相对湿度	风速	大气压	通风干球温度
−4.1℃	76%	2.4m/s	1025.5hPa	2.4℃

2. 室内设计参数（见表3）

室内设计参数 表3

房间名称	夏季		冬季		新风量标准 [m³/(h·人)]	噪声 [dB(A)]
	温度（℃）	相对湿度（%）	温度℃	相对湿度（%）		
客房	24~25	≤60	21~22	≥35	50	≤40
前厅大堂	25~26	≤60	18~20	≥35	25	≤45
餐厅、宴会厅	24~25	≤60	20~22	≥35	25	≤50
餐厅包房	24~25	≤60	20~22	≥35	30	≤45
泳池	28~29	65~70	27~28	65~70	按除湿量定	≤50
健身房	25~26	≤60	20~22	≥35	50	≤45
KTV包房	24~25	≤60	20~22	≥35	50	≤40
会议室	25~26	≤60	20~22	≥35	25	≤45
报告厅	25~26	≤60	20~22	≥35	20	≤45
商业用房	26~27	≤65	18~20	≥35	20	≤55
一般办公室	25~26	≤65	18~20	≥35	30	≤45
高级办公室	24~25	≤65	20~22	≥35	40	≤40
员工餐厅	25~26	≤65	18~20	≥35	20	≤50
数据处理机房	24	50	24	50	30	≤55

3. 功能要求

1号业务楼：一、二层分别为商业和业务用房，以上各层为办公、会议等用房；2号业务楼：一、二层分别为商业和展示用房，以上各层为大报告厅、办公、职工餐厅等；3

号业务楼：一、二层分别为商业和展示用房，以上各层为对外办公等用房；4 号业务楼：一层为商业，二层为档案库房，三、四层为办公，五层为培训中心，六、七层为呼叫中心，八、九层为数据处理机房；5、6 号商务楼：地下部分为泳池、KTV、洗浴等用房，地上裙房三层为门厅、餐饮、会议等用房，四～十四层为酒店客房。

三、暖通空调系统方案比较及确定

1. 空调冷热源

（1）1～4 号业务楼冷热源配置：冷源选用 3 台制冷量为 3165kW（900rt）的双工况离心式冷水机组和 1 台制冷量为 704kW（200rt）的螺杆式（基载）冷水机组，蓄冰设备为钢盘管蓄冰槽，共 14 组，总蓄冰量为 40769kWh ［11592rth（冷吨时）］，蓄冰系统载冷剂为 25％浓度的乙二醇溶液。双工况冷水机组制冰工况供/回水温度为 $-5.6℃/-2.0℃$，空调工况供/回水温度为 3.5℃/11℃；制冷板式换热器一次侧进/出水温度为 3.5℃/11℃，二次侧进/出水温度为 12℃/7℃；用户侧空调系统（包括基载机）供/回水温度为 7℃/12℃。热源选用 3 台制热量为 2300kW 的油气两用热水锅炉，进/出水温度为 70℃/95℃；另配 3 台换热量为 2400kW 的板式换热机组，其一次水进/出水温度为 95℃/70℃，二次水进/出水温度为 50℃/60℃。

（2）5、6 号商务楼（酒店）冷热源配置：选用 1 台制冷量为 2813kW（800rt）的离心式冷水机组和 2 台制冷量为 1614kW、制热量为 1620kW、部分热回收量为 138kW 的螺杆式地源热泵机组，满足商务楼空调要求；热泵机组热回收热量用以预热商务楼生活水箱的进水。空调冷水供/回水温度为 7℃/12℃；空调热水供/回水温度为 45℃/40℃；部分热回收热水供/回水温度为 55℃/50℃。

（3）全楼生活热水及商务楼（酒店）洗衣房、厨房、客房空调加湿等由 2 台 3.2t/h 的油气两用蒸汽锅炉提供，锅炉额定蒸汽压力为 0.8MPa。

1～4 号业务楼制冷换热站、锅炉房冷热水管系统原理图如图 2 所示。

2. 空调方式

本设计按各层防火分区，结合功能分区和使用要求设置空调系统。主要有全空气低速风道系统（包括地板送风系统）、风机盘管加新风排风系统；档案库房恒温恒湿空调系统；数据处理机房精密空调（恒温恒湿）系统；泳池采用专用热泵热回收除湿空调系统（池边区设地暖）。

（1）地板送风系统：1、3 号楼业务用房采用变风量地板送风系统，楼层设架空地板（楼板下沉 400mm，使楼梯、电梯楼面出口标高与架空地板标高一致）。各系统由空调机组（含一次回风新风混合段，粗、中效过滤段，表冷换热段，二次回风段，送风机段）、高速气流通道、电动风阀、送风端口、回风口、回风通道、回风机等组成。二次回风根据空调箱出口温度进行控制，通过调整一次回风与二次回风比例，满足送风温度（供冷）为 17℃的控制要求。

冬季工况，按照室内设计新风量及舒适度要求调节风机频率及新风调节阀开度，排风根据新风量进行定量控制，一次、二次回风电动风阀关闭，将送风温度与设定值比较，并根据比较结果进行比例积分控制，调节空气处理机组热水回水管上的电动调节阀，使送风

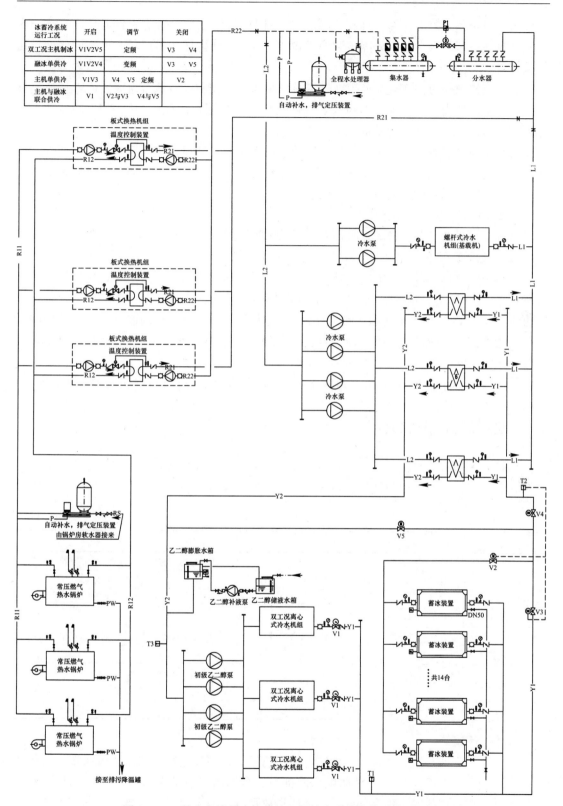

冰蓄冷系统运行工况	开启	调节		关闭	
双工况主机制冰	V1V2V5	定频		V3	V4
融冰单供冷	V1V2V4	变频		V3	V5
主机单供冷	V1V3	V4 V5 定频		V2	
主机与融冰联合供冷	V1	V2与V3	V4与V5		

图2 1~4号业务楼制冷换热站、锅炉房冷热水管系统原理图

温度趋于设定值（17℃左右）；内、外区依据不同负荷特点及房间功能分为开放式空调内区、开放式空调外区、独立分隔空调外区和独立分隔空调内区 4 类区域，设不同的地板送风系统。

各空调机组通过高速气流通道及送风端口将风送至控制区域地板送风腔内，送风端口处设有高精度压力控制电动调节风阀，以保持各分区地板送风腔内 20～25Pa 的压差，满足地板送风系统正常送风和负荷调节需要。

（2）排风热回收系统：采用地板送风的空调系统通过新风、排风竖井，经屋面新、排风风亭内的乙二醇换热盘管实现热回收；商务楼（酒店）客房通过竖向新、排风系统，经屋面空调新风（带热管热回收）机组实现热回收。

3. 地源热泵地埋管系统

地源热泵系统的地下换热器采用双 U 形竖直埋管形式，管材为 PE 管；竖直埋管换热器直埋于结构工程桩内，井深及数量分别为 ϕ600 桩 39m，共 997 个；ϕ800 桩 52m，共 296 个；ϕ1000 桩 52m，共 15 个。地埋管水平管设于地下室结构底板下面；地埋管系统二级分调节站共 73 对；地源热泵主机夏季地源水侧进/出水温度为 25℃/30℃，用户侧进/出水温度为 12℃/7℃。冬季地源水侧进/出水温度为 10℃/5℃，用户侧进/出水温度为 40℃/45℃。地源热泵系统的地下换热器竖直直埋管总长度为 55055m，总制冷量约 3211kW，制热量约 3441kW。

4，5，6 号商务楼（酒店）在过渡季考虑冷却塔免费制冷，而不需开启制冷主机。

四、通风防排烟系统

锅炉房、制冷换热机房、生活水换热站、变配电房、水泵房、洗衣房、停车库等皆设机械送、排风系统，卫生间设排风系统，各房间换气次数见表 4。

各房间换气次数 表 4

房间名称	排风量（h^{-1}）	送风量（h^{-1}）	备注
厨房操作间	30～40	20～30	厨房考虑环境通风系统，为 6h^{-1}
变配电房	根据设备发热量计算	根据设备发热量计算	兼作灾后通风
制冷机房	12	6	兼作事故排风
水换热站	12	12	
锅炉房	12	泄爆口自然进风	送风另计入锅炉燃烧空气量，兼作事故排风
停车库	6	5	
洗衣房	20	16	洗衣房送风为空调新风
厕所	12	自然进风	客房厕所排风量为 90m³/h
泵房	4	2	

1. 机械防烟

（1）本工程所有防烟楼梯间、消防电梯间前室或合用前室均设加压送风系统。防烟楼梯间余压为 40～50Pa，前室、消防电梯间前室、合用前室余压为 25～30Pa。仅地下室人防区才设有防烟楼梯间（地上部分无）加压送风系统（两个）详见人防设计图，人防区其他加压送风系统见非人防设计图。

（2）加压送风机分别设于裙房屋面和主楼屋面。对仅地下室设加压送风的防烟楼梯间，其加压送风机设于防烟楼梯间屋面。

（3）地上与地下合用风井的防烟楼梯间地上部分每2层（有个别防烟楼梯间为每层或每3层）设一个常闭多叶送风口，地下部分每层设一个常闭多叶送风口；地上与地下合用风井的防烟楼梯间地上部分每2层（有个别防烟楼梯间为每层或每3层）设一个常闭多叶送风口，地下部分每层设一个常闭多叶送风口；消防电梯前室或合用前室为每层设一只常闭多叶送风口。多叶送风口设手动及远距离控制。

（4）一旦出现火灾，由消防值班室启动各加压送风系统送风。消防电梯前室或合用前室仅开启着火层及上、下层多叶送风口，并与该系统加压送风机联动；对地下、地上共用竖井的防烟楼梯间，则由消防值班室启动防烟楼梯间各加压送风机，并联动开启该系统火灾部位（地下或地上）的所有多叶送风口送风。

2. 机械排烟

（1）设置机械排烟系统的部位有：地下停车库及长度超过20m的内走道；地下面积超过50m²且常有人停留的房间（如地下餐厅、厨房、洗衣房、舞厅、前厅等）；地上1号楼中庭；各楼长度超过20m无外窗或有外窗但长度超过60m（如仅单侧有外窗但长度超过30m）内走道；面积超过100m²且常有人停留的无外窗（或有外窗但排烟面积不够）的房间（如4号楼演播室、6号楼各层厨房、宴会厅及前厅、大堂吧、餐厅大包间等）。对设气体灭火的4号楼档案库房、数据机房等设事故通风，不设机械排烟。

（2）地下层设排烟的车库、内走道和房间等另设排烟时的机械补风系统，补风量大于排烟量的50%。其他排烟系统为自然补风。

（3）同一防烟分区（面积不超过500m²）内，排烟风口距最远点的水平距离小于30m。

（4）地下一、地下二层汽车停车库按防火分区设有若干个独立的送排风兼排烟系统每一系统设有若干台机械排风兼排烟风机和送风机兼补风机。平时可根据空气质量情况，控制送、排风机的启停。其排风口（兼排烟口）要求耐火等级大于1h；火灾时，该防火分区排烟风机必须同时开启，系统转入排烟状态，系统即开始排烟，同时送风机开启或保持开启状态，以保证排烟补风量≥50%排烟量。且同一防烟分区内，排烟风口距最远点的水平距离小于30m。当烟气温度大于或等于280℃时，排烟风机前的排烟防火阀自动关闭，并联动排烟风机及补风机关闭。

（5）其他各系统排烟风机、排烟阀、火灾所在防烟分区排烟口作联动控制（地下还要联动补风口或补风机与补风口）。所有排烟阀（口）自熔断温度为280℃。

（6）各系统（除地下车库）排烟风机排烟量按如下原则计算：房间及走道承担一个防烟分区时为：≥防烟分区面积×60m³/(h·m²)；承担两个及以上防烟分区时为：≥最大防烟分区面积×120m³/(h·m²)；1号楼中庭为：≥中庭体积×4h⁻¹。

3. 自然排烟

其他各楼梯间，走道、房间、中庭（高度不超过12m的中庭上部设电动窗，火灾时打开）等皆有可开启外窗自然排烟（开窗面积满足自然排烟要求）或按《高层民用建筑设计防火规范》要求不别设防、排烟设施。

4. 防火

（1）各空调系统、通风系统等横向皆按防火分区设置。

（2）通风空调系统风管穿越防火分区及设备机房隔墙等处皆设 70℃关闭防火阀。垂直风管与每层水平风管交接处的水平管段上（如卫生间排气支管与竖直风管交接处）设 70℃关闭防火阀。

（3）厨房排油烟管道上设置 150℃关闭防火阀。

（4）防火阀、排烟阀（口）安装前应做动作试验，合格后方可安装。其安装方向、位置应正确，并应设独立支吊架。防火阀距隔墙表面距离不应大于 200mm。条件不允许时，隔墙至防火阀之间的风管采用 2.0mm 厚钢板焊接，并作防火保护层。设于顶棚上的排烟口，距可燃构件或可燃物的距离大于 1.0m。

（5）消声器、静压箱内的吸声等材料均采用不燃材质。管道穿墙、板处的空隙应用非燃烧材料填塞。

五、控制（节能运行）系统

1. 本工程采用 BAS 楼宇自控系统，该系统由中央计算机终端设备及若干现场 DDC 或控制单元组成。中央计算机终端设备能对各系统运行状态进行显示、报警、打印等并与消防系统联络（火灾时，自动切断平时电源）。

2. 制冷机房、锅炉房、换热站：

（1）动力站房设机房群控，通过室内负荷变化，控制主机、水泵、冷却塔等的启停和调节运行。蓄冰制冷机房按融冰优先原则控制。主机和整个系统应有必要的监测、安全保护和报警控制。

（2）压差旁通控制：当室内负荷变化时，根据总分、集水器间的压差变化调节电动旁通阀开度，以利节能。

（3）换热机组控制：换热机组（汽水换热）供汽管上蒸汽电动调节阀在供水温度变化时，通过温度控制器控制电动阀开度。换热机组（水水换热）一次水供水管上电动调节阀在二次水供水温度变化时，通过温度控制器控制电动阀开度。

（4）锅炉烟道出口设电动蝶阀，并与锅炉房启停设联动控制。锅炉自身应有必要的安全保护及报警措施。

（5）油箱油位与油泵间设高低油位联动控制与报警。

（6）通过地下换热器温度数据采集系统来监测地下温度变化，控制主机运行模式。

3. 地下车库设 CO 浓度控制，根据 CO 浓度控制送风、排风风机的运行。

4. 组合空调机组控制：组合空调机组温控器通过回风管上温度传感器对其换热器回水管上电动阀进行控制；机组风机与其新风管上的对开多叶电动阀进行联锁启闭；另外，机组粗、中效过滤器根据压差进行报警控制。部分空调机组还应与回风机设联动控制和季节转换控制。

对地板送风空调机组，其送回风机（变频）与新排风、一次回风、二次回风电动风阀间设风量自动调节，以控制各风量调节比例和送风温度。各送风端口的压力控制电动风阀能根据地板腔风压及室内空调区设定温度自动调节送风量。风机动力型地板送风变风量末端能根据会议室设定温度调节机组风量等。地板送风空调机组冬季在最小风量下运行，一次回风、二次回风电动风阀关闭，控制送风温度。

5. 新风机组控制：新风机组温控器通过送风管上温度传感器对其换热器回水管上电动阀进行控制；机组风机与其进风管上的对开多叶电动阀进行联锁启闭；另外，机组粗、中效过滤器根据压差进行报警控制。部分新风机组与排风机等进行联动控制。

6. 风机盘管控制：通过风机盘管温控器对其盘管回水管上电动两通阀及风机转速进行控制。

六、工程主要创新及特点

1. 高速气流通道（包括地板腔）的密封性和隔热措施是地板送风系统成败的关键环节，设计方主动参与，与建设单位、施工方多次研究施工方案，加上强有力的施工组织、中间管理，强化风道密闭和隔热处理，漏风率及压差控制皆在允许范围，并通过了逐个系统的检测、验收，获得了满意的结果。

2. 变风量调节器与地面旋流风口的连接采用了镀锌钢板风管与柔性保温风管相结合的方式，精心确定风管断面尺寸和柔性风管的口径，既确保气流流速的要求，又不妨碍其他机电管道的安装和维护。地面旋流风口经过简单的操作就可以移动风口位置，还可以通过调整地面旋流风口的风向调节盘来调节气流方向（水平或垂直送风），每个用户都能通过上述方法获得个性化的温度环境。通过这些措施，既获得了风口位置随意调整的便利，又避免了办公室地板下方的空腔作为风管使用带来的密封性、清洁度要求，既减少投资，又缩短施工时间。

3. 地源热泵系统的地下换热器直埋于结构工程桩内，PE管固定在工程桩的钢筋笼外侧，并与钢筋笼同步下放至桩底，再灌注混凝土，避免了灌注混凝土时因与PE管相互摩擦或温度太高，可能对PE管的损坏。

4. 为防止地埋管水平管（管径小且多）穿地下室混凝土侧壁引起渗水，采用在混凝土侧壁墙内预埋钢板，再在侧壁墙和钢板内预埋防水套管的方法，最终未发现渗水现象，取得了较理想的效果。

5. 1号和3号业务楼由于采用地面送风，加之良好的围护结构，在较低能耗的情况下，冬、夏季都能获得极好的舒适度，大大提高了用户满意度。

6. 1号至4号业务楼冰蓄冷系统，有助于降低电力峰值，削峰填谷，社会效益显著；冰蓄冷空调机房设备的一次性投资高于常规电制冷空调系统256.8万元，但年运行费用则低70.7万元。

7. 本工程风系统采用了多种形式的热回收系统，减少了新风冷（热）负荷，节能效果明显。

8. 5、6号商务楼（酒店）在过渡季考虑冷却塔免费制冷，而不需开启制冷主机，有利于节能。

9. 5、6号楼均采用了地埋管地源热泵系统承担空调制冷、供热，应用面积4.5076万 m^2。经实测，地源热泵系统能效比（EER）夏/冬：3.18/3.60；地源热泵机组性能系数（COP）夏/冬：5.89/4.49；全年常规能源替代量：559.6t/a；CO_2 减排量：1382.1t/a，SO_2 减排量：11.19t/a，烟尘减排量：5.6t/a；静态投资回收期7.2a。

10. 本工程获得二星级绿色建筑设计标识证书。

云阳县市民文化活动中心空调设计①

建设地点：　重庆市云阳县
设计时间：　2009 年 7 月～2010 年 10 月
竣工时间：　2011 年 12 月 30 日
设计单位：　中机中联工程有限公司（原机械工业第三设计研究院）
主要设计人：吴蔚兰　何思凤　艾为学
　　　　　　裴　晴　郑榆涛　王　瑜
本文执笔：　吴蔚兰

作者简介：
　　吴蔚兰，教授级高级工程师，国家注册公用设备工程师（暖通空调）。美国注册 LEED AP（BD＋C），1992 年毕业于重庆大学，现任中机中联工程有限公司机电设计工程所所长。代表作品：西藏人民会堂改扩建工程、重庆两路寸滩保税港区保税贸易中心、中国人民解放军第三二四医院门诊综合大楼、可口可乐辽宁（中）饮料有限公司主厂房工程、富士康重庆科技园二期建设项目等。

一、工程概况

　　本工程位于重庆市云阳县，总建筑面积为 29094m²，地上 5 层，地下 1 层，为集多种功能为一体的特级公共建筑。项目南面紧临长江，仅隔一条市政道路，建筑边缘离长江堤坝最近点距离 23m，最远点距离 40m（见图 1）。建筑基底标高距江面最大高差 33m（按枯水期长江最低水位 145m 计算），最小高差 3.0m（按三峡大坝 175m 蓄水位计算），为设置水源热泵系统提供了优越的地理位置。本工程是 2009 年重庆市建筑可再生能源利用示范

图 1　建筑与长江位置标示图

① 编者注：该工程设计主要图纸可从中国建筑工业出版社官方网站本书的配套资源中下载。

项目，示范总建筑面积为 18819.3m²，空调面积 13213m²，包括剧场、规划展览馆、图书馆、青少年活动中心、宣传文化中心等公共区域。

1. 空调冷、热负荷

采用 DeST 软件对建筑进行空调全年逐时动态负荷模拟计算分析，计算结果汇总如表 1 所示。

全年逐时动态空调负荷计算结果汇总 表 1

项目统计	单位	统计值
总建筑空调面积	m²	13197
设计热负荷	kW	850.20
设计冷负荷	kW	1730.97
全年累计热负荷	kWh	275740
全年累计冷负荷	kWh	1007721
全年设计热负荷指标	W/m²	64.3
全年设计冷负荷指标	W/m²	131.00

2. 空调工程投资概算

本项目采用的是浮船取水，工程总的投资概算约为 450 万元，单位空调面积造价约为 341 元/m²。

二、暖通空调系统设计要求

1. 设计参数确定

（1）室内参数（见表 2）

空调室内设计参数 表 2

房间名称	夏季		冬季		新风量 [m³/(h·p)]
	温度（℃）	相对湿度（%）	温度（℃）	相对湿度（%）	
办公室	26	≤65	18	≥40%	30
贵宾室	24	≤65	20	≥40%	30
培训室	26	≤65	18	≥40%	30
展览厅	26	≤65	18	≥40%	15
排练室	26	≤65	18	≥40%	30
主席台	26	≤65	18	≥40%	15
化妆室	26	≤65	18	≥40%	30
休息厅	26	≤65	18	≥40%	10
阅览室	26	≤65	18	≥40%	30
休息厅	26	≤65	18	≥40%	30
观众厅	26	≤65	18	≥40%	30

（2）取水参数确定

1）长江水文资料

根据"水源地源热泵高效应用关键技术研究与示范"课题组成果，长江夏季含砂量为 370～920mg/L，浊度为 77.2NTU，pH=6.42～8.21；冬季含砂量为 23～42mg/L，浊度为40.2NTU，pH＝6.42～8.21。长江水夏季月平均温度为22～25℃，冬季月平均水温为11～16℃。

2）现场测试的水文资料

2009年7月30日，设计人员从项目所在地（云阳县）的长江取水并将水样送交重庆市自来水公司分析，浊度为77.2NTU。且从后来运行结果来看，长江水主要是含砂，中数粒径小于0.012mm，而非泥。砂流动性强，不易沉积形成水垢。

项目所在县环境监测站2008年pH值的监测值为7.73。

2009年7月30日，长江取水位置实测水温数据见表3，测量时室外温度为36℃。

长江水水温实测数据（℃） 表3

测定时间	水深2m	水深4m	水深6m	平均值	备注
14：30	24.5	24.2	24.0	24.35	
15：00	24.0	24.0	24.0	24.0	

2013年1月25日，长江取水位置实测水温数据见表4，测量时室外温度为8.1℃。

长江水水温实测数据（℃） 表4

测定时间	水深2m	水深4m	水深6m	平均值	备注
14：30	13.1	13.2	13.2	13.2	
15：00	13.1	13.2	13.2	13.2	

3）机组需要的水质状况

设备厂商对江水直进机组的水质提出如下要求：含砂量≤100mg/L，浊度≤100NTU。进入机组的长江原水的温度夏季不宜大于30℃；冬季不宜小于5℃。

4）水质结论

水温结论：根据水文资料和现场实际测试温度，本次设计夏季取水温度为26℃，冬季取水温度为10℃，不考虑夏季水温高于30℃和冬季低于5℃的辅助能源措施。

水浊度和含砂量的结论：长江水浊度均能满足冬、夏季机组使用设计要求，但水中含砂量仅能满足冬季要求。为了避免夏季含砂量对机组的磨损和换热效果的影响，主机蒸发器、冷凝器的换热管材料均采用铜镍合金，同时管壁及管径也应设计要求做了特殊改造。

2. 功能要求

本项目属于综合型特级公共建筑，平时对云阳县市民开放，根据建设方设计任务书及重庆市公共建筑空调运行特点，除工艺有特殊要求的空调系统外，空调系统设计为夏季制冷、冬季供暖的舒适性空调。

3. 设计原则

本工程采用集中冷热源的舒适性空调系统。受建筑周围环境及建筑自身条件的限制，采用长江江水直进水源热泵主机进行供冷、供热的空调形式，同时增设热泵机组换热管内表面清洁工艺系统（即"江河水源热泵水源侧装置"）清洗热泵机组的换热器，以达到高效的目的。

空调水系统根据末端所服务的功能划分环路，共划分 6 个环路，分别接至地下一层制冷机房的分/集水器。6 个环路分别接至地下一层制冷机房的分/集水器，装设分区能量计费装置。

三、空调系统冷热源及取水方案比较及确定

1. 水源热泵机组作为空调冷热源方案的确定

云阳县市民活动中心的整个建筑设计风格独具一格，从正面看，整个屋面以滨江路为起点，建筑最高屋面为终点，形成一个巨大的斜坡，坡面上设置不同宽度的台阶，市民可以从滨江路拾阶而上，步行至整个建筑的最高点观看正对面的长江、建筑背后的龙脊岭生态文化长廊和建筑东南侧是两江广场；而整个建筑从侧面观看，则是一个类似趴着的直角三角形（见图 2）；从上面看，整个建筑考虑了 6 个天井，加上正面 3 个出入口的形式，整体形成了一个九宫格的布局（见图 3）。

图 2　建筑风格侧视图

图 3　建筑风格俯视图

受建筑风格的限制，本工程不具备在室外设置空调系统用冷却塔或风冷热泵主机的条件；受当地能源价格的影响，又无法利用冰蓄冷和燃气溴化锂直燃机组；当地更无废热可利用。但鉴于长江与本建筑的位置关系，水源热泵系统因而成为很好的解决方案。

项目设计团队于 2009 年夏季对云阳市民活动中心所处位置长江水温度进行了实际测试，并对空调冷源、热源进行了详细的调研，最终确定采用长江水水源热泵主机作为供冷、供热的空调冷热源。

2. 长江水直进机组水源热泵系统取水侧工艺流程方案的提出

目前常用的江水侧水系统，主要为带板式换热器的闭式水源热泵水系统、带旋流除砂器＋在线清洗系统的长江水直进系统和渗透取水系统。这些系统都不同程度地对江河水进行处理，增加了额外的能耗。设计决定考虑长江水不进行处理就直接进入水源热泵主机的方式。通过上述对长江水冬、夏季水温、水浊度及含砂量的分析，设计了一套新的取水系统及清洗工艺系统，如图 4 所示。

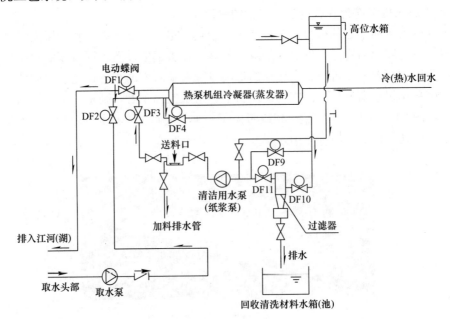

图 4　工艺流程图

水源热泵机组正常制冷、供热工况，电动蝶阀 DF1、DF2 开启，DF3、DF4 关闭，取水工艺流程为：江河水经过取水头部→江河取水泵（本次设计采用的是纸浆泵）→水源热泵热水机组换热→排入江河中。

水源热泵机组停止制冷、供热后，及时启动清洗系统，电动蝶阀 DF3、DF4、DF9 开启，DF1、DF2、DF10、DF11 关闭，工艺流程（胶球运行流程）为：开启送料口，加入规定数量的清洗胶球，并关闭加料口→开启清洗泵（纸浆泵），循环运行 30min→开启 DF10、DF11，并延时 2min 关闭 DF9，胶球经过过滤器过滤回收→循环运行 10min，过滤所有胶球后，关闭清洗泵（纸浆泵）→打开取球盖，取出胶球后，关闭排水阀及取球盖，向整个管路冲入清水清洗后排出污水，再次注满清水，清洗流程完毕。

本项目选择的过滤器中间设置了一个过滤网，过滤胶球。

3. 取水方案的对比与遴选（见表 5）

方案一：带板式换热器的间接式取水方案

取水流程：防堵除砂取水头部＋水源水泵（低位设置）＋水处理设施＋板式换热器＋排水板式换热器＋循环水泵＋水源热泵机组。

方案二：长江水直进机组取水方案

取水流程：防堵除砂取水头部＋水源水泵（低位设置）＋水源热泵机组＋排水。

清洗流程：过滤分离器＋清洁用水泵＋清洗材料发送器＋水源热泵机组。

取水方案对比

表 5

比较项目	方案一	方案二	备注
系统组成		增设停机换热管内表面清洁工艺系统	
江水取水系统的水处理设备	设置有水处理设备	无水处理设备	
江水取水系统的水处理能耗	高，耗能时间与机组运行时间相同	无水处理设备耗能	
江水取水系统的旋流除砂器	反洗耗水、耗能，除砂需二次处理，处理量大	有极少泥砂需二次处理	除下来的是换热器内表面附着的泥砂
换热管内表面清洁工艺系统	无	设置于机房内，增加高位水箱、过滤分离器、清洁用水泵、清洗材料发送器、管路系统和控制阀门	属于自主创新技术
换热管内表面清洁系统用能	无	时间短，小于水处理用能；消耗少量自来水	估计每天运行时间夏季少于 1h、冬季 0.5h
板换到机组的循环水系统	设置于机房内，增加膨胀水箱、电子除垢器、水泵、管路系统	无	
机组的能效比	由于增加板换，导致冷凝温度升高或蒸发温度降低，系统能效比：夏季：4.14W/W 冬季：4.17W/W	系统能效比：夏季：4.91W/W 冬季：5.47W/W	
系统的节能量（折合标准煤）	6.51	32.36	方案二节能率达到 15.15％
系统统投资	约 333 万元	约 308 万元	

综上所述，项目最终采用长江江水直进水源热泵主机进行供冷、供热，同时增设热泵机组换热管内表面清洁工艺系统（即"江河水源热泵水源侧装置"）清洗热泵机组的换热器，从而达到高效的目的。

四、通风防排烟系统

1. 通风系统

地下车库设置机械通风系统，系统与消防系统合用；制冷机房、水泵房设置机械通风换气；变配电房设置机械通风换气，带走室内电气设备散发的热量；储油间设防爆机械通风和事故通风系统，要求在室内外方便操作的地方设置电气开关；观众厅的卫生间采用风管＋吸顶式风口，利用轴流风机进行全面换气，其余卫生间采用吸顶式通风器进行全面换气。通风换气次数为 $10h^{-1}$。

2. 防排烟系统

地下车库设机械排烟系统，整个地下车库由顶棚下凸出的不小于 0.5m 的梁划分为 2

个排烟区域，排烟量按系统排烟区域的 $6h^{-1}$ 计算。有车道外入口排烟区域由直通室外的车道入口进行自然补风，无自然补风的排烟区域设置独立机械补风系统，其补风量不小于排烟量的 50%。

满足自然排烟的办公室、内走道、门厅等，采用可开启外窗进行自然排烟，自然排烟口面积不小于需要排烟建筑面积的 2%，且自然排烟口距最远点的水平距离不大于 30m。

不具备自然排烟的内走道、电影厅，设置机械排烟系统，其排烟量为：担负一个防烟分区时，按每平方米不小于 $60m^3/h$ 计算；担负两个或两个以上防烟分区时，按最大防烟分区面积每平方米不小于 $120m^3/h$ 计算，且单台风机的最小排烟量不小于 $7200m^3/h$。

不具备自然排烟的升降台仓设置机械排烟系统，其排烟量按 $6h^{-1}$ 换气次数计算。影剧院观众厅的排烟量按 $13h^{-1}$ 换气次数计算；舞台按中庭来计算，不划分防烟分区，排烟量按 $6h^{-1}$ 换气次数计算。排烟口布置在栅顶上方，且该区域设置独立的机械补风系统，其补风量不小于排烟量的 50%。

排烟风机设置在专用机房内。

不满足自然排烟的防烟楼梯间设置加压送风系统。

五、控制系统

该项目系统控制分为两个独立的控制环路：冷（热）水系统（空调末端水路系统）控制及取水系统控制。

1. 冷、热水循环系统变频技术应用及控制

该项目空调末端水系统属于常见的一级泵（变频）变流量系统，末端设置电动两通阀。

（1）机组运行的变化范围

本次设计选型的 1758kW 双机头独立回路的离心机组，冷水最小流量为额定流量的 50%，允许冷水流量变化率为 $25\%/min$。水系统形式为主机与水泵对应直接连接，单台冷水泵的变频下限流量为额定流量的 50%，且变频控制流量变化率为 $25\%/min$。

（2）变频调速控制方式

冷水泵变频节能控制采用最不利末端压差控制，末端压差控制点设置在负荷变化较小的房间，设置压差传感器。

2. 取水系统控制

取水环路属于制冷机房内的主要控制对象，包括机组正常运行工况的控制和清洗系统的控制两大类。

（1）取水泵变频控制要求

取水系统单一，管路短，取水泵变频采用温差控制方式。本项目设计取水温度为：夏季 26℃，冬季 10℃，温差均为 5℃。

（2）清洗系统操作流程

水源热泵机组关闭→延时 5min 关闭空调循冷（热）水环水泵→延时 3min 关闭长江水取水泵关闭。系统完成制冷/制热过程后，进入机组内换热器管壁的清洗工序，清洗分为逆向水洗（清洗系统运行时清洗系统加料装置不运行）和加料清洗两种方式，具体流程如下：

1）清水反洗工况（江水水质清澈时）：确认所有电动阀门关闭→关闭电动蝶阀 DF1、DF2、DF10、DF11，开启 DF3、DF4、DF9→开启清洗泵（纸浆泵），机组内清水逆向循环运行 20min→关闭清洗泵（纸浆泵），排出系统污水，并向系统注满清水，该清洗流程完毕。

2）加料清洗工况：确认所有电动阀门关闭→关闭电动蝶阀 DF1、DF2、DF10、DF11，开启 DF3、DF4、DF9→开启送料口，加入规定数量的清洗胶球，并关闭加料口→开启清洁用水泵（纸浆泵），循环运行 30min→开启 DF10、DF11，并延时 2min 关闭 DF9，胶球经过过滤器过滤回收→循环运行 10min，过滤所有胶球后，关闭清洁用水泵（纸浆泵）→打开取球盖，取出胶球后，关闭排水阀及取球盖，向整个管路冲入清水清洗后排出污水，再次注满清水，清洗流程完毕。

3. 空调自控系统

空调自控系统采用两层网络结构，管理层建立在以太网络上，控制层则采用 BACNET、MODBUS 现场总线技术，两个层面均可以自由拓扑，灵活的结构为系统实施和维护带来最大的便利。

管理层网络以综合布线为物理链路，通过标准 TCP/IP 通信协议高速通信，主要设备包括管理工作站、现场便携终端等，系统基于浏览器/服务器（Browser/Server）结构。

控制层网络采用开放的标准化现场总线 BACNET，MODBUS 现场总线技术，将通用控制器、专用控制器以及专业计量仪表等现场设备连接在一起。实现对空调系统的自动控制，并对温度、流量、压力等信号实现远程监测。

六、工程主要创新及亮点

在工程设计过程中以及在后来的运行管理过程中，项目设计团队先后申请了 3 项国家实用新型专利。分别为：江河水源热泵水源侧装置（专利号 ZL 2009 2 0128676.3）、江河水源热泵换热器在线清洗送料装置（专利号 ZL 2009 2 0128675.9）、一种水源热泵水源侧装置（专利号：2012 2 0269241.2）。目的是通过增设热泵机组换热管内表面清洁工艺系统，即"江河水源热泵水源侧装置"，很好地解决水源侧水质处理耗能高的难题。与传统长江水直进系统相比，其核心技术是：长江水仅经过简易的取水头部过滤较大杂质后，直进水源热泵主机供冷、供热；当主机停机时，及时启动上述装置，清除换热管内表面污垢，使机组始终保持高效运行。

其原理为：长江水的泥砂随着江水带入主机，而在主机运行过程中江水一直循环运行，长江水中的泥砂会随着水流流出主机外，即此时泥砂不会沉积，只有机组停止运行且换热铜管内的水静止后，泥砂在重力作用下会沉积在换热管壁。该清洗系统在主机停机后运行，即在泥砂沉积的最初开始清洗，运行时间约为 0.5h，此时清除管道内壁的泥砂就比较容易。与常规的胶球在线清洗或是管刷在线清洗相比，该装置缩短了清洗时间，减小了清洗所消耗的能量。江河水源热泵水源侧装置由水源热泵主机、过滤分离器、纸浆泵、加料口、电动阀门等组成。见图 4。

上述三项实用新型专利应用于本项目后，收效立竿见影，系统实际能效较高，主要体现如下：

1. 通过了第三方能源监测

本系统通过了重庆大学建设工程质量检测中心的能效检测，系统冬季的 COP 达到 5.1W/W，夏天 COP 达到 4.7W/W，年节约费用约 15 万元，详细数据如图 5 所示。

1 测评指标汇总表

该项目为长江水水源热泵利用技术的示范，采用 2 台水—水式水源热泵机组提供建筑空调采暖所需冷、热水。

表 1.1 可再生能源建筑应用示范项目测评指标汇总表
（热泵系统）

项目名称	云阳市民活动中心可再生能源建筑应用示范项目		项目地址	云阳县双江街道两江广场秀
申报单位	云阳县城市开发投资（集团）有限公司			
建筑类型	公用建筑		建筑面积	2.9 万m²
示范面积	13,197.0 m²		技术类型	长江水水源热泵
序号	测评指标		系统测评结果	
1	建筑是否达到当地节能设计标准		/	
2	实流量（m³）		13,197.0	
3	空调系统能效比 （COPs）	制冷	3.4	
		制热	4.3	
4	空调机组能效比 （COP）	制冷	4.7	
		制热	5.1	
5	全年常规能源替代量（吨标煤）		178.77	
6	二氧化碳减排量（吨/年）		441.56	
7	二氧化硫减排量（吨/年）		3.58	
8	粉尘减排量（吨/年）		1.78	
9	年节约费用（元/年）		150,033.0	
10	静态投资回收年限（年）		9.7	
判定和分级				
1	合格判定		☑合格 □不合格	
2	分级评价		□1级 □2级 □3级	
测试评价机构（签章）			报告日期：2015 年 1 月 12 日	
批准人：	审核人：		测评人：	

说明：
1、项目名称、项目地址、建筑信息、示范信息由申报单位提供，其真实性由申报单位负责。
2、"建筑类型"指申报项目属于既有/新建和公建/住宅，"建筑面积"指申报项目的总建筑面积。
3、"示范面积"指申报项目总建筑面积中运用可再生能源技术部分所占面积。
4、"技术类型"指申报项目的具体示范技术，有多项技术时均需填写。
5、"建筑节能率"应填写示范项目达到建筑节能率具体指标。

图 5　第三方监测报告数据图

2. 现场实测数据

本设计团队专门请人于 2013 年 1 月和 2014 年 7、8 月对现场进行了连续的实际测试，具体数值如图 6～图 14 所示。

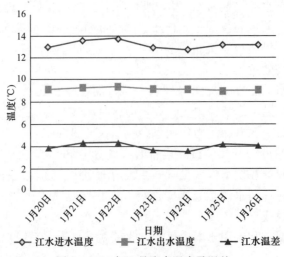

图 6　2013 年 1 月取水温度及温差

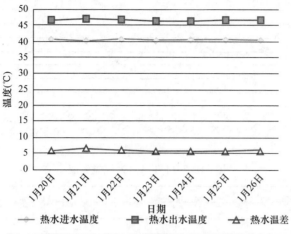

图 7 2013 年 1 月空调热水温度及温差

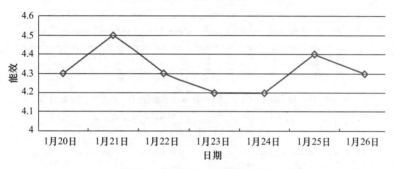

图 8 2013 年 1 月系统能效值

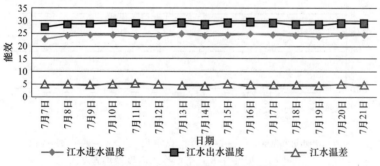

图 9 2014 年 7 月取水温度及温差

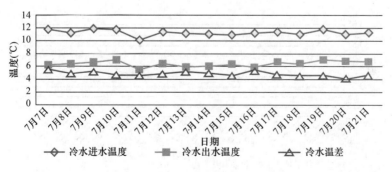

图 10 2014 年 7 月空调冷水温度及温差

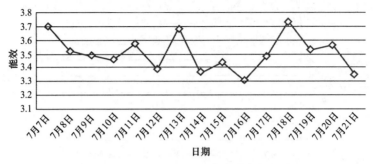

图 11　2014 年 7 月系统能效值

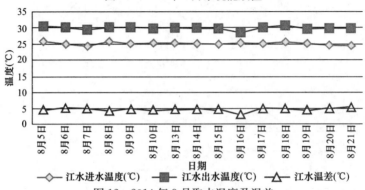

江水进水温度(℃)　江水出水温度(℃)　江水温差(℃)

图 12　2014 年 8 月取水温度及温差

注：8 月 11、12 日设备检修。

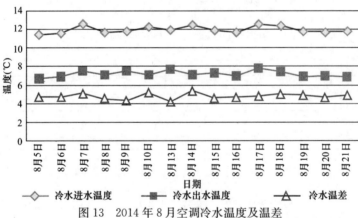

冷水进水温度　冷水出水温度　冷水温差

图 13　2014 年 8 月空调冷水温度及温差

注：8 月 11、12 日设备检修。

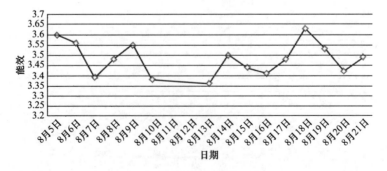

图 14　2014 年 8 月系统能效值

　　根据上述数据可以看出，本项目所在地段，长江水冬季平均水温在 12~14℃之间，夏季平均水温在 22~25℃之间，冬夏季江水温差在 5℃左右，均符合设计要求。

　　系统夏季冷水和冬季热水水温及温差均能达到设计要求，系统能效值夏季在 3.4~3.7 之间，冬季在 4.2~4.5 之间，均达到了设计的节能要求。

卧龙自然保护区都江堰大熊猫救护与疾病防控中心建筑环境与设备设计

- 建设地点：　　四川省都江堰市
- 设计时间：　　2010 年 5～11 月
- 工程竣工日期：2013 年 12 月
- 设计单位：　　中国建筑西南设计研究院
　　　　　　　　有限公司
- 主要设计人：　杨　玲　陈英杰　戎向阳
　　　　　　　　陶啸森　徐　猛　侯余波
　　　　　　　　高庆龙　刘国威
- 本文执笔人：　杨　玲　陈英杰

作者简介：

杨玲，教授级高级工程师，1993 年毕业于重庆建筑工程学院供热通风与空气调节专业。现工作于中国建筑西南设计研究院有限公司。主要设计代表作品：成都双流机场 T2 航站楼、成都双流机场 T1 航站楼北指廊、中国西部国际博览城展览展示中心、ICON 云端、四川航空广场、重庆英利大坪商业中心、都江堰大熊猫救护与疾病防控中心等。

一、工程概况

本工程位于四川大熊猫栖息地世界自然遗产外围保护区——青城山镇石桥村，主要承担野外大熊猫的救护与疾病防治研究工作，是"5·12"地震灾后重建的重点工程，项目的完成树立了卧龙国家级自然保护区大熊猫迁地保护发展新的格局和模式。

项目总建筑面积 12428m²，由监护兽舍、疾病防控研究中心、兽医院、办公楼、科研教育中心、餐厅及活动室、动力中心 9 栋单体建筑组成；总体布局按照工艺要求，以川西"林盘"聚落方式布局各栋单体建筑。各栋分别为单层、二层、三层的坡屋顶建筑（见图 1），主要功能包括监护兽舍、治疗室、手术室、实验室、办公室、展厅、餐厅、工作人员宿舍等。

图 1　项目实地外景

本项目集中空调冷（热）源部分的空调冷负荷综合最大值为 530kW，单位空调建筑面积冷指标为 96W/m²；空调热负荷为 393kW，单位空调建筑热指标为 72W/m²。餐厅及活动室子项的空调冷负荷为 65.69kW，空调热负荷为 45.05kW。本项目空调通风工程投资概算 583.7 万元，单位面积造价为 470 元/m²。

二、暖通空调系统设计要求

根据相关规范，结合项目具体情况以及咨询方提供的工艺要求，确定室内设计参数如表 1 所示。

暖通专业以节能、环保，满足绿色建筑三星要求作为设计原则。

室内设计参数　　　　表 1

房间名称	室内温湿度参数				新风量 [m³/(h·p)]	室内噪声控制标准 [dB(A)]
	夏季		冬季			
	温度（℃）	相对湿度（%）	温度（℃）	相对湿度（%）		
办公室	25	55	20	自然湿度（不小于30%）	30	≤50
实验室	25	55	20	自然湿度（不小于30%）	40	≤50
小型会议室	25	60	20	自然湿度（不小于30%）	30	≤45
办公楼内150人会议室	25	60	20	自然湿度（不小于30%）	25	≤45
走道	26	60	20	自然湿度（不小于30%）	10	≤50
门厅	26	60	18	自然湿度（不小于30%）	10	≤50
科研教育中心：商店、主题展廊	25	65	20	自然湿度（不小于30%）	20	≤55
游人中心：餐厅	25	65	20	自然湿度（不小于30%）	25	≤50
兽医院手术区	25	35～60	22	35～60	多项要求中取最大值	≤50
	按工艺要求，手术室的洁净度等级采用"Ⅲ级一般洁净手术室"标准，并达到正负压切换要求；辅助用房采用Ⅲ级洁净辅助用房标准，空气洁净级别为100000级					
职工餐厅	25	65	20	自然湿度（不小于30%）	20	≤50

三、暖通空调系统方案比较及确定

1. 空调方式的确定

本项目由多栋不同功能的小型单体建筑组成，占地广，建筑密度小；项目中有空调需求的建筑包括疾病防控研究中心、兽医院、科研教育中心、办公楼、餐厅及员工活动中心、监护兽舍、员工周转用房。在总图布置上，疾病防控研究中心、兽医院、科研教育中心、办公楼 4 栋建筑相对集中，而且从使用特点上具有相对持续和稳定的空调负荷，故采用集中空调，由一个集中冷热源供应，利用集中空调冷热源供应空调冷热水的系统效率高。餐厅及员工活动中心、监护兽舍、员工周转用房几栋建筑零星分布，相隔甚远，空调负荷需求的不确定因素多，采用分散的独立空调方式，以提高使用的灵活性，避免集中设置系统带来的额外输配能耗。

2. 空调冷热源及空调水系统

项目建设场地位于都江堰市西南侧，地下含水层厚，地下水位较高，岩土地层导热系数大，属于成都市较适宜利用浅层地能的区域。同时，项目占地广，建筑容积率仅 0.023，建筑密度 0.018，绿地率大，具备设置地埋管换热器的场地。项目地处四川大熊猫栖息地世界自然遗产外围保护区，对空调系统的环境友好性有相当高的要求。根据以上几点，为达到合理利用可再生能源、节能减排的目的，实现可再生能源的示范性利用，集中空调采用地埋管地源热泵系统。

项目采用两台地源热泵冷热水机组，设于单建的动力中心内。动力中心布置于疾病防控研究中心、兽医院、科研教育中心、办公楼 4 栋建筑的相对中心区域；动力中心埋地建设。地埋管换热系统采用双 U 形并联竖直地埋管换热器，设于毗邻于动力中心的绿化地带上；竖直地埋管换热器共计 209 个，有效换热长度为 60m，打孔孔径为 $\phi150mm$，孔间距为 6m。地埋管换热系统设置两级集、分水器，动力中心的地源热泵主机房内设置地源侧一级集、分水器，室外共设四组（1～4 号）二级集、分水器，以便根据负荷需求分区运行；地埋管换热器由同程水平集管连接后汇集于二级集、分水器。根据全年动态负荷计算结果，全年总释热量大于总吸热量，设置一台闭式冷却塔作为辅助排热措施，以避免热堆积。运行策略上考虑其在室外湿球温度较低时运行，以充分利用室外冷源，提高主机运行效率。

兽医院内设有为大熊猫手术的手术室、手术室辅助用房以及解剖室，考虑到空调负荷特性及使用时段与其他区域存在不一致，并结合温度湿度控制系统高温冷源的设置需求，在兽医院室外就近设置空气源热泵机组作为手术部专用的独立空调冷热源。

集中空调大系统用户侧采用变流量一级泵闭式两管制系统，冷水供/回水温度为 $7℃/12℃$，热水供/回水温为 $45℃/40℃$。系统采用落地式膨胀水箱定压、补水，空调水通过设于管道上的水过滤器及水处理器处理；地源侧水系统采用变流量一级泵闭式两管制系统，水泵可根据负荷需求变频运行。制冷工况下地埋管出水设计温度为 $29℃$，系统制热工况下地埋管出水设计温度为 $11℃$。系统采用落地式膨胀水箱定压、补水，空调水质通过设于管道上的水过滤器及水处理器处理。

集中空调大系统用户侧采用冷水机组侧定流量的变流量一级泵闭式双管系统，冷水供/

回水温度为 7℃/12℃，热水供/回水温为 45℃/40℃。系统采用落地式膨胀水箱定压、补水，空调水质通过设于管道上的水过滤器及水处理器处理。用户侧空调水系统管路为异程式布置。

地源侧水系统采用变流量一级泵闭式两管制系统，制冷工况下地埋管出水设计温度为 29℃，系统制热工况下地埋管出水设计温度为 11℃。考虑到地源侧循环水泵存在利用地埋管冷却和利用冷却塔冷却两种运行工况，管路阻力存在差异；而且地源侧循环水泵的额定流量参数基于 3℃ 温差而得，在部分负荷时段存在加大温差、节能运行的空间；基于以上两点，地源侧水泵采用变频水泵，根据系统运行情况变频运行。地源侧水系统采用落地式膨胀水箱定压、补水，空调水通过设于管道上的水过滤器及水处理器处理。

四、各区域的空调系统形式

1. 兽医院手术部的空调系统设置

兽医院手术部在系统设置上考虑温度、湿度分控的思路：室内输入的新风排除室内余湿，手术室和辅助用房各设置一套全空气系统处理室内显热负荷。手术部的独立空调新风系统采用一台热泵式溶液调湿新风机组将新风集中处理后送入手术部各区域。

温度湿度独立控制系统在本区域的应用具有以下优点：

（1）温度、湿度解耦处理，避免了联合处理带来的损失，且有效保证了手术区的室内湿度；

（2）净化空调和维持正压两大功能分离，在手术部非工作期间可通过开启独立新风机组有效维持正压效果，缩短了手术室启用时的自净时间，还有助于减轻末级高效过滤器的压力；

（3）空气处理无潮湿表面，避免了湿工况潮湿表冷器的有害微生物滋生；

（4）负担显热冷负荷的高温冷源能效比，可大幅节能。

系统节能量计算数据为：采用温度湿度独立控制系统避免了"冷热抵消"，就手术室单个系统而言节省的冷量占室内冷负荷的 27%；节省电热加湿的能耗。同时，高温冷源的使用还减少了主机运行能耗。

高温冷源采用空气源热泵机组，冷水供/回水温度为 15℃/20℃。

为满足手术室的正负压切换要求，热泵式溶液调湿新风机组配备变频调节装置，在手术室正压工况下，新风机组降低频率运行并与全空气系统新风入口的定风量阀配合使用，保证在正压空调工况下的新风量；手术室切换成负压（直流）工况时，新风机组工频运行，保证负压工况下的新风量。手术室、麻醉室均设置机械排风系统排除室内麻醉气体。

2. 其他区域的空调系统设置

根据建筑布置和房间功能，各区域的空调末端系统形式如下：

（1）办公室、实验室、小型会议室等需要独立调控的房间采用风机盘管加新风系统，便于各房间独立开启空调设备和调节室内热湿环境参数。

（2）科研教育中心的餐厅和办公楼内的大会议室采用定风量全空气系统；同时，结合这两个房间人员密度大、空调新风需求量大的特点，设置排风系统，排风与新风进行能量交换后排至室外，达到提高室内空气品质和节能运行的双重效果。

（3）科研教育中心的主题展厅包括展厅、视听室两个区域，采用变风量全空气系统，各区域由变风量末端装置调节室内参数。

（4）兽舍、职工周转宿舍采用房间分体式空调；职工餐厅和活动室、监护兽舍的治疗室采用多联空调（热泵）系统。

（5）行政办公楼内的网络中继机房、兽医院的核磁共振室设置独立的恒温恒湿空调设备。

五、热回收的应用比选

排风热回收装置将排风中的热（冷）量传递给新风，可减少新风处理能耗；但由于需要排风、新风均通过换热器，相应增加了风机输配能耗。为判定系统设置的合理性，在设计中针对本项目的不同类型进行了分析计算。

本项目采用空调的房间主要分为以下三类：

1. 人员密度不大的房间（如办公室）

空调新风基本与补偿卫生间排风、保持室内空调运行时的正压风量平衡，无空调房间排风的需要，即无利用空调房间排风的源泉，故不设置排风热回收。

2. 人员密度较大的房间（如科研教育中心的餐厅、办公楼的大会议室）

因需求新风量大，经空气平衡计算，需要设置排风，具备利用房间排风对空调新风预热（预冷）处理的可能性。计算表明（见表2）：热回收转轮选型时控制迎风面风速，达到高热回收效率，同时因转轮压降减小而减少了风机能耗增量。通过主机减少能耗、风机耗能增量的计算可看出，采用热回收后系统总能耗降低较为显著，可采用排风热回收。

办公楼的大会议室排风热回收可行性计算分析 　　　　　　　表 2

	新风量（m³/h）		3800
	排风量（m³/h）		3250
	转轮型号		HRW1200
	转轮面风速（m/s）		2.00
	转轮压降（Pa）		94
	全热/显热效率		0.84/0.82
夏季		回收全热量	27kW
		减少的主机能耗	5.2kW
冬季		回收全热量	24.4kW
		减少的主机能耗	5.4kW
	送、排风机耗能增量		0.64kW

3. 疾病防控中心实验操作需要室内设排风的房间

主要包括各类实验室，按工艺要求这些房间空调季节对外排风，存在利用该部分空调排风的冷量（热量）的可能性。出于安全的考虑，避免实验室排风与新风的交叉污染；如果设置热回收,需采用液体循环式热回收装置,进行显热回收(见表3)。

实验室排风热回收可行性计算分析 表3

液体循环式热回收装置	回收热效率	风量(m³/h)
	0.43	2400
夏季	回收显热量	2.03kW
	节约的主机能量	0.39kW
	送、排风机能耗增量	0.41kW
	水泵能耗	0.05kW
	总节能量	−0.07kW
冬季	回收热量	3.32kW
	节约的主机能量	1.48
	送、排风机能耗增量	0.41kW
	水泵能耗	0.05kW
	总节能量	1.02kW

由计算表明:夏季风机、水泵(液体循环式热回收装置)增加的能耗大于主机节省的能量,节能收益不适宜进行热回收。冬季每套 2400m³/h 的热回收机组节能量微小,采用热回收装置势必带来投资回收期限长。故本类房间不采用排风热回收。

六、通风防排烟系统

1. 通风设计

(1) 自然通风

结合建筑设计中传统川西建筑设计元素,利用坡屋顶与通风百叶的结合、底层架空以及大面积可开启外窗的设计,改善各建筑的自然通风。所有建筑在风压的作用下,可保证主要功能房间的换气次数不低于 $2h^{-1}$(见图2)。

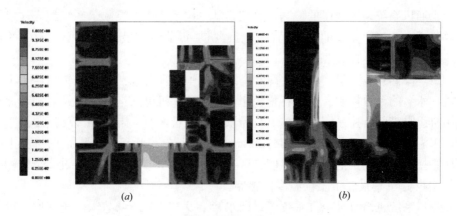

(a)　　　　　　　　　　　　　(b)

图2　自然通风模拟计算结果(一)

(a)疾病防控研究中心;(b)办公楼

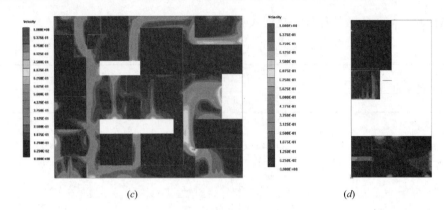

图2　自然通风模拟计算结果（二）

（c）兽医院；（d）科研教育中心

（2）监护兽舍设置机械通风系统，保持负压，以避免个体之间的交叉感染。

（3）病理学实验室、病原诊断实验室等按工艺要求，按一级生物安全实验室标准进行设计，房间内设生物安全柜。

（4）游人餐厅、大会议室设置机械排风，排风与新风进行能量交换。

（5）手术室、麻醉室设置机械排风系统，排除室内麻醉气体。解剖室设置机械排风系统和机械送风系统（空调季为全直流空调新风系统），排风量大于送风量，保持室内负压。

（6）厨房烹饪区设置排油烟系统，将烹饪过程产生的油烟经净化处理后排至室外；设置全面排风系统保持负压。厨房的辅助房间采用机械排风，自然进风。

（7）设备用房设置机械通风系统。

2. 防排烟设计

优先利用建筑可开启外窗作为防排烟设施。无法利用外窗自然排烟的游人中心展厅设置机械排烟。

七、控制（节能运行）系统

空调、通风系统采用全面的检测与监控，其自控系统作为控制子系统纳入楼宇控制系统。主要包括主要暖通设备的各项监测、启停机、负荷调节及工况转换、设备的自动保护、故障诊断等，具体控制要求如下：

（1）冷热源侧：对主机、水泵、冷却塔进行集中管理。包括设备联锁启停，根据冷量进行主机、水泵的台数控制。采用各种轮序，平均冷水机组的运转时间及磨损。冷热水机组可利用机组自带的自控系统，根据负荷需求进行能量调节。当室外湿球温度低于地埋管换热器出水温度，并通过释热量/吸热量累计值优化控制，运行冷却塔，以避免土壤热堆积。地埋管换热器根据负荷、土壤温度分区运行，三个主要埋管区域各设2个监测孔，每孔纵向每相距10m埋设1个土壤温度传感器。

（2）新风系统机组、全空气系统机组回水管上设电动两通调节阀，送（回）风管内设温度传感器，两通阀的开启度由比例积分温控器根据送风温度变化自动调节。另外设置过滤器压差报警。

变风量全空气系统根据系统静压控制点处的静压变化调节空调送风机频率。单风道变风量末端装置的一次风阀根据控制区域与设定值的偏差调节，并设有最小风量限值。

全空气系统服务房间内设 CO_2 浓度监测器，根据室内 CO_2 浓度调整全空气系统新、回风阀，调节新风量，以达到保证室内空气质量和节能运行的双重要求。

（3）热泵式溶液调湿新风机组自带控制系统，可根据设定湿度、温度调节机组处理能力。

（4）风机盘管设风速三挡开关，回水管上设双位电动两通阀，由室内温控器控制其开闭。

（5）排风热回收系统设有旁通管，根据新风焓值与室内焓值的差启闭管路上的电动阀，以避免过渡季无谓增加风机能耗，从而保证系统节能运行。

（6）通风设备利用楼宇系统远程启停，同时就地设检修开关。服务于同一区域的送风机、排风机联锁启停。

八、工程主要创新及特点

项目拟达到三星级绿色建筑，业主对项目的"可持续发展"方面有相当高的要求，如何在项目的具体条件下确定适宜的绿色建筑策略是暖通设计关注的重点。工程的主要创新及特点如下：

1. 因地制宜地确定适宜的空调方式

项目根据空调负荷特点、输配距离、人员行为模式特点采用了集中空调和分散独立空调两种方式，有针对性地利用了"集中"与"分散"方式的优点，以保证系统运行的高效节能性和用户使用的灵活性。

2. 可再生能源利用

集中空调采用地埋管地源热泵系统，在本项目中具有适宜性、可行性，且具有满足环保要求的必要性。

3. 热回收的合理应用

通过对不同类型房间的计算分析，为合理设置热回收系统提供了数据支撑，在本项目中人员密度大的餐厅、大会议室设置排风热回收，保证了切实达到节能运行，非盲目的技术堆砌。

4. 温湿度独立控制系统的应用

兽医院手术室采用温湿度独立控制系统，避免了"冷热抵消"，高温冷源的使用减少了主机运行能耗，并为手术室提供了健康的环境。

5. 被动式节能

结合建筑设计中传统川西建筑设计元素，利用坡屋顶与通风百叶的结合、底层架空、通风天井以及大面积可开启外窗的设计，改善各建筑的自然通风；并采用建筑挑檐和窗洞设计两种遮阳形式实现了外遮阳与建筑一体化设计。

九、工程设计主要图纸

本工程设计主要图纸如图 3 和图 4 所示。

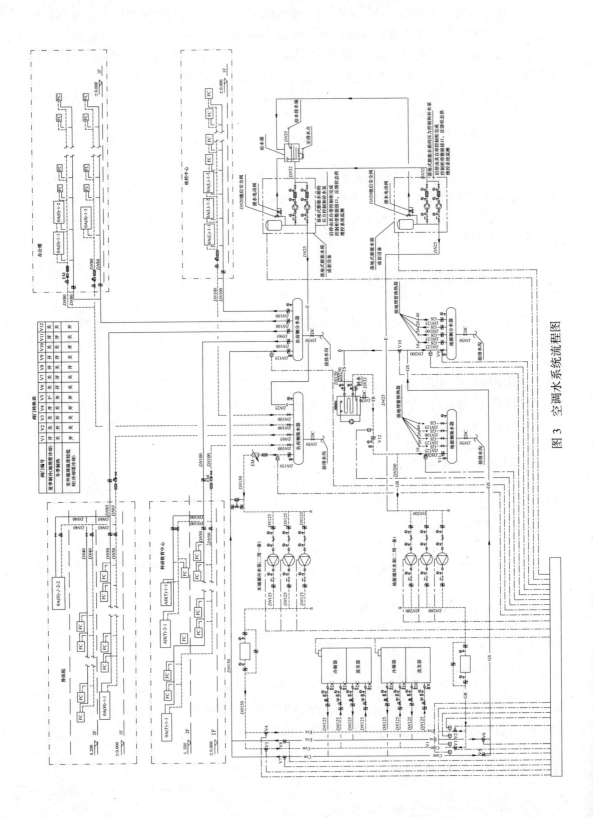

图 3 空调水系统流程图

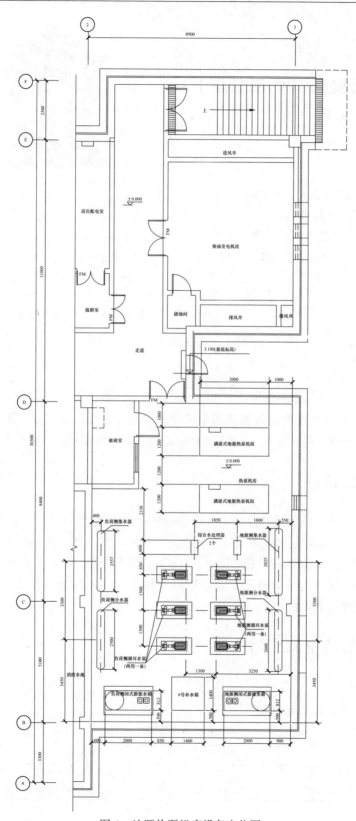

图 4　地源热泵机房设备定位图

南开大学新校区（津南校区）1 号能源站工程①

- 建设地点： 天津市
- 设计时间： 2013 年 7 月～2014 年 1 月
- 竣工日期： 2015 年 9 月
- 设计单位： 天津市建筑设计院
- 主要设计人：宋　晨　秦晓娜　王东博
- 本文执笔人：宋　晨

作者简介：

宋晨，高级工程师，现任天津市建筑设计院绿色建筑机电技术研发中心主任工程师，项目经理。主要工作方向为区域能源规划、设计，单体建筑机电咨询工作，主持参与了生态城公屋展示中心"零能耗"建筑、南开大学 1 号集中能源站等数十项工程设计及咨询工作。

一、工程概况

本工程位于南开大学津南新校区中央核心教学区内，能源站建筑面积 3430m²，建筑地上高度 5.85m。1 号集中能源站所服务的单体建筑包括体育馆、公共教学楼、综合试验楼、图书馆及综合业务楼（东、西），总建筑面积为 219407m²，最大供冷、供热半径为 540m。

二、工程设计特点

（1）根据校区建筑使用特性及分布区域确定集中能源站设置位置及负担区域。

（2）采用带冷热调峰地埋管地源热泵系统，冷调峰为冷却塔，热调峰为燃气热水机组。在充分利用可再生能源的同时，合理确定冷、热调峰形式及容量，保证系统长期的高效运行。

（3）采用分区域二级泵的输配方式，根据单体建筑使用性质及所处位置设置二级泵组，降低输配能耗及能源浪费。

三、设计参数及空调冷热负荷

1. 设计参数

（1）室外气象参数（见表 1）

室外气象参数　　　　　　　　　　　　　　　　　　　表 1

项目名称	数值	项目名称	数值
夏季空调室外计算干球温度	33.9℃	冬季空调室外计算相对湿度	56%
夏季空调室外计算湿球温度	26.98℃	冬季通风室外计算温度	−3.5℃

① 编者注：该工程设计主要图纸可从中国建筑工业出版社官方网站本书的配套资源中下载。

续表

项目名称	数值	项目名称	数值
夏季通风室外计算温度	29.8℃	冬季室外平均风速	4.8m/s
夏季室外平均风速	2.2m/s	冬季主导风向	NNW
夏季大气压力	100.52kPa	冬季大气压力	102.71kPa
季空调室外计算温度	−9.6℃	最大冻土深度	58cm

（2）室内设计参数（见表 2）

室内设计参数 表 2

房间名称	室内温度（℃）		换气次数（h⁻¹）
	夏季	冬季	
办公室	26	20	—
监控室及设备间	26	20	—
主机房	≮30	≯10	4
10kV 开闭站	≮30	≯16	6
配电间	≮30	≯16	6
锅炉房	≮30	≯10	12
维修用库房	—	—	2

2. 设计负荷

（1）设计单位提供的各单体建筑峰值空调冷、热负荷（见表 3）

各单体建筑峰值空调冷、热负荷 表 3

建筑名称	建筑面积（m²）	建筑冷负荷（kW）	建筑热负荷（kW）
体育馆	22399	3593	2708
活动中心	10947	1541	1393
公共教学楼	56700	6343	3886
综合试验楼	55330	5904	4182
图书馆	46418	3602	4379
东配楼	14385	1070	893
西配楼	13217	850	824
总计	219396	22903	18266

（2）集中能源站供冷、供热峰值负荷（见表 4）

集中能源站供冷、供热峰值负荷 表 4

建筑名称	建筑面积（m²）	建筑冷负荷（kW）	建筑热负荷（kW）
体育馆	22399	2524	1942
活动中心	10947	1441	1296
图书馆	56700	3369	4075
综合业务楼东配楼	55330	1001	831
综合业务楼西配楼	46418	795	767
公共教学楼	14385	5932	3616
综合试验楼	13217	5521	3892
1 号能源站	3430	30	20

（3）能源站供冷、供热峰值负荷：能源站设计日峰值供冷负荷为 20613kW，供热负荷为 16439kW。

（4）能源站供冷、供热峰值负荷的确定：根据各单体建筑综合冷、热负荷计算，负担建筑冷、热负荷最大值的叠加分别为 22903kW，18266kW。考虑负担单位建筑冷、热负荷的综合最大值后，能源站供冷供热峰值负荷为 20613kW，16439kW，区域负荷系数为 0.9。

四、空调冷热源及设备选择

1. 供冷、供热系统方案概述

设有调峰冷、热源的地源热泵系统。其中，调峰冷源为冷却塔，调峰热源为真空燃气热水机组。系统配置 6 台离心式水源热泵机组及两台真空燃气热水机组；地源热泵系统的地埋管换热器设于南开湖底及周边区域及能源站所在周围区域；系统采用分区域二级泵系统，通过两管制室外管网，直接向单体建筑供冷、供热。供冷参数：6℃/13℃，供热参数：48℃/38℃。

2. 系统配置

（1）调峰冷源

1）形式——鼓风式冷却塔（由于设置于地下坑内，考虑排热效果）；

2）容量——4 台，单台循环水量为 620m³/h；

3）设计工况参数——32℃/37℃；

4）安装部位——下沉式安装，设于冷却塔基坑内；

5）冷却水泵——设置于能源站内，通过母管并联成组；

6）调峰冷源确定原则：

① 根据系统供热负荷，在考虑 30％调峰热负荷容量后，地源热泵系统所提供的热负荷为 11507kW，对应所需地埋管换热器数量为 1810 孔。1810 孔土壤换热器对应的排热能力为 15204kW。

② 根据系统供冷负荷，系统排热负荷为 24736kW，考虑地埋管换热器系统排热能力 15204kW，还需冷调峰的排热能力 9532kW。

③ 根据工程可设置冷却塔区域，选择 4 台单台循环水量为 620m³/h 的鼓风式冷却塔。

（2）调峰热源

1）机组形式——冷凝式燃气热水机组；

2）机组台数——2 台；

3）机组参数——2800kW；

4）与主体热源的连接方式——串联。

5）调峰热源确定原则：

① 地源侧供热季在 5℃/8℃工况下，所选择热泵机组冷凝器最高出水温度为 45℃。

② 系统供热温度为 48℃，采用热源串联连接方式，热泵机组冷凝器进/出水温度为 38℃/45℃，调峰热源进/出水温度为 45℃/48℃，所以按系统总供热能力的 30％设置调峰热源容量。

（3）主机

1）机组形式——离心式水源热泵机组；

2）机组台数——6台；

3）机组参数——单台机组制冷量：3500kW；制热量：3300kW。

（4）埋管换热器（地埋管）

1）土壤换热装置——双U形竖直埋管换热器；

2）取、放热能力——依据热响应测试报告：35℃工况下，排热量约为64.2W/m；5℃工况，取热量约为41.7W/m；

3）布井方案——钻孔数1810口、孔深120m、孔间距5m、钻孔直径为Φ200mm；

4）水平集管形式——单管区域集中＋检查井式；

5）连接方式——系统制冷时，地源侧水系统与冷却塔水系统以双母管形式接入机组冷凝器，即任意一台机组均可通过地源或冷却塔排热；系统制热时，地源侧水系统借用夏季用冷水母管接入机组蒸发器，实现自地源取热，同时系统水借用夏季地源侧母管接入机组冷凝器。

（5）主要技术参数（见表5）

主要技术参数 表5

负荷	冷负荷	20613kW	地源侧参数	制冷	30℃/35℃
	热负荷	16439kW		制热	5℃/8℃
系统供冷参数	水源热泵主机供冷	6℃/13℃	冷却水参数		32℃/37℃
子系统供热参数	水源热泵主机供热	38℃/45℃	系统供热参数	主机＋真空燃气热水机组供热	38℃/48℃
	真空燃气热水机组供热	45℃/48℃			

（6）地埋管地源热泵系统土壤热平衡分析

1）负担建筑耗冷耗热量计算（见表6）

耗冷、耗热量（MWh） 表6

负担建筑名称	建筑面积（m²）	1月	2月	3月	4月	5月	6月
体育馆	21500	573	424	168	0	0	223
公共教学楼	54800	1245	844	343	0	0	524
综合实验楼	52600	1656	1214	481	0	0	896
学生活动中心	10000	267	197	78	0	0	104
图书馆	46500	1290	1246	374	0	0	684
综合业务楼（东）	10439	228	156	67	0	0	94
综合业务楼（西）	9340	204	139	60	0	0	84
总计	205179	5512	4395	1575	0	0	2683
负担建筑名称	建筑面积（m²）	7月	8月	9月	10月	11月	12月
体育馆	21500	80	79	156	0	243	526
公共教学楼	54800	59	60	405	0	518	1134
综合实验楼	52600	650	618	372	0	699	1518
学生活动中心	10000	37	37	72	0	113	245
图书馆	46500	977	980	528	0	544	1182
综合业务楼（东）	10439	35	36	73	0	97	210
综合业务楼（西）	9340	32	32	65	0	86	187
总计	205179	2199	2165	1721	0	2316	5042

2）1 号集中能源站能源消耗计算（见表 7）

1 号集中能源站能源消耗计算 表 7

消耗能源类型	1月	2月	3月	4月	5月	6月	7月	8月	9月	10月	11月	12月
电力消耗（MWh）	1586	1264	453	0	0	812	665	655	521	0	666	1450
燃气消耗（万 Nm³）	1216	970	347	0	0	0	0	0	0	0	511	1113
浅层地能（MWh）	2710	2161	774	0	0	2408	1973	1942	1544	0	1139	2479

3）浅层地能取放热量分析（见表 8）

浅层地能取放热量 表 8

时间	1月	2月	3月	4月	5月	6月	7月	8月	9月	10月	11月	12月
浅层地能取放热量（MWh）	2710	2161	774	0	0	2408	1973	1942	1544	0	1139	2479

4）全年浅层地能取放热能力分析（见表 9）

全年浅层地能取放热能力 表 9

项目名称	数值
浅层地能取热量（MWh）	9263
浅层地能排热量（MWh）	7868
不平衡率（%）	17.73

5）结论

根据上文分析，浅层地能取放热不平衡率为 17.73%，因此不可仅使用地埋管地源热泵系统供冷供热。从浅层地能取放热平衡角度出发需要设置热调峰手段，从浅层地能供冷、供热能力角度出发需要设置冷调峰手段。

五、空调系统形式

1. 空调水系统

（1）形式——采用两管制、一级泵定流量、二级泵变流量、冷热水共用型空调水系统，通过机房空调水系统阀门切换实现供冷、供热两种运行模式的转换；将供应的各单体建筑分设为 3 个供能分区，分别为体育馆供能分区；大学生活动中心、公共教学楼、综合试验楼供能分区；图书馆、综合业务楼东、西配楼供能分区，按不同供能分区设置 3 套二级泵系统。

（2）定压补水——采用隔膜式定压补水装置，系统定压压力 0.55MPa，系统可能出现的最大压力为 1.15MPa。

（3）水质保证——采用物理与化学处理方式相结合，其物理方式处理设备为快速直通过滤器与 Y 形过滤器，化学处理方式为自动加药装置，同时采用旁滤方式保证系统水质。

2. 地源侧水系统

（1）形式——一级泵、两管制、定流量系统；

（2）定压补水——采用隔膜式定压补水装置；

（3）水质保证——采用物理方式，其处理设备为快速直通过滤器与Y形过滤器，同时采用旁滤方式保证系统水质。

六、空调自控设计

1. 采用基于PLC的机房群控系统实现制冷与供热系统的自动运行与调节

（1）根据运行策略自动确定制冷与供热系统的状态；

（2）在制冷工作状态时，实现以下功能：

1）无论何种工况，都能根据主机负荷率，辅之以由主机蒸发器进水温度判断的负荷变化趋势，自动决定主机及相应的一级泵与地源侧循环系统/冷却水循环系统的投入或退出。

2）根据以下要求实现制冷系统的安全运行：

制冷系统的启动顺序：系统一级泵、地源泵/冷却水泵启动→冷却塔风机根据冷却水水温启动或停止→水源热泵机组自动启动→系统二级泵启动。

制冷系统的关闭顺序：关闭系统二级泵→水源热泵机组、冷却塔风机同时关闭→延时5min→关闭系统一级泵、地源泵、冷却水泵。

蒸发器进水管、冷凝器进水管均设置水流开关及开关型电动两通阀，实现机组保护与系统的卸载运行。

3）根据"等运行时间原则"自动均衡设备运行时间，延长设备使用寿命。

（3）在供热工作状态时，实现以下功能：

1）根据运行策略自动实现主机与调峰热源的运行匹配，在保证土壤"年度"热平衡的前提下，充分利用土壤源的供热能力。

2）能根据主机运行负荷率，辅之以由主机冷凝器进水温度判断的负荷变化趋势，自动决定主机及相应的系统一级泵与地源侧循环系统的投入或退出。

3）根据系统回水温度/供热量，自动决定真空燃气热水机组的加载、卸载或投入、退出。

4）根据以下要求实现制热系统的安全运行：

供热系统的启动顺序：系统一级泵、地源泵启动→水源热泵机组及真空燃气热水机组自动启动→系统二级泵启动。

供热系统的关闭顺序：关闭系统二级泵→关闭水源热泵机组及真空燃气热水机组→延时5min→关闭系统一级泵、地源泵。

蒸发器进水管、冷凝器进水管均设置水流开关及开关型电动两通阀，实现机组保护与系统的卸载运行。

5）根据"等运行时间原则"自动均衡设备运行时间，延长其使用寿命。

6）根据气候补偿器向机组发出出水温度设定值。

2. 水源热泵主机

水源热泵主机接受由机房群控系统发出的工作指令，根据机组运行负荷率，辅之以由蒸发器进水温度判断的负荷变化趋势，自动决定机组及相应循环系统的投入或退出。

3. 真空燃气热水机组

首先关闭真空燃气热水机组旁通开闭阀，根据系统回水温度判断，实现真空燃气热水机组的加、卸载。

当系统供水温度达到 45℃时，若系统回水温度仍高于 38℃，关闭真空燃气热水机组，开启真空燃气热水机组旁通开闭阀，实现水源热泵机组独立供热。

4. 埋管换热器（地埋管）

根据土壤温度监测，通过土壤及地埋管换热器出水温度变化，自动控制地埋管换热器工作状态（运行或不运行），并在需要时开启冷却塔。根据土壤热平衡情况，夏季调节冷却塔开启时间，冬季调节真空燃气热水机组的使用比例，确保地源热泵系统长期、稳定、可靠运行。

5. 介质输配与水质保证系统

（1）系统一级水泵：根据对应机组开启、关闭，实现一级水泵的加、卸载，实现恒流量运行，在管网阻力发生变化时，根据恒定流量原则调节水泵变频。

（2）系统二级水泵：

1）恒定水系统最不利环路（或最不利环路组）资用压差，辅之以供回水温差控制，实现对系统循环泵的变频控制。

2）在保证压差设定值的前提下，以输送效率最高实现循环泵组群控。

（3）地源侧循环泵与冷却水系统循环泵：根据实测流量与设定流量的比较，调节地源侧循环泵台数，流量设定值由机房群控系统根据负荷控制要求在线设定。

地源侧与冷却塔系统采用双母管形式接入主机。供冷时根据地温监测及末端负荷需求，手动转换各台机组接入的系统（即接入地源侧系统或冷却塔系统），相应循环水泵自动加载或卸载；供热时根据热泵机组的加载与卸载联动地源泵的加载与卸载。

（4）定压补水与水质保证系统：

1）启动或调节补水泵以恒定水系统定压压力；

2）根据定期的水质分析，采取定时定量的加药处理。

6. 自动控制系统应实现但不限于对下列数据的监测与显示

（1）系统涉及各种运转设备的工作状态；

（2）系统供回水温度、流量、压差与输出的冷热量；

（3）系统总电功率；

（4）系统能效比；

（5）冷却塔系统进出水温度、流量、压差；

（6）地埋管换热器系统进出水温度、流量、压差；

（7）地埋管换热器系统不同区域、不同深度的温度；

（8）真空燃气热水机组供回水温度、流量、压差；

（9）各单体建筑换热器系统一次侧供回水温度、流量、压差。

七、运行效果及系统投资

1. 集中能源站设计工况，供冷系统 $COP=4.05$，供热系统 $COP=3.46$

2. 从 2016 年 1 月 1 日 0：00 至 2016 年 3 月 18 日 9：00，集中能源站供热量 13682MWh，折合单位建筑面积供热量 62kWh/m²。按照 11 月 15 日至 3 月 15 日为标准供热季推算，单位建筑面积供热量 $96.96kWh/(m^2 \cdot a)$。地源侧取热量为 8315MWh。

3. 实际系统供热 $COP = 2.54$，根据初步分析，导致系统 COP 不高的原因主要是由于热泵机组部分负荷下工作时间较长。根据以上原因，建议集中能源站下一个供热季提高热泵主机供热负荷率，针对以后项目，在具备设置蓄能方式的前提下，尽量采用蓄能方式，提高系统能效。

4. 本能源站集中供冷供热系统总投资 6888.4235 万元（包含室外埋管），折合负担建筑面积，单位投资 335.73 元/m^2。

2017 年度全国优秀工程勘察设计行业奖

（建筑环境与能源应用专业）

二 等 奖

清华大学新建医院一期工程^①

- 建设地点：　　　北京市
- 设计时间：　　　2009 年 9 月～2010 年 9 月
- 工程竣工日期：2014 年 10 月
- 设计单位：　　　清华大学建筑设计研究院
　　　　　　　　有限公司
- 主要设计人：　　贾昭凯　韩佳宝　于丽华
　　　　　　　　刘建华
- 本文执笔人：　　韩佳宝

作者简介：

韩佳宝，高级工程师，2009 年毕业于哈尔滨工业大学供热供燃气通风与空调专业，硕士学位。

现工作单位：清华大学建筑设计研究院有限公司。

主要设计代表作品：

中国博览会展综合体（北块）、北京市老年院医院医疗综合楼晋中市博物馆。

一、工程概况

清华大学新建医院一期工程（建成后称北京清华长庚医院）是北京市医院管理局的第 22 家综合三甲医院，也是北京市首家实行医管分工合治的三甲公立医院，工程位于北京市昌平区天通苑。2007 年 7 月开始设计，2009 年 9 月设计完成，于 2014 年 10 月建成竣工并投入使用。总用地面积为 101441m²，其中总建设用地面积为 82637m²，总建筑面积 225000m²，工程为一、二期完成。

本次设计为一期工程，包括 1 号楼——门诊医技住院楼（主要功能为门诊、医技、手术部、1000 床病房）94918m²；2 号楼——东配楼（动力中心、后勤办公、餐厅）7980m²，位于 1 号楼东侧，二层与 1 号楼有连廊连通；3 号楼——综合楼（办公及员工宿舍）28789m²。

1 号楼建筑高度 58.45m，属于为一类高层建筑。1 号楼地下 2 层、地上 13 层。地下二层为汽车库，地下一层至三层为门诊、医技用房，四层为手术部、ICU 等洁净用房，五～十三层为病房。医院设有负压病房、检验科、影像科、核医学、放疗科、中心供应等科室和医技用房，对空调、通风均有特殊要求。

二、设计参数及空调冷热负荷

该工程室内主要设计参数如表 1 所示，主要设计指标如表 2 所示。

---

① 编者注：该工程设计主要图纸可从中国建筑工业出版社官方网站本书的配套资源中下载。

室内主要设计参数 表1

| 项目名称 | 温湿度（夏季） | | 温湿度（冬季） | | 新风量 | | 噪声 |
	温度（℃）	相对湿度（%）	温度（℃）	相对湿度（%）	换气次数（h⁻¹）	按人数 [m³/(h·人)]	A声级 [dB(A)]
门诊	26	60	20	40	3		≤50
医技	26	60	20	40	3		≤50
手术部	25	60	22	40	按级别		≤50
病房	26	60	20	30		40	≤40
大堂	27	60	18	30	3		≤50

注：医技设备等要求特殊房间另述。

主要设计指标 表2

项目名称	建筑面积（m²）	设计冷负荷（kW）	单位面积设计冷负荷（W/m²）	设计热负荷（kW）	单位面积设计热负荷（W/m²）
1号门诊、医技、住院楼	94918	6478	68.2	6400	67.4
2号能源中心	7980	625	78.3	667	83.6
3号办公及员工宿舍	28789	—	—	1290	44.8

注：3号办公及员工宿舍采用分体空调，不在集中冷源设计范围。

三、空调冷热源及设备选择

1. 集中空调总冷负荷为7103kW，冷水供/回温度7℃/12℃，冷却水供/回温度32℃/37℃。制冷机选用3台，两大一小，容量分别为2813kW（800rt）2台、1758kW（500rt）1台，均为离心式。其中1758kW（500rt）机型变频控制，满足夜间或手术室、医疗设备区域过渡季节小负荷需求。冷水泵、冷却水泵分别设3台，流量与制冷机相对应，冷水泵与制冷机一一对应，均变频调速。冷却塔设3台，流量与制冷机相对应，横流式，风机变频调速。图1为制冷系统原理图。

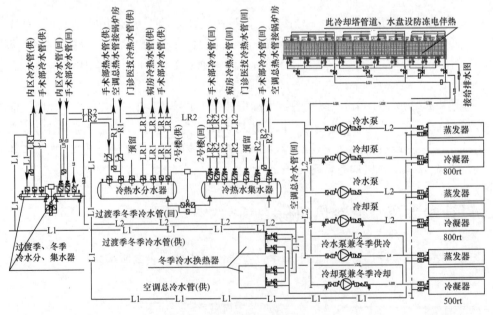

图1 制冷系统原理图

过渡季、冬季利用冷却塔免费供冷给内区和手术室等空调使用，水管采用电伴热防冻，实现空调系统节能、环保运行。手术室供冷，过渡季节当冷却塔免费供冷不能满足要求时，可开启制冷机组供冷，冬季手术室供冷需求较小，设置冷却塔免费供冷即可，单独设置一套供冷系统没有必要，目前实际运行使用状况良好。

2. 集中空调、地板供暖总热负荷8357kW，热媒参数为60℃/50℃（热水）。选用3台4.2MW的热水锅炉，两用一备，机房并预留2期设备位置，热水泵选用3台，两用一备，均设变频调速控制流量。

热源采用真空热水锅炉，真空锅炉制取低温水有效防止炉内酸腐蚀且节省一套补水、定压设备，具有节能、运行简单、占地面积小的特点。

供医技消毒、生活热水用2台2t/h蒸汽锅炉，一用一备。蒸汽锅炉与热水锅炉设于同一锅炉房。

四、空调系统形式

门诊、医技、病房采用风机盘管＋新风系统；手术室区域、ICU采用全空气系统；网络机房、电话机房、消防控制室、UPS房间、电梯机房等采用专用空调，一些特殊要求科室、医技房间空调系统专门介绍。

1. 空调水系统采用一级泵变流量系统。净化空调系统采用四管制。机组设置冷盘管和热盘管，冬季电热加湿。门诊采用分区两管制，解决内外区问题，病房新风机组、风机盘管均采用两管制。

2. 空调风系统普通门诊、病房设风机盘管加新风系统，新风、排风均设风管进入房间，新风口、排风口单独设置，避免空气在不同房间、区域流动，新风机组设置热回收，热回收方式选板式显热回收，热回收效率高，占用空间小，又能避免空气交叉接触。ICU采用全空气系统，内、外区合用组合空调机组，外区房间加设风机盘管，空调机组根据内区要求运行，外区通过风机盘管末端调节，满足冷热需求，ICU全空气系统为确保空气品质，未设新风热回收装置。

五、特殊房间空调系统

1. 手术室空调系统

手术室包括22个洁净手术室、洁净走廊和清洁走廊等。手术室包含，Ⅰ级洁净手术室3间，手术区空气洁净度100级；Ⅱ级洁净手术室5间，手术区空气洁净度1000级；Ⅲ级洁净手术室10间，手术区空气洁净度10000级；Ⅳ级手术室4间，手术区空气洁净度300000级。Ⅰ级、Ⅱ级手术室均设独立的净化全空气空调机组，便于灵活运行、节省运行费用、满足不同病人的温度要求，Ⅲ级、Ⅳ级手术室，每2～3个手术室设一台净化全空气空调。洁净走廊和清洁走廊，设全空气净化空调。

洁净手术室设净化空调系统，3级过滤，第一级粗效过滤器在新风处，第二级中效过滤器在送风机出口处，第三级高效过滤器在手术室顶部送风口处。排风按每个手术室独立设置，新风集中设置新风机组，设置粗效过滤、中效过滤器、亚高效过滤器。排风口处设亚高效过滤器，手术室气流组织采用上部送风、双侧下部回风，回风口设中效过滤层，风口带调节阀。图 2 为手术室洁净空调原理图。

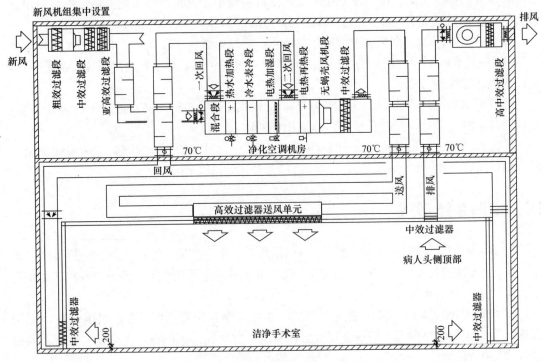

图 2　手术室洁净空调原理图

洁净手术室处于"待术"状态，可单独运行新风机组，保证房间正压状态，节省运行费用。

2. 洁净辅助用房空调系统

对于一般净化要求房间，且全空气系统设置有困难的房间，如地下一层中心供应区无菌物品储存、首层急诊清创缝合室等，这些对噪声要求不高场所，设置 FFU 自净器（风机过滤单元机组）。

3. 负压隔离病房空调系统

负压隔离病房用于隔离患有呼吸系统疾病的病人，防止通过呼吸、飞沫和空气等非直接接触途径传播。该医院并非专科传染病医院，负压病房仅作为转诊前短期停留设置，分别在一层急诊、三层内科 ICU、四层外科 ICU，十二层个别病房设置负压病房，负压病房与其他区域均有缓冲前室分别，每个负压病房均独立设置机械送、排风系统，负压病房排风 $12h^{-1}$，前室排风 $6h^{-1}$，送风量为排风量的 70%。初期通过阀门调整满足压力分布，气流组织上送下排，定向气流，病床侧和床尾天花顶分设主、次送风口，使医护人员站立空间气流单向向下流动，排风口设零泄漏高效过滤器，高效过滤器积尘清换后烧掉。负压隔离病房压力分布及风口平面图如图 3 所示。

为保证前室空气净化要求，前室单独设置循环净化风机系统；负压病房和前室均设置微压差计，观察压差分布条件，不满足要求时，检修维护设备、更换过滤器等，负压病房排风机两台设置一备一用，使负压病房更加安全可靠。

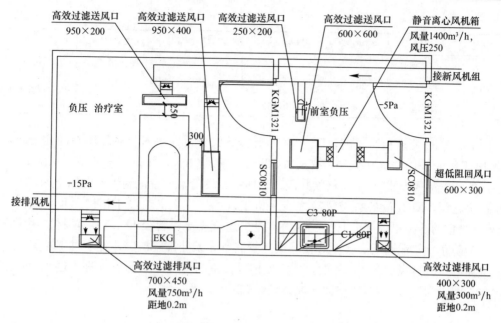

图 3　负压隔离病房压力分布及风口平面图

六、特殊科室及医技用房空调通风系统

综合医院医技科室繁多，且对空调通风要求不同，需了解其工艺过程，根据需求进行空调系统设计，重点介绍检验科、影像科、核医学科、中心供应等特殊房间暖通设计。

1. 检验科

检验科中心试验室中有大量现代化检验设备的使用，常年放热量大，且设备更新换代较快，试剂存放区设有多台低温冰箱，为确保空调效果，设置两套空调系统，风机盘管＋新风系统和多联机空调系统。楼内集中供冷时，采用风机盘管＋新风系统，降低运行费用，过渡季或冬季使用多联机空调系统。

2. 影像科空调、通风系统

影像科主要有 X 射线机、CT、CTA、DSA、MRI 等设备，X 光、CT、CTA 等房间空调需解决发热、新风换气等问题。影像科各种机房空调通风设计参数如表 3 所示。

影像科各种机房空调通风设计　　　　　　　　　　　　表 3

科室名称	房间	温度（℃）	相对湿度（%）	发热量（kW）	换气次数（h⁻¹）	空调形式
X 光室	检查室	20～24	40～60	6	3	风机盘管＋新风
	操作室	20～26	40～60	3	3	
CT 或 CTA	检查室	20～24	4～60	14	4	多联机
	操作室	20～26	40～60	3	3	
DSA	检查室	20～24	40～60	12	12	全空气系统
	缓冲室	20～24	40～60		6	
	操作室	20～26	40～60	3	3	

续表

科室名称	房间	温度（℃）	相对湿度（%）	发热量（kW）	换气次数（h⁻¹）	空调形式
	磁体室	20～24	40～60	6	平时 5/事故 12	双压缩机专用空调
MRI	设备室	20～26	40～60	14	3	风机盘管＋新风
	操作室	20～26	40～60	3	3	

DSA、MRI 要求相对较高，DSA 血管摄影类似介入性手术，对环境有净化要求，级别为 10 万级，采用全空气空调系统送风 12h⁻¹，新风 3h⁻¹，并设有缓冲室，保证 DSA 检查室内的空气品质要求。MRI 核磁共振、磁体室、设备室设置恒温恒湿专用空调，室外机位于裙房屋面，MRI 设备自带风冷式冷水机组，室外冷水机组设于裙房屋顶，预留电量 50kW。设备的防护罩顶部会有氦气排出，设失超管连接，管径 DN250，管材采用无磁不锈钢，为防止氦气泄漏人员接触冻伤，失超管高空无人处排放；磁体室平时排风 5h⁻¹，应对氦气泄漏事故排风 12h⁻¹，并设独立机械排风；室内管线应做防磁处理，避免对检查造成影响。图 4 为该工程 MRI 空调通风系统设置。

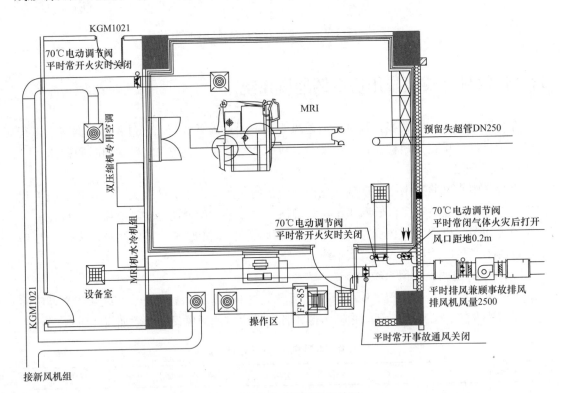

图 4　MRI 室空调通风设计图

3. 核医学检查空调、通风系统

PET-CT（正子发射电脑断层扫描）检查有核辐射的危险，所以病人、医护人员的活动尽量避免交叉。

辐射性由高到低依次是：注射室（调剂室）→卫生间→PET-CT 扫描→病人休息区，通风设计应维持各房间之间一定的压力梯度，保证空气由低辐射区流向高辐射区，图 5 为核医学区辐射强度分布图。核医学部分通风设计要独立设置，辐射强度高的调剂室（和废弃物存放热核室）设有专用通风柜，通风柜内设活性炭吸附、高效过滤，排风管高空排放；核医学内卫生间有带辐射排泄物，核辐射强度较大，需设置独立排风；医护人员操作办公区域通风独立设置，与患者区域相独立。PET-CT检查室温湿度要求及空调设置见表4，该工程核医学空调、通风系统图见图6。

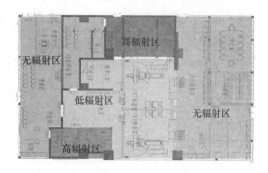

图5 核医学辐射强度分布图

PET-CT检查室空调设计参数 表4

科室名称	房间	温度（℃）	相对湿度（%）	发热量（kW）	换气次数（h⁻¹）	空调形式
PET-CT	检查室	20～24	30～60	3	3	多联机
	操作室	20～26	30～60	1	3	风机盘管＋新风

注：检查室温度变化率≤3℃/h。

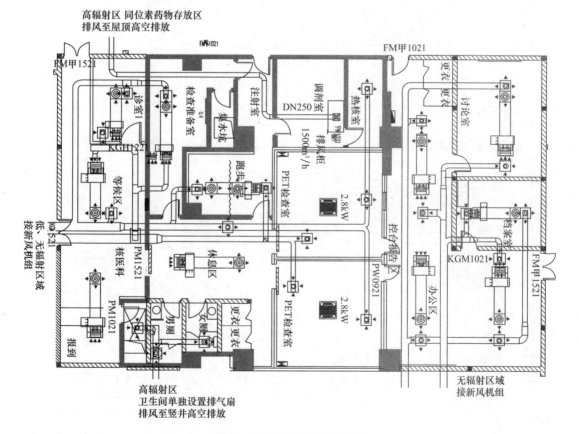

图6 核医学空调通风系统图

4. 放射治疗区空调、通风系统

根据直线加速器的特点，加速器室空调设计参数见表5。

<table>
<tr><td colspan="7" style="text-align:center">直线加速器室空调设计参数</td><td>表 5</td></tr>
</table>

科室名称	房间	温度（℃）	相对湿度（%）	发热量（kW）	换气次数（h⁻¹）	空调形式
直线加速器	检查室	20～24	40～60	14	6	多联机
	控制室	20～26	40～60	1	3	
	机械室	20～26	40～60	3	3	

加速器室空调、通风设计还需要注意以下几点：首先，加速器在工作过程中会产生臭氧，密度比空气大，气流组织上送下排，加速器机房有一定的洁净度要求，送排风口设置亚高效过滤器；其次，直线加速器机房考虑到有射线产生，机房通常采用铅和混凝土浇筑而成，设置迷道，管线的进入条件苛刻，图 7 为该工程管线过门处做法。

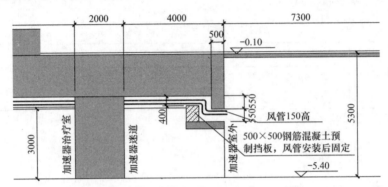

图 7 管线过门处剖面图

加速器本身自带风冷式水冷机组，采用分体式，考虑路由及预留室外机位置、电量。图 8 为该工程加速器机房空调设置平面图

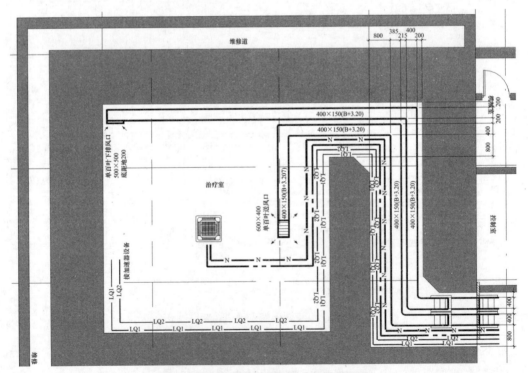

图 8 直线加速器机房空调、通风平面图

5. 中心供应室空调、通风系统

医院中心供应室（CSSD）又称消毒供应中心，分三个独立的作业区域：污染区、清洁区、无菌区。相邻两区之间设缓冲区。进出供应室的人流、空气流动、物流严格分开，物流只能由污到洁，再到无菌区。气流由无菌区到清洁区，再流向污染区。图9为中心供应室污染程度分布图。

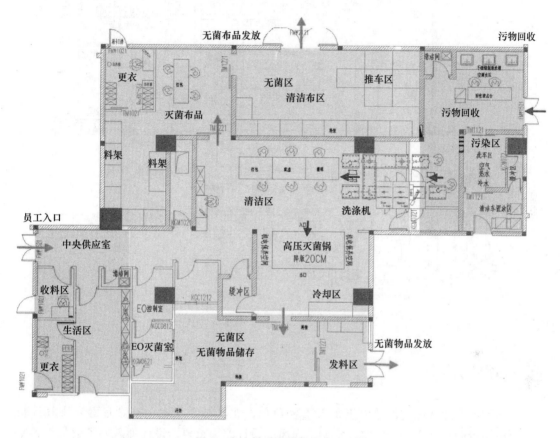

图9 中心供应室污染程度分布图

根据中心供应室特点设计空调通风，其设计参数见表6。

中心供应室空调设计参数 表6

科室名称	房间	温度（℃）	相对湿度（%）	换气次数（h⁻¹）	空调形式
中心供应室	污物回收	18～26	40～60	6	风机盘管＋新风
	清洁区	18～26	40～60	3	风机盘管＋新风
	无菌区	20～25	40～60	6	多联机＋新风＋FFU
	生活区	18～26	40～60	3	风机盘管＋新风

中心供应室污物回收区域排风独立设置，一条龙洗涤线机器使用蒸汽，预留接设备 D89X3 通风管，风量 $400h^3/h$，作为排放蒸汽废气；高温灭菌锅，消毒物出锅时瞬间温度高、湿度大，该区域加大空调量，设置变制冷剂流量空调，独立排风，换气次数 $10h^{-1}$；EO（环氧乙烷）灭菌锅，毒气低温化学灭菌方式，长时间使用 EO 灭菌锅会有 EO 残留，

有剧毒、易燃易爆，需要控制其空气中浓度，不能泄漏，EO 灭菌锅房间独立排风，换气次数 12h⁻¹；无菌区，10 万级净化要求。图 10 为中心供应区空调、通风系统图。

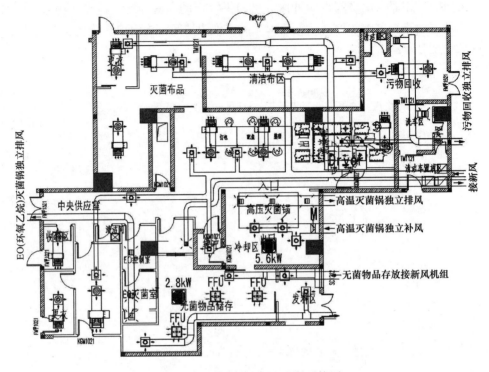

图 10　中心供应室空调、通风系统图

七、心得与体会

暖通空调专业在医院设计中担负着重要角色，尤其是手术室、排除有毒有害气体科室、价格昂贵的检查室和治疗室，空调、通风的设计尤为重要。设计师需要了解各个科室的需求、设备的要求，将暖通空调设计与工艺融为一体。总结本医院的设计及实际使用情况，归纳以下几点体会：

1. 综合医院门诊医技部分由于体量较大，易形成内区，有条件时内区最好采用四管制，如有困难可采用分区两管制，合理解决内区过热问题。

2. 综合医院过渡季、冬季利用冷却塔免费供冷给内区和手术室等空调使用，水管采用电伴热防冻，实现空调系统节能、环保运行，手术室供冷，过渡季节，当冷却塔免费供冷不能满足要求时，可开启制冷机组供冷，冬季手术室供冷需求较小，设置冷却塔免费供冷即可，单独设置一套供冷系统没有必要。

3. 综合医院有洁净要求，但级别不高，对设置全空气系统有困难且噪声要求不高的房间，可以使用 FFU 系统，满足室内要求，节省空间及费用。

4. 综合医院解剖病理科、检验科、各种实验室等房间，通风量需求很大且高空排放，而通常设计需要配合二次深化设计，所以一次设计时要预留好送排风路由。

5. 医院各个医技科室要求不同，应充分了解工艺需求，根据需求进行空调系统设计。

6. 加强对医院空调系统后期运行管理的重视，以免由于运行、维护不当会造成能源的浪费和室内温湿度不满足要求。

7. 对医院运行使用情况进行回访，用户对于整个楼的空调效果满意，也发现一些问题：空调系统的运行维护需要专业运行维护人员，并且需要得到业主的重视，有些空调系统由于运行、维护不当造成能源浪费和室内温湿度不满足要求。例如由于手术室空调系统新风量过大，造成空调机组冷处理能力乏力，使手术室有些房间感到湿热；另外，由于空调加湿系统采用软化水，运行维护人员对软化水处理设备滤芯更换不及时，造成加湿系统不能正常使用，使门诊房间冬季感到干燥。需要重视空调系统运行和维护。

朱集西煤矿井下降温与热能利用工程设计

- 建设地点： 安徽省淮南市潘集区
- 设计时间： 2013 年 9 月～2014 年 7 月
- 竣工日期： 2014 年 12 月
- 设计单位： 煤炭工业合肥设计研究院
- 主要设计人：王玉麟　王君杰　孙永星
　　　　　　董江涛　邢　红　周　强
　　　　　　柏　琳　张剑波
- 本文执笔人：王玉麟

作者简介：

　　王玉麟：高级工程师，2005 年毕业于安徽建筑大学建筑环境与设备工程专业，后于合肥工业大学攻读硕士学位。现在煤炭工业合肥设计研究院暖通热机室从事暖通空调与热能动力工程设计研究与项目管理工作。

一、工程概况

1. 工程概述

朱集西煤矿井田位于安徽省淮南市西北，东距淮南市约 38km。行政区划隶属淮南市潘集区。地理坐标：东经 116°38′12″～116°45′43″；北纬 32°52′25″～32°55′45″。

朱集西矿井设计生产能力为 400 万 t/a，设计服务年限为 77a。该矿为煤与瓦斯突出和高地温矿井，矿井采用多水平开拓方式，中央并列抽出式通风，工业广场设主井、副井、风井、矸石井 4 个井筒，一水平标高－962m。

朱集西煤矿由于埋深大、工作面走向长、供风距离远，工作面温度达 36～39℃，相对湿度达 90%～95%。虽然采取了一些措施，但仍然多次发生工作人员中暑现象，既危害了职工的身心健康，又影响了矿井建设、正常生产。迫切需要建设一套有效的矿井空调系统来解决矿井基建、生产过程中产生的热害问题。

同时，朱集西矿井开采深度大、强度高，属典型的高温深井，其矿井排风量大、温度高，蕴涵大量热能。遵照《国务院批转国家经贸委等部门关于进一步开展资源综合利用意见的通知》（国发〔1996〕36 号），利用企业余热资源向矿区供热、供冷可节约大量优质煤炭资源，减少环境污染。建设适度规模矿井余热利用工程是国家节能减排政策的具体体现。

本项目集矿井空调系统和热泵系统于一身，是资源综合利用、节约和合理利用能源与矿井热害环境治理相结合的典范。成功地实施本项目，达到预定目标，将具有重要的示范作用。

本项目为煤炭工业合肥设计研究院设计、建筑及安装施工、部分设备材料采购、调试试运行总承包项目。于 2013 年 3 月开工建设，2013 年 6 月 5 日一期建成投入运行，于 2014 年 3 月全部施工结束。经 2014 年 8 月现场检测，运行效果良好，受到项目业主称赞。

2. 建设规模

井下降温系统制冷规模为 18MW；热能利用系统制热规模为 18.4MW。

3. 工程概况

（1）总平面布置

总平面布置以地面制冷机房为中心，以工艺流程合理为原则，充分利用朱集西煤矿既有设施。

因受朱集西煤矿工业场地位置所限，井下降温与热能利用工程只能布置在其矸石井的西侧，风井的北侧，产品仓的南侧与防火灌浆站的东侧的预留场地范围内。本工程建（构）筑物有制冷机房、生产水池、生产泵房、软水箱、管道支架、回风换热器等。制冷机房为主要的建筑物，其长 60m，宽 22m，屋顶上部设置冷却塔，布置在预留场地的北部；生产水池、生产泵房与软水箱等辅助生产建构筑物布置在制冷机房的西侧；管道支架主要用于架设冷媒管，沿矿区道路延伸至矸石井和主井。制冷机房与其北部的变电所、南部的风井、东部的矸石井、西部的防火灌浆站均保持 20m 以上的距离，以免这些建、构筑物受顶部冷却塔飘水的不利影响。同时，从制冷机房出来的两路冷媒管也可以很便捷地到达矸石井和主井，向井下延伸，从制冷机房的热泵机房出来的冷、热水管也可很方便地沿着现有矿区道路敷设。

为了充分利用朱集西煤矿现有生产与生活设施，节约投资及减少占地，井下降温与热能利用工程在总平面布置设计中，充分利用现有矿区道路、办公楼、食堂与浴室等生产辅助及生活福利设施，避免重复建设。

（2）电气系统

朱集西矿井现有 1 座 110kV 中央变电所，变电所内设 2 台 40MVA 主变压器，2 回 110kV 电源线分别引自芦集、丁集 220kV 区域变电所，导线截面均为 LGJ-185，供电电源可靠。

井下降温及热能利用工程用电负荷等级按二类考虑，拟在制冷机房设 10kV 变电所，采用双回电源供电，供电电源引自矿井变电所 10kV 母线。

井下二次供冷系统设 10kV 变配电硐室一座，两路电源采用 MYJV22-8.7/10kV 3X120，电缆分别引自井下中央变电所 10kV 不同母线段。

（3）热控专业

本工程设自动化监控系统和视频监控系统，对地面制冷机房和井下降温硐室内的主要设备和工艺环节进行全方位的监控管理。

本工程的电话及网络系统引自朱集西煤矿。

（4）供排水系统

1）冷却塔采用开式冷却塔。

2）地面生产用水采用矿井工业场地生产水，井下生产用水利用井下供水系统。

3）生活用水引自矿井工业场地生活给水管网，消防用水引自矿井工业场地消防给水管网，按建筑物的防火等级配置相应的消防器材及设备。

（5）软化水系统

1）矿井降温冷水系统、热能利用空调冷热水系统补水全部采用软化水。

2）软水设备安装在地面制冷机房内，其工艺为一级自动离子交换软化，盐溶液再生。

（6）建筑结构

1）地面制冷机房、生产水池及生产泵房、软水箱等一次建成。

2）制冷机房、生产水池、管道支架基础为钢筋混凝土结构。

3）根据《建筑抗震设计规范》GB 50011，厂区属抗震设防烈度为 7 度地区，设计基本地震加速度值为 0.10g，地震分组为第一组。

（7）投资概算

朱集西煤矿井下降温与热能利用工程建设项目总资金为 26677.24 万元，其中建设工程直接费 21257.93 万元。

二、暖通空调系统设计要求

1. 矿井降温工艺系统

（1）制冷工艺为溴化锂＋离心式制冷机串联制冷和离心式＋离心式制冷机串联制冷。制冷系统共分为 3 个单元，一期安装蒸汽双效溴化锂＋离心式制冷机、离心式＋离心式制冷机 2 个制冷单元；二期增加蒸汽双效溴化锂＋离心式制冷机一个制冷单元，3 个单元组互为备用。

冷水循环泵采用母管制联机方案，各制冷单元入口设流量调节阀控制各制冷单元流量恒定。冷水循环泵布置在制冷机组下游。

（2）地面冷水系统定压采用气压罐，定压点设在一次冷水循环泵入口。

（3）冷却循环水泵布置在制冷机房内，冷却塔及冷却水池布置在制冷机房屋顶，冷却循环水泵流量选型与制冷机一一对应。冷却水采用母管制，各制冷机入口设流量调节装置，控制各制冷单元流量恒定。

（4）地面冷水系统采用软化水补水，补水至冷水循环泵入口母管；冷却水系统补水水源取自工业场地生产给水管网，补水至冷却塔下冷却水池。

（5）压力耦合方式采用高压换热器方式，一期安装一套 9MW 高压换热器，二期增加相同型号高压换热器一套。每套设计流量按 500m³/h 考虑，一次侧进/出水温度为 2.5℃/18℃，二次侧进/出水温度为 21℃/6℃。

（6）一期选用 3 台二次冷水循环水泵，单台流量为 345m³/h，扬程为 308m，2 用 1备；二期增加 1 台，最终 3 用 1 备。

（7）井下二次供冷系统的定压采用压力传感器的方式，定压点设在二次循环泵吸入口，补水水源取自一次循环回水管。

（8）井下降温硐室的大小按布置 2 套高压换热器、2 套过滤站、4 台二次冷水循环泵、定压补水装置等设备及管件仪表来考虑，一次性建成。

（9）为便于井下东、西两翼负荷的调节，分别在东翼和西翼的四采区和五采区分岔处设电动调节阀，流量计及相关仪表，同时设控制分站。

（10）井下供冷管道的主干管直径为 DN400，按矿井投产后期的冷负荷一次性考虑，避免管道的重复建设。

（11）供冷管道采用预制井下聚乙烯护套聚氨酯保温钢管，其内层为无缝钢管，中间层为聚氨酯保温层，外护层为双抗高密度聚乙烯管。

（12）根据井下采、掘工作面的冷负荷合理选用空冷器，空冷器的布置形式采用吊挂式安装。

2. 矿井热能利用工艺系统

（1）热能利用系统布置于制冷机房 6.6m 层，与制冷机房一次建成。

（2）热能利用系统分为空调水系统和洗浴水系统。一期安装 4 台空调系统用热泵机组，2 台洗浴用热泵机组；二期增加 7 台相同型号的空调系统用热泵机组，同时增加 1 台洗浴用热泵机组。

洗浴系统可满足朱集西煤矿 300m³/班次的洗浴水用热量。

（3）热能利用空调水系统定压采用气压罐，定压点设在空调水循环泵入口。

（4）冷却循环水泵布置在 6.6m 层内，冷却塔布置在屋顶，冷却水池与降温部分共用。

（5）热能利用空调水系统采用软化水补水，补水至空调水循环泵入口母管。

（6）夏季洗浴系统的低温热源来自井下降温冷却循环水回水。

（7）冬季空调水系统与洗浴系统热泵机组蒸发器热源来自矿井回风换热器、井下降温冷却循环水回水。

（8）工艺系统设计采取安全保障技术措施，可实现夏季工况地面空调热泵机组与矿井降温溴化锂制冷机组互为备用。

三、暖通空调系统方案比较及确定

受篇幅限制，仅对以下 3 个特点提供设计分析、计算过程：

朱集西煤矿由于地温高，井下降温系统常年运行，各时期制冷量和运行时间如下：

夏季：制冷量 16～18MW，运行时间 2160h；春、秋季：制冷量 8～12MW，运行时间 4320h；冬季：制冷量 3～6MW，运行时间 2160h。

1. 冷水泵变频节能分析

（1）地面一次冷水泵

本工程一次冷水泵采用变频调节，相比工频水泵，年可节约电量：夏季 189439kWh，春、秋季 459637kWh，冬季 199980kWh，合计 849055kWh（见表1）。

一次冷水泵变频节能比较表　　　　　　表1

比较项目		夏季	春、秋季	冬季	合计
年运行时间（h）		2160	4320	2160	8640
流量（t/h）		999	666	333	
水泵变频运行	水泵扬程（m）	94	72	39	
	水泵功率（kW）	335	169	48	
	耗电量（kWh）	722961	730921	103235	1557117
工频水泵运行	水泵扬程（m）	118	117	113	
	水泵功率（kW）	422	276	140	
	耗电量（kWh）	912399	1190558	303215	2406172
年节电量（kWh）		189439	459637	199980	849055

（2）井下二次冷水泵

本工程井下二次冷水泵同样采用变频调节，相比工频水泵，年可节约电量：夏季 451982kWh，春、秋季 1210909kWh，冬季 435060kWh，合计 2097952kWh（见表 2）。

二次冷水泵变频节能比较表 表 2

比较项目		夏季	春、秋季	冬季	合计
年运行时间（h）		2160	4320	2160	8640
流量（t/h）		999	666	333	
变频水泵	水泵扬程（m）	266	201	158	
	水泵功率（kW）	940	473	194	
	耗电量（kWh）	2030053	2045317	418235	4493606
工频水泵	水泵扬程（m）	321	320	318	
	水泵功率（kW）	1149	754	395	
	耗电量（kWh）	2482036	3256226	853296	6591557
年节电量（kWh）		451982	1210909	435060	2097952

（3）投资与回收期

根据朱集西煤矿提供的电价 0.65 元/kWh，计算年节电费可达到 192 万元，相比由于变频而增加的投资，仅需一年多便可收回（见表 3）。

变频水泵与工频水泵投资比较表（单位：万元） 表 3

项目	变频水泵投资		工频水泵投资	
	变频电机	变频器	工频电机	配电柜
一次水泵	7.50	9.73	5.25	3
二次水泵	23.4	35	16	
合计	302.51		99	
投资差	204			
年节电费	192			

2. 低温溴化锂选型

《煤矿井下热害防治规范》规定：矿井空调下井冷水温度不应高于 3℃。本设计采用地面集中制冷站布置方案，一次冷媒水设计温度为 2.5℃/18℃，考虑采用两级制冷实现 15.5℃ 的降温温差。为减少制冷耗电量，并充分利用余热的供热能力，采用蒸汽溴化锂制冷机与电制冷机串联的制冷方案。蒸汽溴化锂制冷机为第一级制冷，冷媒水进口温度为 18℃，出口温度为 5℃。电制冷机为第二级制冷，冷媒水进口温度为 5℃，出口温度为 2.5℃。

通常溴化锂机组的冷水温度都在 7℃，为充分利用余热，本工程要求溴化锂机组冷水出口温度应尽可能低，通过对国内外溴化锂机组厂家的调研，部分厂家溴化锂机组冷水出口温度可达到 3℃，但多数厂家认为溴化锂机组冷水出口温度在 5℃ 较为安全可靠，因此本工程溴化锂机组设计冷水出口温度为 5℃。经计算，采用 5℃ 出水溴化锂机组比电制冷机组（COP 值按 5 考虑）年可节约电量 15216768kWh。而 5℃ 出水溴化锂机组相比 7℃ 出水溴化锂机组，年节约电量 2340576kWh（见表 4）。

溴化锂机组与同等规模电制冷机组节能比较表 表 4

比较项目		夏季	春、秋季	冬季	合计
年运行时间（h）		2160	4320	2160	8640
5℃出水溴化锂	制冷功率（kW）	10064	10064	5032	
	制冷量（kWh）	21738240	43476480	10869120	76083840
	节电量（kWh）	4347648	8695296	2173824	15216768
7℃出水溴化锂	制冷功率（kW）	8516	8516	4258	
	制冷量（kWh）	18394560	36789120	9197280	64380960
	节电量（kWh）	3678912	7357824	1839456	12876192
两者比较	制冷量（kWh）	3343680	6687360	1671840	11702880
	节电量（kWh）	668736	1337472	334368	2340576

3. 热能利用取代锅炉房供热、供冷

热能利用系统分为洗浴热水系统和热泵空调系统，洗浴热水系统常年运行，热泵空调系统冬季供热，夏季制冷。表 5 为热能利用系统与锅炉房＋分体空调系统的比较，其中不包括室外管道和末端换热设备在内，耗电量包括机房内所有设备的耗电，按照中电联公布的 2014 年全国火电机组平均供电标煤耗 310g/kWh 进行折标换算。

相比锅炉房＋分散式空调系统，本热能利用系统每年可节约标准煤 6965t，减少 CO_2 排放 16716t。

热能利用系统与锅炉房及分体空调节能比较表 表 5

	热能利用系统	锅炉房	分体空调
冬季供暖供热量（kWh）	25563600	25563600	
夏季空调供冷量（kWh）	20003760		20003760
洗浴供热量（kWh）	23846400	23846400	
年耗电量（kWh）	20824128	1482300	10501974
利用矿井排风、制冷机组冷凝热的低位热量（kWh）	34587000		
耗标煤量（t）		9705.54	
耗能折标煤量（t）	6455.48	10165.05	3255.61
投资（万元）	1400	1100	960
年节约标煤量（t）	6965		
年减排 CO_2 量（t）	16716		

四、控制（节能运行）系统

本工程设自动化监控系统和视频监控系统，对地面制冷机房和井下降温硐室内的主要设备和工艺环节进行全方位的监控管理。

本工程的电话及网络系统引自朱集西煤矿。

运用计算机自动监控新技术"热电冷联供工程监控管理系统"软件，实现计算机自动调节控制，具有显著的节能、稳定运行工况效果。该软件为煤炭工业合肥设计研究院电厂所完全自主知识产权，获国家版权局计算机软件著作权登记证书（0487078 号）。

五、工程主要创新及特点

1. 设计特点

（1）采用热泵节能技术，充分利用矿井排风热能及制冷机组冷凝热（属全国首创），

向矿井供热，达到节能减排目标。

（2）采用低温溴化锂制冷技术，最大限度利用工业余热。

普通空调溴化锂制冷冷水出水温度为 7℃，本项目溴化锂出水设计温度为 5℃，大幅提高余热制冷在总制冷量中所占比例，最大限度利用工业余热，减少制冷电耗。

（3）井下压力耦合方式选择高低压热交换器，大幅降低工程造价，并有利于工程分期实施。同时也存在换热温差较大的缺点，但不影响工程降温除湿效果，仅影响空冷器选型，综合造价依然大幅降低。

（4）采用低温冷却塔技术，提高了夏季制冷主机 COP 值，进一步降低了能耗。

（5）采用分质供水，载冷、载热介质采用软化水，冷却用水采用清水，降低了项目水耗，达到节水、节能目标。

（6）充分利用矿井工业广场现有用地，不新征地。克服场地狭小的布置难点，采用制冷机房、热泵机房、冷却塔及冷却泵房、软化水设备、热能利用水箱及水泵房综合叠加布置方案，达到了减少建设工程占地的目标。

（7）采用煤矿井下冷媒输送预制保温管、阻断冷桥技术，大幅降低冷量输送过程中的冷损。

（8）采用具有完全自主知识产权的"热电冷联供工程监控管理系统"软件，实现计算机自动调节控制，具有显著的节能、稳定运行工况效果。

（9）降温系统的负荷调节：为方便管理、减少能耗，降温系统采用下列设计方式：

1）制冷系统采用质调节与量调节相结合的调节方式。3 个并联制冷单元内采用定流量质调节方式运行；单元间采用调节运行单元数量的量调节方式运行。

2）井下二次侧冷水系统与一次系统相对应采用量调节的方式运行。

3）负荷调节采用自动控制，可最大限度减少能耗。

（10）机组运行灵活，冷水系统采用单元母管制，各一级制冷机冷水出水设母管，任意一个单元的一级制冷机故障停运时都可用其他单元一级制冷机代替。

二级电制冷机组同样采用母管制，3 个单元间机组可以任意切换。

（11）冷水循环泵的节能：

1）根据井下冷负荷调节制冷单元运行数量，冷水系统阻力变化较大。

2）一、二次冷水循环泵均采用变频调节，既节能，又可达到调节目的。

2. 技术难点

（1）矿井排风热能利用

朱集西煤矿矿井排风蕴含大量热能，其排风温度为 22～32℃，风量 380～500m³/s。经分析计算，排风夏季可利用废热 11～14.5MW，冬季 34～45MW，可完全满足矿井用热需求。由于矿井排风含尘量大、矿井排风扇出口阻力限制要求高，给热能利用工程设计带来极大困难。设计方与中国矿大（北京）、朱集西矿、排风扇供货方反复研究，通过非标设备设计解决设备选型困难，通过优化设备、风道布置解决系统阻力不得大于 50Pa 的限制，最终解决了这一设计难点，使得工程得以顺利进行。

（2）项目用地不足及井筒狭小

1）朱集西煤矿仅为矿井降温工程预留了矸石井以西、回风井东北侧一块空地，仅能满足矿井降温工程使用；同时，由于副井也在空地东侧，大件设备、材料运输还要占据一定操作及运输空间，可使用的土地面积更加狭小。

经反复研究，只有采用将制冷机房、热泵机房、冷却塔及冷却泵房、软化水设备、热能利用水箱及水泵房 6 个需独立布置的单位工程厂房联合叠加布置方可解决用地布置困难，达到不新征地目标。这种布置方式为煤炭工业合肥设计研究院首创，在全国尚未见先例。节约建设项目用地 50％以上，解决了建设场地不足的技术难点。

2）朱集西煤矿的主井、副井、风井和矸石井 4 个井筒，井筒直径分别为 6m、8m、7.5m、5m，直径均偏小，给井筒装备及增建"六大系统"中增加管道、线缆敷设带来困难，设计中没有考虑深井降温冷水管道敷设空间。

经会同建设方、矿井设计单位共同协商，设计院相关专业多次研究，副井、风井均不能敷设，确定了由主井、矸石井各敷设一根 DN400 降温管方案，其中主井没有敷设直管空间，改为管道遇梁避让、曲折敷设、见缝插针方案，给设计工作带来极大困难。该敷设方案开创全国先例。

3）设计采用地面制冷主机单元制与输冷管道母管制，有效解决了季节性冷负荷变化的经济、稳定性调节运行问题。

4）采用冷水泵变频运行方式，以适应项目降温头、面转移引起的二次侧系统水力变化的运行模式，不仅提高了运行的经济性，还降低了运行管理的难度。

3. 新技术运用

（1）热能利用与深井降温工程工艺相互融合，开创全国首例。采用水源热泵技术，不仅利于矿井排风热能，还充分利用了降温系统制冷机组排放的冷凝热，形成了冷、热资源的循环利用，具有显著的节能减排效果。

（2）低温溴化锂制冷技术，仅在淮南矿区降温工程中使用，国内同类工程实例中，尚无运用例证。溴化锂冷水出水温度由普通空调的 7℃降至 5℃，充分利用了余热制冷，进一步降低了运行耗电成本，提高了工程效益。

（3）运用计算机自动监控新技术"热电冷联供工程监控管理系统"软件，实现计算机自动调节控制，具有显著的节能、稳定运行工况效果。

（4）运用井下冷水预制保温管新技术，与我院专有的阻断冷桥技术相结合，大幅降低冷量输送过程中的冷损。经测量，实现井下冷水管道输送温升小于 0.2℃/km。

（5）采用低温冷却塔新技术，提高了夏季制冷主机 COP 值，进一步降低了能耗。

上述新技术运用将取得显著的节能减排效果，大幅降低工程运行费用。

4. 技术经济指标

与单纯井下降温工程比，能耗下降 30％以上；年吨煤降温成本约 4 元/kW，较同类工程 5～30 元/kW 降低 20％以上；

与燃煤供热工程相比，本工程矿井热能利用工程节能 50％以上，可逐步取代矿井供热锅炉房，取得显著的节能减排效果。

六、主要图纸

该工程设计主要图纸如图 1～图 3 所示。

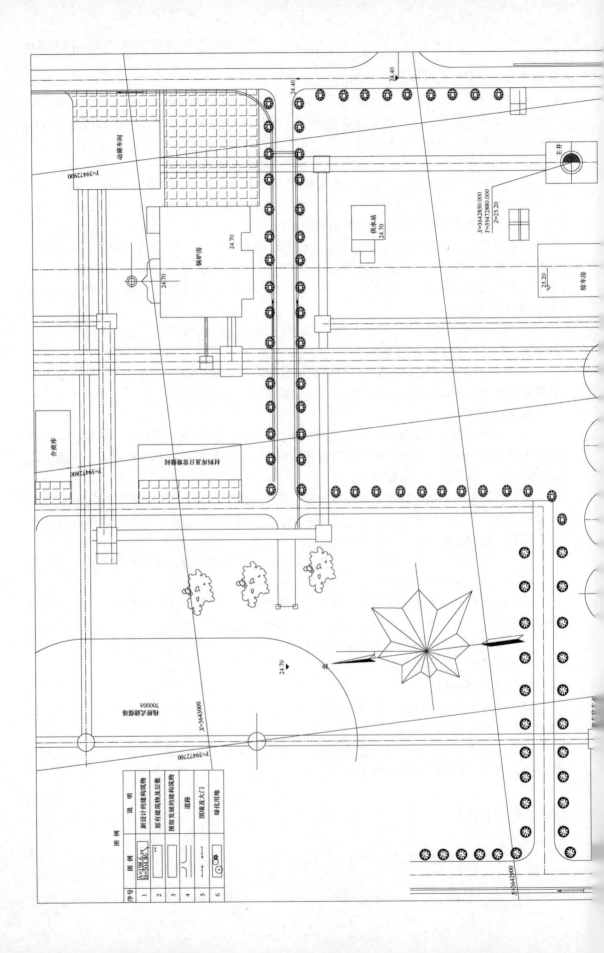

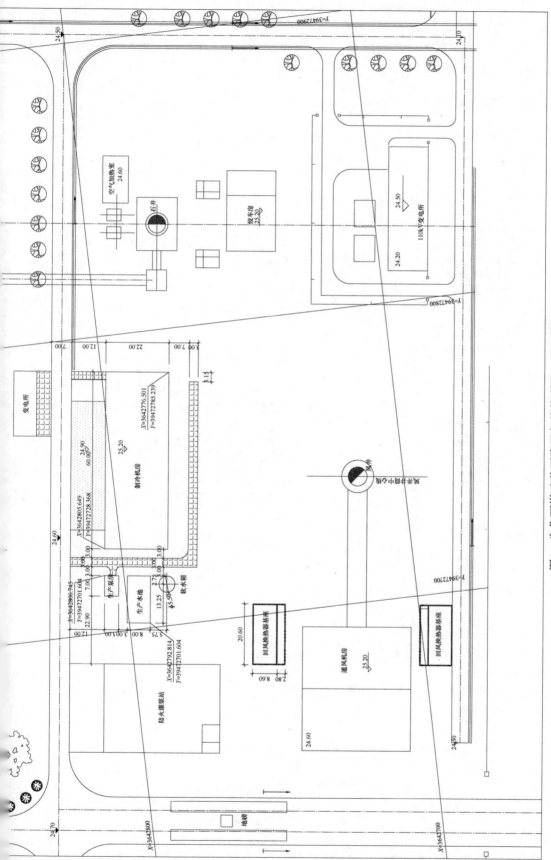

图1 朱集西煤矿井下降温与热能利用工程总平面图

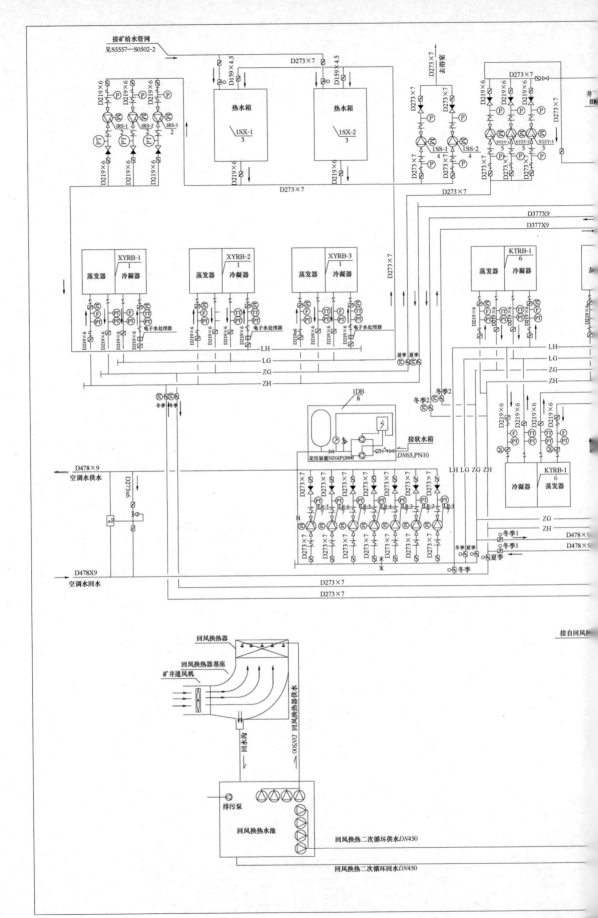

图2 热

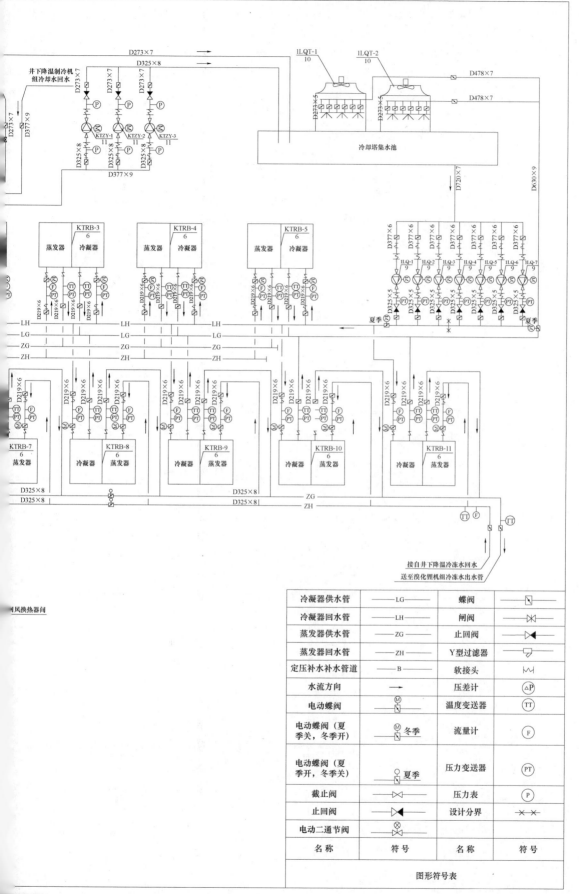

名 称	符 号	名 称	符 号
冷凝器供水管	——LG——	蝶阀	
冷凝器回水管	——LH——	闸阀	
蒸发器供水管	——ZG——	止回阀	
蒸发器回水管	——ZH——	Y型过滤器	
定压补水补水管道	——B——	软接头	
水流方向	—→	压差计	(ΔP)
电动蝶阀		温度变送器	(TT)
电动蝶阀（夏季关，冬季开）	冬季	流量计	(F)
电动蝶阀（夏季开，冬季关）	夏季	压力变送器	(PT)
截止阀		压力表	(P)
止回阀		设计分界	—××
电动二通节阀			
名 称	符 号	名 称	符 号

图形符号表

流程图

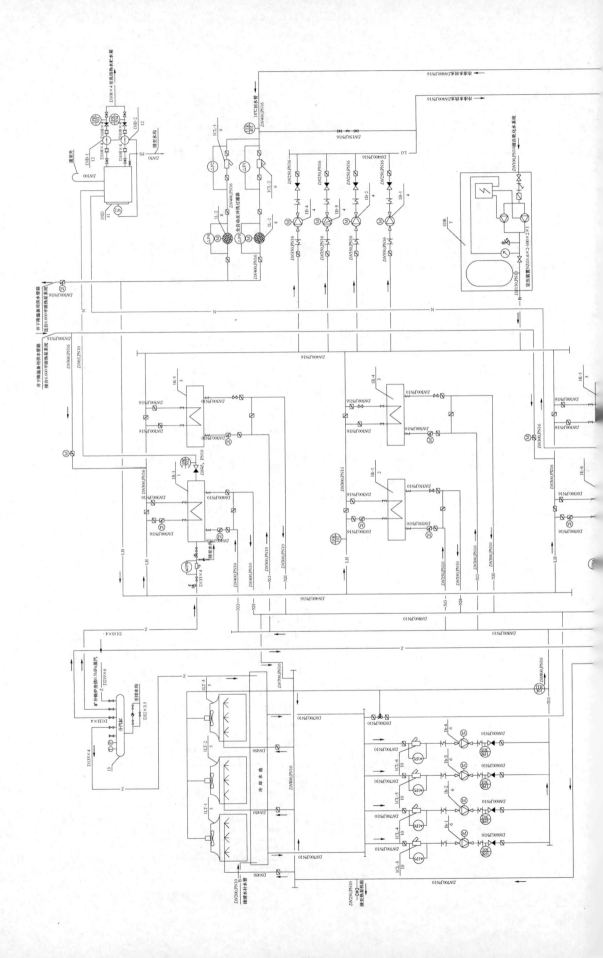

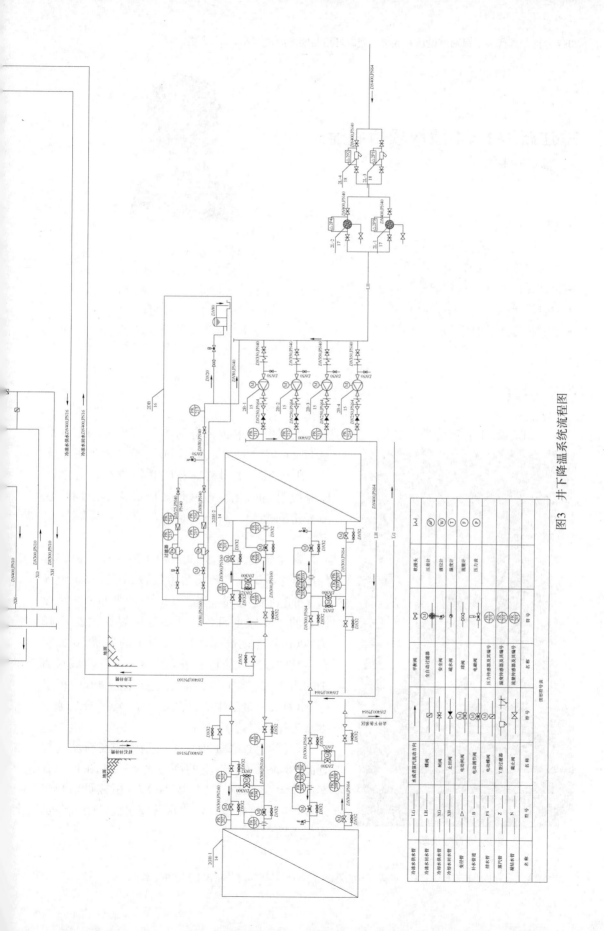

图3 井下降温系统流程图

珠江新城 F2-4 地块项目暖通空调设计①

- 建设地点： 广州市
- 设计时间： 2007 年 9 月～2014 年 5 月
- 竣工日期： 2015 年 10 月
- 设计单位： 广东省建筑设计研究院
- 主要设计人：沈 洪 林振华
- 本文执笔人：林振华

作者简介：

沈洪，高级工程师，注册公用设备工程师。现供职于广东省建筑设计研究院。设计代表项目：广州珠江新城核心区市政交通项目、广州国际金融城起步区公共部分地下空间、珠江新城 F2-4 地块商业项目、广州京穗中心、广州正佳广场万豪酒店等。

一、引言

广州 CBD 中心区的珠江新城，是中国三大国家级中央商务区之一（另外两个为北京 CBD 与上海陆家嘴 CBD），是华南地区最大的 CBD、唯一的世界商务区联盟成员、粤港澳服务贸易自由化示范基地，已成为华南地区总部经济和金融、科技、商务等高端产业高度集聚区。

珠江新城为中国 250m 以上摩天建筑最密集的地方之一，拥有跨国公司总部 13 家，3 家世界 500 强企业的总部，以及 140 家世界 500 强企业设立的 184 家项目机构。该区域规划建设了 18 栋 200m 以上的高楼，150m 以上的高楼 50 栋左右。其中以珠江新城双塔为代表，珠江新城双塔中的西塔（广州国际金融中心）高 440m、东塔（广州周大福金融中心）高 530m，均跻身全球十大顶尖超高层建筑之列。

珠江新城 F2-4 地块项目则为珠江新城内规划的 18 栋 200m 以上的高楼之一（见图 1），方案由澳大利亚 WOODS BAGOT（伍兹贝格）建筑设计有限公司设计，广东省建筑设计研究院负责施工图设计。

图 1 项目效果图

---

① 编者注：该工程设计主要图纸可从中国建筑工业出版社官方网站本书的配套资源中下载。

二、工程概况

本项目位于广州市天河区珠江新城 CBD 核心地段——中央广场绿核公园东侧，由广州市明和实业有限公司开发。

该项目为一座超高层建筑，由 1 栋裙楼和 3 栋塔楼组成，是集五星级酒店、豪华公寓、精品百货、餐饮、办公、休闲等功能于一体的综合性项目。项目用地面积 25470m²，总建筑面积约 397426m²，空调面积约 232150m²。

其中地下室 4 层，地下一层及夹层为商业，其余为设备房及车库；

裙房 6 层为商业，包括百货、零售、餐饮、电影院等；

西塔楼 17 层，功能为酒店式公寓，高度 66.0m；

北塔楼为办公楼 46 层，功能为超甲级办公楼，高度 201.0m；

南塔楼 49 层，其中七～二十八层为超甲级办公楼，二十九～四十九层为国际五星级酒店，高度为 250.0m。

三、暖通空调系统设计要求

1. 设计原则

(1) 强调"以人为本"的理念，保证室内人员舒适与健康的需求。

(2) 结合本项目空调负荷特征，合理设定室内参数标准。

(3) 采用合理空调末端系统，同时考虑过渡季节全面采用自然通风的可行性。

(4) 系统设计时考虑操作的成熟性和可靠性，尽量将相关通风空调设备集中设置，着重"简单"的同时提供最有效的功能服务。

(5) 空调系统设有自动控制中心，通过与整个智能系统的结合，利用远距离的监控使系统操作管理趋于完善。

(6) 针对新、排风设置空气净化设施、热回收装置，保证室内、外的空气品质和减少能耗。

(7) 充分利用成熟的先进技术，如冷水大温差供水系统、变频泵系统、空气能量回收系统，以达到节能的目的。

2. 设计参数

(1) 室外气象参数（见表 1）

室外气象参数   表 1

季节 \ 参数	干球温度（℃）		湿球温度（℃）	大气压力（kPa）	相对湿度（%）
	空调	通风			
夏季	34.2	31.8	27.8	100.45	—
冬季	5.2	13.6	—	101.95	72

（2）室内设计参数（见表 2）

室内设计参数 表 2

区域	夏季温度（℃）	夏季相对湿度（%）	冬季温度（℃）	冬季相对湿度（%）	允许噪声标准 [dB（A）]
酒店大堂	26～28	≤65	20～22	>40%	≤50
酒店客房	24～26	≤65	20～22	>40%	≤35
酒店宴会厅、餐厅	24～26	≤65	20～22	>40%	≤50
会议中心/多功能厅	24～26	≤65	20～22	>40%	≤45
商业	25～27	≤65	—	—	≤50
裙楼餐饮	24～26	≤65	—	—	≤50
裙楼门厅	25～27	≤65	—	—	≤50
办公楼	24～26	≤65	—	—	≤50
电影院	24～26	≤65	—	—	≤40
西塔公寓	24～26	≤65	20～22	>40%	≤40

（3）新风量标准（见表 3）

新风量标准 表 3

区域用途	人员密度（人/m²）	新风量 [m³/(h·p)]
办公楼大堂	15	10
塔楼办公室	10	30
酒店客房	2 人/房	50
酒店大堂	15	15
酒店宴会厅	2.5	30
酒店餐厅	2.5	30
商场	3	20
会议中心/多功能厅	2.5	20
裙楼餐饮	2.5	20
裙楼门厅	20	15
西塔公寓	2 人/房	50

（4）通风系统设计参数（见表 4）

通风系统设计参数 表 4

区域用途	换气次数（h⁻¹）	备注
公共卫生间	15	①
垃圾房	15	②
变电房	按设备发热量计算	②
配电房	15	②
空调泵房、制冷机房	6	②③
发电机房	按设备发热量计算	②
电梯机房	10	②③
停车库	6	≥70%新风补风
隔油池房	10	①
清水、消防泵房及其他机电设备房	5	①

① 设有机械排风系统，利用相邻房间的空调余风作为自然补风。
② 设有机械送/排风系统，利用相邻地区之余风作为自然补风/排风。
③ 当机械通风系统在夏季操作时不能满足因个别工艺或使用条件所要求的室内环境时，将按要求给予局部空调/冷却以配合。

四、暖通空调系统设计介绍

1. 系统设置

根据本工程特点及业主使用管理要求，本项目设置两套集中冷（热）水空调系统分别服务商业办公区（裙房＋北塔楼）及酒店区（南塔楼）。另外，西塔公寓楼设置变频多联机系统。经逐时负荷计算，系统负荷统计如表 5 所示。

系统负荷   表 5

系统	服务区域	空调面积（m²）	冷负荷（kW）	热负荷（kW）
1（中央冷水系统）	商业办公区（裙房＋北塔楼）＋	129000	26108	—
2（中央冷热水系统）	酒店区（南塔楼）	82000	10890	4800
3 变频多联机系统	合计（西塔楼）	24000	4218	1340

2. 空调冷热源

冷源：两套集中冷水系统冷源均采用水冷冷水机组，制冷机房设置于地下二层，冷却塔置于西塔屋面。西塔公寓设置变频多联机系统，全年空调。

其中商业办公区（裙房＋北塔楼）设计采用制冷量为 5275kW 的离心式冷水机组 4 台及制冷量为 2286kW 的变频离心式冷水机组 2 台。冷水泵（变频运行）及冷却水泵均选用 7 台，4 台冷水泵、冷却泵对应于大机；3 台冷水泵（变频运行）、冷却泵对应于小机（2 用 1 备）。选用 14 台低噪声横流式冷却塔（400m³/h×12 台＋500m³/h×2 台）置于西塔楼屋面，分别对应服务的各台主机。

酒店区（南塔楼）设计采用制冷量为 2891kW 的离心式冷水机组 3 台及制冷量为 1083kW 的全热回收螺杆式冷水机组 2 台。冷水泵（变频运行）及冷却水泵均选用 7 台，4 台冷水泵（变频运行）、冷却泵对应于离心机；3 台冷水泵（变频运行）、冷却泵对应于螺杆机（2 用 1 备）。选用 8 台低噪声横流式冷却塔（400m³/h×8 台），置于西塔楼屋面，分别对应服务的各台主机。全热回收螺杆式冷水机组在制冷的同时能提供 60℃热水至生活热水系统，节省能量，提高系统综合能效比。

热源：酒店区冬季热源来源于与给水排水合用的常压热水锅炉，常压热水锅炉设于西塔楼屋面层。在南塔楼八层和二十层设置换热机房，分别连接一次热媒水，服务南塔楼办公楼层、酒店及其配套用房，总换热量为 5500kW。高区选用 2 台 1100kW 板式热交换机组和 2 台 550kW 板式热交换机组，低区选用 2 台 1100kW 板式热交换机组，每两台板式热交换机为一组，每组设置 3 台热水循环泵（2 用 1 备）。

西塔楼多联机设计：西塔楼公寓采用直接蒸发式变制冷剂流量多联空调系统。室外机置于酒店式公寓屋顶。多联机系统共设置了 57 组，每组制冷量为 28～118kW，根据公寓的使用特性，提高系统的灵活性。同时设置独立新风处理机 13 台，每台制冷量为 28～45kW，新风系统设计为竖向新风，在西塔楼天面引入新风，竖向送至各个房间。总装机容量为 3973kW。

3. 空调水系统

水系统的供回水温度及控制：商业办公冷水系统采用大温差设计，一次供/回水温度为 6℃/13℃二次供/回水温度为 7℃/14℃。酒店系统冷水一次供/回水温度为 6℃/11℃，冷水二次供/回水温度为 7℃/12℃。酒店冬季热水供/回水温度为 58℃/50℃，锅炉供水侧一次供/回水温度为 85℃/65℃。两个区域冷却塔供/回水设计温度均为 32℃/37℃。

酒店系统采用四管制，商业系统采用两管制，空调冷水一次水、二次水系统均采用变流量系统。一级水泵采用变频控制，根据供回水总管之间的压差装置来控制旁通水量，并根据冷量用自动监测流量、温度等参数计算出冷量，自动发出信号，控制制冷主机的启停数量及其对应水泵的转速和运转台数。二级水泵采用变频控制，根据最不利供回水管的压力差控制水泵的转速和运转台数，

水系统的分区：超高层建筑由于高度较高，水系统需要进行竖向分区，分区以尽量用足主机及换热机组的承压能力为原则。

商业办公区空调水系统在十九层（避难层）设置板式换热机组进行竖向分区。十九层（避难层）与冷水机房垂直高差为 96m，冷水泵与冷水机组采用吸出式连接，保证机组承压不超过 1.6MPa。在十九（避难层）设置换热间，内设板式换热器分区，板式换热器设置 2 台（换热量为 3800kW/台）服务于高区二十～四十六层办公楼层，设置水泵 3 台（2 用 1 备），均为变频控制。

酒店区空调水系统在二十层（避难层）设置板式换热机组进行竖向分区。二十层（避难层）与冷冻机房垂直高差为 104m，冷水泵与冷水机组采用吸出式连接，保证机组承压不超过 1.6MPa。在二十层（避难层）设置换热间，内设板式换热器分区，板式换热器设置 4 台（换热量为 1500～1800kW/台），每两台为一组分别服务于高区二十一～四十二层客房楼层及四十三～四十九层高区酒店配套用房，每组设置水泵 3 台（2 用 1 备），均为变频控制。二十层（避难层）与客房楼层系统最高点（四十三层）垂直高差为 110.4m，冷冻水泵与换热机组采用吸出式连接，保证机组承压不超过 1.6MPa；二十层（避难层）与高区酒店配套用房（四十九层）最高点垂直高差为 160.7m，冷水泵与换热机组采用吸出式连接，保证机组承压不超过 2.0MPa。

水系统的分环：根据分区和功能的不同，商业办公系统空调冷水设置 6 个立管环路，立管和水平管均布置成异程式，水平管和立管交接处设置静态平衡阀。酒店系统空调冷水设置 3 个立管环路，客房立管布置成供同程式，水平管和主立管交接处设置静态平衡阀。

4. 空调风系统及空调末端

（1）酒店大空间区域采用单风道全空气系统，气流组织为上送上回，新风量可按不同季节作调整。

（2）裙楼商场区域采用吊顶式空调器加新风系统，气流组织为上送上回，新风通过新风处理机组处理过滤后送至吊顶式空调器送风管处。

（3）裙楼其他小房间区域采用风机盘管加新风系统，气流组织为上送上回，新风通过新风处理机组处理后送至风机盘管送风管处。

（4）塔楼办公层和客房层采用风机盘管加竖向新、排风系统，新风通过新风热交换机处理后通过竖井送至各房间，排风也由该机组通过竖井在避难层及屋面排出室外。新排风系统采用蒸发式全热热回收机组，并设置冷凝水回收系统作为该机组的补水。该系统可根据新、排风的焓差控制，当有回收价值时，启动热回收机组内的喷淋、冷却循环泵，对排

风进行全热回收，以预冷新风，达到节能的目的。北塔楼新排风换热机组分别设于十九层、三十一层及屋面，共 9 台机组。南塔楼新排风换热机组分别设于二十层、三十二层及屋面，共 12 台机组。

（5）空调器、新风空调器、热回收机组采用静电杀菌除尘空气净化技术，以保证高品质的室内空气环境。

五、通风防排烟系统

1. 地下室部分

（1）地下二层、地下三层、地下四层车库。按防火分区布置，每个防火分区设独立的排烟（风）系统及独立的补风系统。排烟量按 $6h^{-1}$ 换气计算，补风量大于排烟量的 50%，每个防火分区的排烟竖井、补风竖井直通室外。

（2）地下一层、地下二层机电设备用房、酒店附属用房以及商业部分。按防火分区设置机械排烟及机械补风系统，划分防烟分区，每个防烟分区面积不大于 500m²，排烟量按 $60m^3/(h\cdot m^2)$ 计算，当一个系统负担几个防烟分区时，排烟风机选用排烟量按最大防烟分区面积不小于 $120m^3/(h\cdot m^2)$ 计算，补风量大于排烟量的 50%。

2. 裙房部分

（1）层裙楼不具备自然排烟条件的商铺、大商场、宴会厅、会议中心、餐厅等区域按防火分区设置机械排烟系统。排烟系统按防火分区划分防烟分区，每个防烟分区面积不大于 500m²，每个防烟分区设置电动排烟风口，可根据火灾区域的报警系统控制该防烟分区的电动排烟风口开启，并启动排烟风机进行排烟。防烟分区内的排烟口距最远点的水平距离不超过 30m。个别区域利用空调送风管作为排烟风管，通过控制防火阀实现火灾区域的排烟要求。机械排烟量按走道或房间面积 $60m^3/(h\cdot m^2)$ 计算，当负担 2 个排烟分区时，按最大防烟分区面积不少于 $120m^3/(h\cdot m^2)$ 计算。

（2）中庭部分：

1）中庭部分（不包括中庭环廊）设机械排烟，中庭体积超过 17000m³，根据性能化单位设计要求，排烟量按 $6h^{-1}$ 换气计算，总排烟量为 360000m³/h，选用 4 台 60000m³/h 消防专用排烟风机＋6 台 20000m³/h 消防平时合用风机，排烟风机布置在六层。补风采用自然补风。

2）中庭环廊设机械排烟，根据性能化单位设计要求，中庭与环廊之间设置挡烟垂壁，环廊划分为 4 个防烟分区，设置电动挡烟垂壁，每个防烟分区面积不超过 250m²，每个防烟分区的排烟量为 15000m³/h，设置 4 个排烟竖井上天面。1 号和 2 号排烟井风机设置于七层，每台排烟风机风量为 15000m³/h，3 号和 4 号排烟井风机设置于五层，每台排烟风机风量为 15000m³/h。补风采用自然补风。

3. 内走道

（1）裙房不具备自然排烟条件的内走道设置机械排烟系统，排烟量按走道面积 $60m^3/(h\cdot m^2)$ 计算。负担 2 个防烟分区时，按最大防烟分区面积不少于 $120m^3/(h\cdot m^2)$ 计算。防烟分区内的排烟口距最远点的水平距离不超过 30m。

（2）西塔楼内走道设置机械排烟系统，每层设 3 个排烟口，排烟口到最远点不超过

30m；排烟量按最大防烟分区面积 120m³/（h·m²）计算，消防排烟风机设置在西塔天面层，单台风机最大排烟量为 15000m³/h。

（3）办公塔楼内走道设置机械排烟系统，每层设两个排烟口，排烟口到最远点不超过 30m。系统分区为：低区八～十八层为一个排烟系统，高区二十～四十六层为另一个排烟系统。排烟量按最大防烟分区面积 120m³/（h·m²）计算，消防排烟风机设置在十九、三十一设备层，单台风机最大排烟量为 12000m³/h。

（4）酒店塔楼内走道设置机械排烟系统，每层设两个排烟口，排烟口到最远点不超过 30m；系统分区为：低区九～二十四层为一个排烟系统，高区二十五～四十八层为另一个排烟系统。排烟量按最大防烟分区面积 120m³/（h·m²）计算，消防排烟风机设置在设备层，单台风机最大排烟量为 12000m³/h。

4. 防烟系统

（1）北塔楼防烟楼梯间：办公塔楼防烟楼梯间分两段设机械加压送风系统，低区负四～十八层、高区二十～四十六层各设一个加压送风系统，低区、高区送风量均按 25000～40000m³/h 考虑，加压风机设于十九层和三十一层设备层内。防烟楼梯间隔层设一常开型百叶风口，当火警发生时，由消防中心控制加压风机启动，向楼梯间加压送风。

（2）南塔楼防烟楼梯间：南塔楼防烟楼梯间分两段设机械加压送风系统，低区负四～十八层、高区二十～四十六层各设一个加压送风系统，低区、高区送风量均按 25000～40000m³/h 考虑，加压风机设于设备层内。

防烟楼梯间隔层设一常开型百叶风口，当火警发生时，由消防中心控制加压风机启动，向楼梯间加压送风。

（3）南北塔楼消防电梯前室、合用前室：南北塔楼消防电梯前室、合用前室设机械正压送风系统，分为高低区，各设一个加压送风系统，高低区送风量均按 25000m³/h 考虑，加压风机设于设备层内。消防电梯间前室或合用前室每层设有电动加压送风口，当发生火警时，由消防中心控制本层及上一层电动加压送风口开启，同时启动加压风机，进行加压送风。

（4）裙楼、西塔公寓防烟楼梯间：防烟楼梯间设机械正压送风系统，加压风机设置在裙楼天面或西塔天面。防烟楼梯间隔层设一常开型百叶风口，当火警发生时，由消防中心控制加压风机启动，向楼梯间加压送风。

（5）裙楼、西塔公寓消防电梯前室和合用前室：消防电梯前室、合用前室设机械正压送风系统，加压风机设置在裙楼天面或西塔天面。消防电梯间前室或合用前室每层设有电动加压送风口，当发生火警时，由消防中心控制本层及上一层电动加压送风口开启，同时启动加压风机，进行加压送风。

5. 避难层

避难层避难区域外墙设有百叶，采用自然排烟方式。

6. 气体消防房间

当发生火灾时，关闭该区域送、排风管上的防烟防火阀，以便气体灭火；当确认火被扑灭后，打开送、排风管上的防烟防火阀，同时开启风机进行排毒，并开启送风系统补风，持续通风 2h。当确认毒气排完后，系统转入正常工作状态。

六、控制（节能运行）系统

1. 冷热源系统

为了利于管网运行正常，冷水供回水总管间设置压差旁通装置，其电动两通阀按比例式调节运行。

（1）冷水机组台数控制：根据冷热量用自动监测流量、温度等参数计算出冷热量，自动发出信号，控制冷热水主机及其对应水泵、冷却塔的运行台数。

（2）板式换热器控制：板式换热器运行台数和水泵相对应，根据二次水的供水温度控制一次水的水路电动调节阀的开度。

（3）二级水泵：二级水泵采用变频控制，根据最不利供回水管的压力差控制水泵的转速和运转台数，实现水泵的变流量控制。

（4）冷却塔控制：根据主机启停的台数，自动控制对应冷却塔的水路阀门的开关；并根据空气的湿球温度与冷却塔的回水温度的温差（4~5℃）控制冷却塔风机的启停台数。

2. 空调器（或新风空调器）

（1）温度控制：检测回风温度，通过水路电动两通阀（比例积分式）动作（常闭式，关闭压差≥0.3MPa），且具有断电自动复位功能，调节水量，达到回风温度控制。温控器为手动单冷型（酒店空调的部分为自动冷暖型）。

（2）夏季工况风阀控制：检测室外温湿度以及回风温湿度，计算空气焓值；当室外焓值低于室内焓值时，调大新风阀开度，调小回风阀开度；当室外焓值高于室内焓值时，回风阀全开，新风阀、调至最小合理开度。焓值测量间隔为1h。

3. 风机盘管

每台风机盘管均设置恒温控制器及风机三速开关，根据设定的温度值调节冷水（或供暖）回水管的水路浮点式电动两通阀（常闭式，关闭压差≥0.3MPa，且具有断电自动复位功能）的开启度调节冷水量，以满足房间空调负荷的要求。送风风速按需要分三挡调节送风量。每间客房可按要求通过 BAS 系统管理。温控器为手动单冷型（商业办公区）或冷暖型（酒店区）。

客房温控器须完全满足以下要求：

（1）使用（有人）模式：酒店客人能用温控器自行设定房间温度要求，而温控器须自动开关设于风机盘管冷水及供暖盘管上的电动球阀，以满足房间设定温度要求（温控器精度为±0.5℃）。在任何情况下，冷水及供暖盘管上的电动球阀最多仅能有一个阀门在"开启"的状态。

（2）非使用（无人）模式：

1）当客房电源总开关关闭时，风机盘管须自动切换为"非使用模式"，风机盘管须维持关闭状态直至房间温度超出以下所述的设定值。

2）非使用——制冷模式：当房间温度升至28℃时，风机盘管须自动恢复低速运作并开启冷水盘管的电动球阀。当房间温度降至26℃时，须自动关闭风机盘管及冷水盘管的电动球阀。

3）非使用——供暖模式：当房间温度降至16℃时，风机盘管须自动恢复低速运作并开启供暖盘管的电动球阀。当房间温度升至 18℃时，须自动关闭风机盘管及供暖盘管的电动球阀。

4. 变频多联集中空调系统

（1）变频多联系统的控制：各个系统的空调末端与对应的空调室外机联锁运行，根据系统的冷负荷变化即系统总回气管的压力变化，自动控制空调室外机的压缩机投入运转台数及变频控制（包括室外机相应风扇）。

（2）室内末端的控制：各个系统的室内空调末端由设在区域内的控制器根据室内使用人员的设定控制室内的温度。同时，室内末端还可接受设在总控制室的集中控制器的远程控制，达到提前开机、监视末端运行工况的目的。室内机至室外机间的控制电缆由多联机厂商提供，随同冷媒管一同敷设。

七、工程主要创新及特点

1. 采用高效节能水冷离心式/螺杆式制冷机组，在额定工况下制冷性能系数 COP 达到 6.20/5.80。

2. 西塔楼变频多联机制冷综合性能系数 $IPLV$（C）达到 6.6。

3. 酒店区采用全热回收螺杆式冷水机组，制冷运行同时提供 60℃/55℃热水供生活热水补水预热，节省热源能量。

4. 综合考虑冷水机组冷凝热与生活热水耗量的匹配关系，通过自控系统的设计及蓄热水箱的设置，能够平衡空调冷凝热负荷与生活热水负荷的波动，最大限度地利用回收的热量来供应生活热水热源，减少能耗。

5. 冷水采用一级泵及二级泵变流量系统，水泵采用变频调速和台数控制；办公区冷水供回水采用大温差（$\Delta T = 7℃$）设计，降低水泵功率，缩小水管管径。

6. 办公楼、酒店客房区新排风系统采用蒸发式全热回收机组，并设置冷凝水回收系统作为该机组的补水。该系统可根据新、排风的焓差控制，当有回收价值时，启动热回收机组内的喷淋、冷却循环泵，对排风进行全热回收，以预冷新风，达到节能的目的。

7. 空调风系统方式主要采用旁通式全空气空调器系统，可实现大新风比运行并采用旁通变风道方式，在过渡季和冬季可直接用室外低温的空气送入室内而不需经过换热盘管，从而节省输送能量，提高室内的空气品质。

8. 地下车库设置 CO 浓度自动监测及通风智能系统；有效节能，使排风系统更加安全可靠、经济地运行。

9. 采用 BA 控制系统，采用智能化管理和节能优化管理。

北京英特宜家购物中心大兴项目二期工程（北京荟聚中心）暖通空调设计①

- 建设地点：　　　北京市
- 设计时间：　　　2010 年 8 月～2013 年 9 月
- 工程竣工日期：2014 年 9 月
- 设计单位：　　　中国建筑科学研究院建筑设计院
- 主要设计人：　　王　强　王　森　于　洋
  　　　　　　　　周　芳　刘经纬　辛亚娟
- 本文执笔人：　　王　强

作者简介：

王强，高级工程师，副总工程师，1991 年毕业于同济大学供暖通风与空调专业。工作单位：中国建筑科学研究院建筑设计院。主要设计代表作品：中国国家博物馆改扩建工程、中国疾病预防控制中心、北京丽来花园、中国石油科技创新基地石油工程技术研发中心、融科资讯中心、华润清河橡树湾、华润清河五彩城、北京荟聚中心、天津生态城图书档案馆、华润密云万象汇。

一、工程概况

本项目位于北京市大兴区西红门镇，北京地铁 4 号线西红门站以西。本项目为超大型购物中心，总建筑面积 508486m²，其中地上建筑面积 251186m²，地下建筑面积 257300m²。地上建筑主体为 3 层，局部为 4 层，建筑高度 23.95m，电影院局部为 30m；地下建筑为 3 层。

本项目为目前北京市单体最大的购物中心，建筑物南北向约 500m，东西向约 250m，在庞大的体量中汇集了商业、餐饮、超市、电影院、美食广场、精品街等各具特色、丰富的商业业态，在建筑设计上秉承欧洲购物中心的模式，室内商业街贯穿建筑内部，商业街顶部为玻璃采光顶屋面，为室内提供充足的阳光，创造四季如春的室内商业空间。地下 3 层，除设备用房外全部为汽车库，可提供 6000 多辆车位，被吉尼斯评为全世界最大的单体地下车库。

二、工程设计特点

本项目为区域型超大型购物中心，其建筑设计理念为英特宜家集团的"为家庭而设计，为商业而建立"的商业理念，开发模式上具有欧洲商业购物中心的特征，以下这些特征因素使得本项目暖通空调设计有别于常规商场设计，同时也增加了设计难度：

---

① 编者注：该工程设计主要图纸可从中国建筑工业出版社官方网站本书的配套资源中下载。

一是大，建筑规模大、占地面积大、地下停车库大；

二是多，行业多、店铺多、功能多（集购物、餐饮、休闲、娱乐于一体）；

三是高，购物环境要求高，档次高，舒适性要求高；

四是公共空间室内设计要求高，对相关风管及风口布置限制性高；

五是人性化设计要求高，为店铺服务的空调风、水及消防干线不允许进入店铺，只能设在后勤通道；

六是进行消防性能化设计，防烟排烟设计要求高；

七是绿色、节能、环保要求高，本着环境优先，以人为本的节能理念，并贯穿于整个设计、施工、运营管理中，这也是本项目暖通设计的最大特点：

（1）设计优先、主动措施优化的原则，采用了远高于国内标准的建筑围护结构热工节能设计；

（2）单体建筑超大冰蓄冷系统设计；

（3）锅炉大型混水直供系统的运用；

（4）全部空调冷热循环水泵及空调送排风机变频技术的运用；

（5）排风热回收技术及采用超高效全热回收效率热回收设备；

（6）严格的空调节水设计如采用闭式冷却塔和空调冷凝水集中回收；

（7）冷热计量设置细到租户；

（8）暖通设备小到排气扇的监测（控）设计；

（9）地下车库采用智能型诱导风机配合 CO 监控系统；

（10）远高于国内标准的噪声限值水平及严格的空调噪声控制设计等。

三、设计参数及空调冷热负荷

1. 室外设计计算参数（见表 1）

室外设计计算参数　　　　　　　　　　　　　　　　表 1

设计参数	夏季	冬季	设计参数	夏季	冬季
大气压（kPa）	988.6	1020.4	相对湿度（%）	78	45
空调计算干球温度（℃）	33.2	−12	通风计算温度（℃）	30	−5
空调计算湿球温度（℃）	26.4	—	室外风速（m/s）	1.9	2.8

2. 室内空调设计计算参数（见表 2）

室内空调设计计算参数　　　　　　　　　　　　　　表 2

场所	温湿度（℃/%）		人员密度（m²/P）	新风量[m³/(h·P)]	照明冷负荷（W/m²）	设备冷负荷（W/m²）	噪声[dB(A)]
	夏季	冬季					
商业街	26/60	20/—	5	30	5	5	≤45
商铺	26/60	20/—	5	30	30	5	≤45
餐饮用房	26/60	20/—	3	30	10	25.8	≤45
办公用房	26/50	20/—	10	30	12	20	≤40
儿童教室	26/60	20/—	2	30	12	20	

续表

场所	温湿度（℃/%）		人员密度（m²/P）	新风量[m³/(h·P)]	照明冷负荷（W/m²）	设备冷负荷（W/m²）	噪声[dB(A)]
	夏季	冬季					
卫生间	26/—	20/—	10	—	7	0	
后勤区	26/60	20/60	10	30	7	5	
其他空调区域	26/60	20/60	10	30	7	5	
冷冻垃圾库	8/—	8/—					

3. 房间通风量设计计算参数（见表3）

房间通风量设计计算参数 表3

区域	换气次数（h⁻¹）	区域	换气次数（h⁻¹）	区域	换气次数（h⁻¹）
卫生间	15	停车库	5进6排	锅炉房	6（事故12）
餐饮厨房	60	制冷机房	6	变配电室	按发热量计算
垃圾房	15	泵房	5	柴油发电机房	按工艺确定

4. 建筑围护结构热工特性

建筑围护结构热工特性由建筑专业提供，如表4所示。

建筑围护结构热工特性 表4

外围护结构	传热系数[W/(m²·K)]	外围护结构	传热系数[W/(m²·K)]
屋面	0.2	外窗天窗（综合）	2.0
外墙	0.3		
不供暖地下室上部楼板	0.342	玻璃遮阳系数 $SC=0.4$	

5. 空调冷热负荷

本项目空调区域的建筑面积为18.5万 m²（不含租户自设独立空调的超市、影院和电器卖场），夏季总冷负荷为 26.83MW，冷负荷指标为 145W/m²；冬季总热负荷为 19.27MW，热负荷指标为104W/m²（指标说明：本项目餐饮店铺数量较多，餐饮总面积占地上出租店铺面积的约31%，在设计中考虑到本项目国际化标准较高，为所有餐饮厨房预留了补风加热及冷却预处理冷热量，此部分冷负荷所占指标为 19W/m²，热负荷所占指标为 31W/m²，占冷热负荷的比重较大，不含此部分补风预处理负荷时，项目夏季空调冷热标为 126W/m²，冬季空调热负荷指标为 73W/m²）。

四、空调冷热源及设备选择

1. 空调冷源系统设计

（1）冰蓄冷系统

本项目为大型商业建筑，营业时间为 9：00～23：00，集中空调系统的使用具有明显的时段性，夜间仅物业加班等需要少部分负荷，结合北京地区的分时电价政策，经过方案论证，采用了冰蓄冷作为本工程的空调冷源。采用冰蓄冷的空调冷源方式可减少本工程的空调配电容量，转移和消减空调系统的用电高峰，缓解夏季用电紧张，平衡城市电网峰谷供电。在节省工程空调系统运行费用的同时，实现社会效益。

103

根据设计日逐时冷负荷表，分析设计日空调冷负荷性质如下：

设计日峰值冷负荷（13：00）：26830kW；

夜间峰值冷负荷：1582kW；

设计日总冷负荷：354336kWh；

设计日连续空调总冷负荷：15820kWh；

设计日总蓄冰冷负荷：338516kWh。

本项目采用部分负荷蓄冰系统，制冷主机和蓄冰设备为串联方式，双工况（制冷-制冰）主机位于蓄冰设备的上游，同时设置一台基载主机在夜间低负荷使用及作为系统备用和补充，基载主机并联运行，直接提供冷水。设置一台制冷量为 1582kW（450rt）的基载主机直接提供 6℃/12℃ 的空调冷水。设置 3 台双工况冷水机组，每台主机空调工况下制冷量约为 1866RT，冷冻液温度为 5℃/10℃；每台主机蓄冰工况下的制冷量约为 4210kW（1197rt），冷冻液温度为 $-5.6℃/-2.38℃$。冷冻液为 25% 的乙二醇溶液。

夜间电价低谷时制冰系统将冰蓄满，白天电价高峰时融冰供冷，融冰量通过改变进入冰盘管水量控制，各工况转换通过电动阀门开关切换。

蓄冰装置采用内融冰蓄冰钢盘管，钢盘管安装在现场设置的钢制保温水槽内，总潜热蓄冰冷量为 106917kWh（30400rth）。蓄冰装置出口冷冻液温为 3.3℃。钢盘管采用上下双层布置有效节省蓄冰设备占用的设备机房面积。

（2）冬季冷却塔直接制冷系统

对于采用风机盘管加新风系统的内区商铺需要常年供冷，在冬季温度低于 5℃ 时，可停止冷水机组的运行，利用冷却水直接经过板式换热器制备内区空调所需冷水，以减少冬季冷水机组运行电耗。该系统的供/回水温度为 8℃/14℃。

2. 空调系统热源设计

本工程没有市政热力的条件，采用燃气锅炉提供热源，锅炉房内设置 4 台单台额定输出功率为 5.6MW 的钢制承压热水锅炉，提供 95℃/70 一次水用于空调热水及提供生活热水换热用一次热媒水。

锅炉采用卧式全湿背三回程型，热效率达 93.8%，并全部设置了烟气热回收装置，进一步提高锅炉综合热效率，降低运行费用，可为用户带来显著的经济效益。

五、空调系统形式

1. 空调水系统

（1）空调冷水系统

空调冷水来自位于地下三层的制冷机房，空调冷水供/回水设计温度为 6℃/12℃。空调冷水系统为变水量系统，基载机组对应的水泵为定流量泵，融冰系统循环泵采用变水量泵。冷水循环水泵及分集水器分设在地下一层南北两个子站中。水系统采用分区两管制水系统。各区水立管按接空调机组、外区盘管、内区盘管分别设置。冷热水管冬夏切换供水，内区常年供冷。

（2）空调热水系统

空调热水来自燃气锅炉房。空调热水采用二级泵变水量的系统形式，一级次泵为定流量水泵，一级泵与锅炉——对应控制，为定水量系统；二级泵采用变水量泵，两个系统以水力均压器（大型混水器）来保证一二级水系统彼此独立运行，减少了采用换热器间接连接的热量损耗，节省换热器投资费用。锅炉供/回水温度为 95℃/70℃，空调供/回水温度为 60℃/50℃。空调热水循环泵分设在南北两个子站中，冷热水管冬夏切换供水。

（3）冷却水系统

本工程冷水机组的冷却水侧采用定流量水泵，所有冷却水循环泵均设置在地下三层的制冷机房内。冷却塔采用闭式冷却塔，设置在屋面上。与开式冷却塔相比，闭式冷却塔冷却水水质不受外界影响，可减少水处理能耗；冷却塔补水耗量相对较少，减少水资源浪费。冷却塔风机采用双速风机，根据冷却塔的出水温度控制冷却塔风机的运转台数和风机的转速，在空调系统部分负荷时减少冷却塔风机的运行电耗。同时，冷却水供回水管上设置旁通阀在过渡季节保持进入冷水机组的温度。冷却水夏季冷却水供/回水设计温度为 37℃/32℃。

（4）水系统定压和水处理

制冷机房和锅炉房设置全自动软化水装置，空调各闭式循环水（液）系统均采用气压罐定压补水装置给各系统补水（液）定压。空调冷热水、冷却水系统设置微晶旁流水处理器除垢、阻垢、防腐、杀菌、过滤。空调冷热水系统上设置真空雾化喷射式排气装置，提高水系统循环性能，减少管道腐蚀。闭式塔喷淋水系统设置自动加药装置。

（5）冷热计量

本工程在冷热源站内冷水及热水总管上都设计了总冷热表，在给每个租户空调水管都设置了冷热计量表。

2. 空调风系统

（1）空气处理

热回收型全空气可变风量双风机空气处理机组主要用于步行街区域，新风经过新风段、粗效过滤段、中效静电过滤杀菌除尘段、热回收段后在旁通段和回风混合经冷（热）水盘管段、风机段处理后由空调送风管路系统送入室内。回风由带粗效过滤的回风段通过旁通段一部分和新风混合一部分通过热回收段后经排风机段排出。送排风机均为变频风机。

热回收型新风机组的组合方式和热回收型空气处理机组的组合方式相同。此机组和空调处理机组功能不同，为送新风系统，运行控制按新风机组的运行方式执行。

空气处理机组、新风机组均可根据房间 CO_2 浓度控制及不同工况下的风机变频运行减少风机的运行电耗。

热回收型空气处理机组和热回收型新风机组采用全热转轮式回收装置。额定工况的全热回收效率要求不低于 80%，可有效减少新风能量损耗。

（2）商业步行街空调通风系统

步行街采用可变新风比的一次回风全空气系统，过渡季节可实现 100% 的新风比运行。采用热回收型空气处理机组，机组分区集中设在屋顶各机房内。步行街送风采用侧送风口，各主要入口首层及送风射程较远之处采用格栅内嵌球形喷口送风口送风，其他步行街区域采用侧送百叶风口送风。为达到室内严格的噪声要求，除设置必要的消声器外，在空调送风口前均设置了带均流装置、可测风量、可调节风量和带测压功能的成品风口静压箱。

（3）商铺、餐厅、办公等空调通风系统

商铺、餐厅、办公采用热回收型新风机组与风机盘管机组结合的空调通风方式，以满足各房间个性化的舒适性调节要求。房间风机盘管机组采用分区两管制接管，外区盘管接冷（热）水管，内区盘管接冷水。为地上店铺、餐厅等服务的新风机组大部分设置在屋顶机房内，局部设置在四层。热回收型新风机组根据各工况风量平衡确定排风机的开启或关闭。空调冷凝水均排至冷凝水立管并在地下一层集中回收。风机盘管机组带有制冷和供热转换功能、风机三速调节和房间温度的自动控制装置，风机盘管支管上设电动两通阀。

六、通风、防排烟及空调自控设计

1. 通风系统

（1）公共卫生间、清洁间排风系统和店铺预留排风系统

公共卫生间、清洁间排风通过屋顶设置的集中排风机排出。面积大于 $100m^2$ 的餐饮店铺预留自设卫生间排风系统，按 60％店铺同时使用设计各层汇集分区集中排至屋顶，屋顶设置变频排风机。

（2）厨房通风系统

施工图设计阶段餐饮部分仅有餐饮面积，餐饮厨房通风按预留设计，各餐饮厨房设置各自独立的通风系统，预留厨房排油烟、厨房补风、厨房平时排风的管段至屋顶，均从屋顶排油烟、排风和补风的取风，屋顶预留油烟净化器和排风机的基础；室内预留为厨房补风机组补风加热和冷却所需空调水管段。厨房按餐饮面积的 1/3 计，排油烟量按厨房 $60h^{-1}$ 换气计，补风量按排油烟量的 85％计，平时排风量按 $6h^{-1}$ 换气次数计，厨房补风冬季预热至 12℃，夏季补风预冷至 30℃。燃气厨房设置事故排风系统，事故排风机与厨房平时排风机共用并采用防爆型风机，排风机设置为双速风机，低速平时排风，高速事故排风。厨房事故排风换气次数不小于 $12h^{-1}$。

（3）燃气锅炉房通风系统

燃气锅炉房设置平时通风和事故排风系统，锅炉燃气表间设置事故排风系统。事故排风换气次数不小于 $12h^{-1}$。锅炉房的排风机和设置在锅炉房内的送风机均采用防爆型风机。锅炉的燃烧尾气采用双层不锈钢带保温的成品烟囱经建筑竖井从屋顶排至室外。锅炉烟囱排放符合国家和北京市锅炉大气污染物排放标准。

（4）地下汽车库通风系统

地下停车库按照建筑防火分区设置通风系统，平时通风量按送 $5h^{-1}$、排 $6h^{-1}$ 计算。并按照 $6h^{-1}$ 的换气次数确定。通风系统和消防排烟系统合用，采用双速风机。

车库采用智能诱导通风系统，诱导通风系统可有效降低管线占用空间，采用智能诱导风机，设备自带 CO 感测探头，设备有自动、手动工作模式，每个防火分区设置一集中控制器，智能化控制诱导风机和主排风机的启停。

（5）机电设备用房通风系统

地下暖通空调设备机房、柴油发电机房、配电设备机房、给排水设备机房、屋顶电梯机房等分别设置机械通风系统，以满足设备机房的通风换气要求。

所有穿过设置有气体灭火系统的设备用房的通风管道均设置电动多叶密闭风阀，在火

灾报警并施放灭火气体前电控关闭穿过上述房间的通风管道。待灭火结束后，先电动开启排风管上的电动阀并启动排风系统排除灭火气体，然后开启所有电动阀恢复正常运行。气体灭火的房间外墙上设有气体灭火自动电控泄压阀。

（6）地下三层六级人防物资库通风系统

战时人防物资库共分 6 个防护单元，按照防护单元设置独立的机械进排风系统。战时人防物资库设清洁、隔绝两种通风方式。

2. 防排烟系统

（1）正压送风系统

不具备自然排烟条件的防烟楼梯间设置机械加压送风系统。靠近外墙的防烟楼梯间采用自然排烟但其不具备自然排烟的前室设置机械加压送风系统。

按消防性能化设计，中心岛首层设置安全走道，各安全走道均设置加压送风。

（2）机械排烟系统

地下停车库设置机械排烟系统和补风系统，与平时通风系统合用。排烟风量按照 $6h^{-1}$ 换气确定，消防排烟时补风量不小于排烟风量的 50%。

步行街部分进行了消防性能化设计，步行街采用机械排烟方式，划分为 9 个逻辑防烟控制分区（不设挡烟垂壁），每个逻辑防烟分区不大于 $3000m^2$，每个逻辑防烟分区的有效排烟量不小于 35.3 万 m^3/h，无需设置补风系统。在步行街屋顶同时设置可开启的自然排烟窗，在机械排烟失效时可自动开启排烟窗实现自然排烟，自然排烟口的有效面积为步行街面积的 1%。

商铺和餐厅部分进行了消防性能化设计，对于建筑面积大于 $100m^2$ 的地上房间应设置机械排烟，建筑面积小于 $500m^2$ 排烟量的计算按《建筑设计防火规范》GB 50016—2014 执行；对于建筑面积大于 $500m^2$ 且不大于 $2000m^2$ 的商业，可将其作为一个防烟分区，机械排烟量不小于 $60000m^3/h$。建筑面积大于 $2000m^2$ 的商业空间，单个防烟分区的面积控制在 $2000m^2$ 以内。挡烟垂壁高度按性能化要求确定。带多个防烟分区的系统排烟量同样按最大一个防烟分区的排烟量计算。

非消防性能化设计区域如后勤通道、迪卡侬、超市、电气卖场排烟设计按《建筑设计防火规范》GB 50016—2014 执行。其中影院排烟量按其体积的 $13h^{-1}$ 换气和 $90m^3/(h \cdot m^2)$ 计算，取大值作为设计排烟量，且同时设置补风系统，补风量不应小于排烟量的 50%。

（3）暖通空调系统的防火措施

空调通风系统在水平方向按照防火分区设置，所有穿过防火分区隔墙、楼板、室内竖井的空调通风管道均设置防火阀，防火阀采用单独的支、吊架安装，吊顶内的防火阀应在其下方设置检修口。

吊顶内的排烟管道应进行保温，并与可燃物保持不小于 150mm 的距离，保温材料采用不燃的带防火贴面的离心玻璃棉毡。消防风机、平时风机和空调设备和风管之间的软连接、墙体伸缩缝连接均采用 A 级不燃软管以确保其防火性能。

当局部发生火灾时，停止一些与消防无关或于消防不利的空调通风系统的运行。竖向管井内的空调管道安装后应对竖井内楼板处进行防火封堵，空调管道穿过防火分区隔墙处的缝隙应采用不燃材料封堵。

3. 空调自控设计

本工程暖通空调系统的自动控制是整个建筑物楼宇控制管理系统 BAS 的一部分，通过该系统实现暖通空调系统的自动运行、调节，以减少运行管理的工作量和成本，节省暖通空调系统的运行能耗。采用 DDC 控制系统进行自动控制。DDC 控制应根据自控原理图的要求提供相应的控制设备和器件，并组成完整的控制系统。DDC 系统终端设备采用计算机控制、显示方式。该系统应为开放型的系统形式，以便纳入整个楼宇管理系统和连接消防控制系统。DDC 控制软件应包括设备的最优化启停、PID 控制、时间通道、多台多组设备的群控、动态图显示、能耗统计、故障报警、记录和打印等功能。

本工程空调自控包含空调冰蓄冷冷源和空调冷水系统的监测与控制，空调热源和空调热水的监测与控制，空调系统和空气处理装置的监测与控制，通风运行控制等。

七、心得与体会

在北京荟聚中心设计之初，我国及北京市还没有出台绿色建筑的相关标准、规范，但在整个设计中我们都贯彻了绿色低碳、节能环保的理念和措施，从另一个方面体现了设计的前瞻性。

大型购物中心项目体量庞大、人员密集、功能多样，对消防设计是重大挑战。因此，面对一系列的消防问题急需总结、提炼和规范化，其中和暖通相关的防烟排烟等设计也是很重要的一个环节。为此，本工程项目组通过多次消防性能化论证及专家会议并与消防局、北京市消防总队、我院防火所及英特宜家业主等多方团队沟通、合作和反复论证及研究，一同对本项目和类型项目的宝贵经验、设计措施及消防管理问题，进行系统分析归纳和提炼，完成了《大型购物中心建筑消防设计与安全管理》一书，对消防设计、施工、消防安全检查管理有参考价值。

在本工程开业运行中，冬季出现入口区域偏冷的情况，经过回访并通过实测分析发现风量平衡失调严重，某些餐饮租户为了节省运行费用，排油烟时未开启补风机而是通过负压作用直接从邻近餐厅吸取空气来补风，严重破坏了原设计风量的平衡，不仅造成空气环境在一些区域恶化如冬季入口区域，同时在空调季为加热或冷却这些侵入和渗入的室外空气需要消耗额外的能量，造成不必要的能源浪费。对于餐饮租户的通风，设计要求补风机要和排油烟风机联锁开启，并对风机运行进行监测和物业监管，但实际工程中没有做到位，后经过部分整改已初步达到了较好的效果。

武汉光谷国际网球中心一期 15000 座网球馆空调系统设计①

- 建设地点： 武汉市
- 设计时间： 2013 年 1 月～2013 年 12 月
- 竣工日期： 2015 年 9 月
- 设计单位： 中信建筑设计研究总院有限公司
- 主要设计人： 王 疆 胡 磊 刘晓燕 陈焰华 王 雷
- 本文执笔人： 王 疆 胡 磊

作者简介：

王疆，正高职高级工程师，现任中信建筑设计研究总院有限公司机电二院总工程师，主要设计代表作品：湖北大学新图书馆、武汉东方马城赛马场、武汉新城国际博览中心展馆、新疆国际会展中心一期及二期、武汉光谷国际网球中心、乌鲁木齐高铁站、乌鲁木齐奥林匹克中心。

一、工程概况

武汉光谷国际网球中心一期工程位于武汉东湖新技术开发区，总用地面积为 153872m²，项目主要建设一个 15000 座网球主赛馆、一个 5000 座网球场及赛事所需相关配套设施与运营设施。其中 15000 座网球主赛馆为 WTA 武汉国际网球公开赛主场馆，属于甲级体育建筑。建筑高度 46.08m，建筑面积 54339.42m²（见图 1），容积率 0.46，是一座集运动、商务、娱乐为一体的多功能场馆，网球馆主要满足"世界女子职业网球赛 WTA 超五巡回赛"的比赛要求，同时还可以兼顾开展大型活动及其他体育赛事要求的综合性场馆，还要考虑非赛事期的可持续使用，能满足开展面向社会的全民体育及健身需求。网球馆地上共 5 层，一层主要为运动员、裁判及球童、贵宾观众、赞助商、竞赛管理用房、设备间及架空车道；二层为观众平台、包厢、售卖、卫生间等；三层为观众卫生间；

图 1 项目外观图

---

① 编者注：该工程设计主要图纸可从中国建筑工业出版社官方网站本书的配套资源中下载。

四层为观众卫生间和设备用房；看台层为评论员用房及设备控制间。比赛大厅的屋面是目前国内可开启面积最大的可开启屋盖结构（可开启尺寸 60m×70m），从而使网球馆可在体育馆及体育场两种模式之间切换使用。

二、暖通空调系统设计要求

1. 室内外设计参数（见表 1 和表 2）

室外设计计算参数　　　　　　表 1

夏季大气压	1002.1hPa	冬季大气压	1023.5hPa
夏季空气调节室外计算干球温度	35.2℃	冬季空气调节室外计算温度	−2.6℃
夏季空气调节室外计算湿球温度	28.4℃	冬季空气调节室外计算相对湿度	77%
夏季空气调节室外计算日平均温度	32℃	冬季供暖室外计算温度	−0.3℃
夏季通风室外计算温度	32℃	冬季通风室外计算干球温度	3.7℃
夏季室外平均风速	2.0m/s	冬季室外平均风速	1.8m/s
夏季最多风向	C ENE	冬季最多风向	C NE
海拔高度	23.1m	最大冻土深度	9cm

室内空气设计参数　　　　　　表 2

房间名称	夏季		冬季		最小新风量标准 [m³/(h·p)]	噪声标准 NR
	温度（℃）	相对湿度（%）	温度（℃）	相对湿度（%）		
观众席	26	60	18	35	15	40
比赛场地	26	60	18	35	20	40
贵宾包厢	26	60	20	35	20	40
运动员休息室	26	60	20	35	30	40
裁判员休息室	25	60	20	35	30	40
医务室、按摩室	27	60	20	35	30	40
办公室	26	60	20	35	30	40
媒体工作区	26	60	20	35	30	40
贵宾室	25	60	20	35	30	40
扩声控制室	26	60	20	35	30	35
评论员、播音室	26	60	20	35	30	30
运动员更衣室	26	60	20	35	30	35
淋浴间	27		25			45
卫生间	27		18			45

2. 冷热源中心主机装机容量确定原则

本工程在独立建设的配套楼地下室内设置冷冻换热站作为区域冷热源中心，与 15000 座网球馆同期竣工，通过地下综合管沟分别与 15000 座主场馆及 5000 座网球场相连。区域冷热源中心主机装机容量根据15000座网球馆、5000座网球场及配套餐饮楼空调冷热负荷综合值确定，同时考虑到15000座网球馆有体育馆和体育场两种不同运行模式，系统空调冷热负荷见表3及表4。

15000座网球馆不同运行模式下冷热负荷　　　　　　　　　　　　　　　表3

运行模式	空调冷负荷（kW）	空调热负荷（kW）
赛事、演出期间（体育馆模式）	8438	4180
赛事、演出期间（体育场模式）	2378	1660
非赛事赛后运营（含5000座）	878	660

冷热源系统分区总负荷　　　　　　　　　　　　　　　表4

	空调冷负荷（kW）	空调热负荷（kW）
5000座体育场	890	660
15000座体育馆	8438	4180
餐饮楼	1292	580
合计	10620	5420
同时使用系数	0.85	0.8
管网热损失修正系数	1.1	1.1
装机冷热负荷	9930	4770

三、暖通空调系统方案比较及确定

1. 冷热源方案比较及确定

15000座网球馆具有一般体育馆建筑使用上明显的间歇性、低使用率等特点，在非比赛或活动期间只有部分运营管理用房正常使用，同时由于其可开启屋盖的存在，空调系统的设计还应考虑体育馆和体育场两种不同运行模式的区别。鉴于以上特点，本工程冷热源系统设计以既要保障赛事或演艺等的高峰空调需求、又要注重平时的使用节能以及维护便利为原则，结合项目具备市政热源（过热蒸汽管网）的有利条件，经多次方案比选，最终确定了空调系统夏季以电制冷机为主来满足赛事高峰冷负荷，冬季以市政热源为主，燃气锅炉作为备用热源；赛后运营则采用市政热源蒸汽溴化锂冷水机组及蒸汽换热机组分别供冷供热。

冷热源系统配置见表5，冷热源机组设于配套楼地下室的区域冷热源中心内。赛时、赛后运营时负荷差异较大，故采用了3台离心式冷水机组和蒸汽溴化锂冷水机组的复合冷源系统。赛后运营模式时空调冷负荷较小，故配置了1台蒸汽溴化锂冷水机组用于赛后运营（可利用离心机组作为备用）；体育场模式（屋盖开启）时可只开启1台离心式冷水机组，高峰负荷时单台离心机组可在72％负荷率下运行，当过渡季节单台离心机组运行负荷率将要低于30％时，则开启蒸汽溴化锂冷水机组来承担体育场模式下的空调冷负荷，从而避开离心式冷水机组的低负荷喘振区。双回路燃气真空热水锅炉是保障重大赛事、避免蒸汽检修故障等的备用热源，同时也作为二期工程5000座综合体育馆的备用热源。

冷热源系统配置 表 5

		配置参数		备注
冷源	赛时	3 台水冷离心式冷水机组，制冷量 3325kW	3 台逆流式冷却塔，循环水量 900m³/h	考虑了 5000 座网球场及配套餐饮楼负荷
	赛后运营	1 台蒸汽溴化锂冷水机组，制冷量 872kW	1 台逆流式冷却塔，循环水量 300m³/h	
热源	赛时	2 台等离子体汽水换热机组，换热量 2300kW	1 台燃气真空热水锅炉（双回路），制热量 2800kW	考虑了 5000 座网球场及配套餐饮楼负荷；燃气热水锅炉为备用热源
	赛后运营	1 台离子体汽水换热机组，换热量 750kW		
运行模式	赛时	离心式冷水机组或汽水换热机组开启 15000 座网球馆体育场模式或部分负荷时可采用台数控制及其他负荷调节方式运行		
	赛后运营	蒸汽溴化锂冷水机组或 700kW 汽水换热机组开启		
设置区域		冷却塔设于配套楼附近室外地面，其余均设于配套楼地下室区域冷热源中心内		

2. 空调系统形式及设计特点

（1）空调水系统

空调水系统采用一级泵变流量两管制系统，由于系统输送半径较大，空调供回水按大温差设计，考虑到管路温升及末端制冷能力，夏季 5.5℃/12.5℃，冬季 60℃/45℃。区域冷热源中心共引出四路水系统，通过综合管沟进入 15000 座网球馆及 5000 座网球场，分别为 KT-1：5000 座网球场系统；KT-2：15000 座观众席及比赛场地、入口大厅系统（见表 6）；KT-3：15000 座一层功能区及辅助用房、二层贵宾包厢、五层评论员及转播室等系统；KT-4：餐饮楼系统。其中 KT-2 和 KT-3 系统可分别对应 15000 座体育馆屋顶开、闭状态下的空调需求。在 KT-3 系统中又根据功能分区及赛后使用的区域，进一步划分为若干个子系统，便于系统的运营管理，并可根据业主需求在每个子系统设能量计费装置。

15000 座网球馆干管环路功能分区 表 6

	负责区域
环路 KT-1	观众席及比赛场地、入口大厅系统（体育馆模式，屋盖关闭）
环路 KT-2	1 层功能区及辅助用房、2 层贵宾包厢、5 层评论员及转播室等系统（体育场模式、体育馆模式）

由于网球馆主干管布置在地下环状通行地沟内，其形成的环形管网需解决好热补偿和固定支架设置的问题。本工程采用万向波纹补偿器的连接方式，每节直管段长度控制在 6m，4 节为一组，每组之间采用万向波纹补偿器连接，中间设固定支架，保证每组管段之间的角向偏移量约为 7°，直管段轴向偏移量小于或等于 300mm。

（2）比赛大厅空调风系统

比赛大厅由观众区和比赛场组成，其中观众区含高、低区固定座椅及比赛场内固定、活动座椅等，其空调风系统设计采用多种送、回风方式共同保证比赛大厅的空调要求，综合考虑建筑使用特点和节能要求，结合气流环境 CFD 数值模拟分析结果最终确定的气流组织方式见表 7。

比赛大厅气流组织方式　　　　表7

空调区域		送风	回风	备注	排风
观众区	高区固定座椅	座椅送风	上部回风	回风口设于五层评论员室等房间屋面上方	屋面网架内机械排风
	低区固定座椅	座椅送风	下部回风	回风口设于一层比赛场后环廊内；活动座椅侧送百叶设于内场固定席下部侧墙处，低送风风速；比赛场送风喷口设于场地四角，送风高度为 4.5m，比赛风速要求较高时可关闭喷口	
	赛场内固定座椅	座椅送风			
	赛场内活动座椅	侧送风			
	比赛场	喷口送风			

观众区固定座椅采用座椅送风的方式，在观众席看台下方设整体式送风静压箱，处理过的冷空气经风道引入送风静压箱内，由阶梯旋流风口送出。座椅送风设计送风温度 21℃（送风温差 5℃），本项目考虑静压箱内送风温升为 1℃，空调器设计出风温度 20℃（含风机温升 1℃），空气处理采用二次回风无再热方式。比赛大厅共划分了 31 个空调系统，其中低区观众席及赛场部分共 23 个空调系统，分别设于一层 11 个空调机房内，高区观众席共 8 个空调系统，均匀分布在四层的 8 个空调机房内，形成了分区空调的系统形式，为赛时根据观众人数采取分区售票提供了可能，可降低空调系统运行成本、节约能源。原设计理念中未考虑屋盖开启状态下的空调需求，但在使用过程中，屋盖开启状态的阶梯送风的空调效果也能达到舒适性要求，观众的满意度较高。

比赛场地采用设在四个角部的鼓形喷口送风，送风高度为 4.5m，可调整风口的角度以适应冬夏不同的送风工况，当进行羽毛球、乒乓球等比赛时应关闭喷口，满足比赛的风速要求。

（3）入口大厅、办公区等空调风系统

入口环廊大厅空间高，外墙基本全是玻璃幕墙，热气流上升快，因此在环廊三楼顶部设置一圈球形喷口（共 115 个），送风高度约为 7.8m，每个喷口风量为 $1250m^3/h$，风口直径为 400mm。

赛事办公区、会议室、新闻发布等区域根据需要分别采用常规风机盘管＋新风系统、全空气系统等。

四、通风防排烟系统

比赛大厅设计为机械排风，在屋面网架的设备平台处设 8 台柜式排风机，通过马道可以方便地检修和维护，总排风量按新风量的 80％计算，采取台数控制方式调节风量，及时排除积聚在大厅上部的热量。为避免振动和噪声对室内产生影响，风机采用减振台座的安装方式，表面用隔声材料包覆，在设备外壳上刷沥青胶，粘贴 100mm 厚密度 80K 岩棉板（岩棉用玻璃布包裹），然后用麻绳紧密缠绕，进、出风管除采用片式消声器消声外，同时采用 30mm 厚橡塑保温材料包覆。

比赛大厅采用的是可开启屋面结构，采用平开推拉的形式，东西向开启的方式，洞口尺寸为 60m×70m。开启屋面分为 4 榀，上下两层，开启速度为 3.75m/min，8min 全部打开，4 榀活动屋盖均可相对独立运行，为目前国内可开启面积屋盖面积最大的体育馆。利用可开启屋盖作为比赛大厅及观众看台区的自然排烟条件，由于这种自然排烟形式没有相关设计依据，对其能否有效控制和排除火灾产生的烟气、保证其内部人员安全疏散进行了消防性能化论证，根据国家消防工程技术研究中心针对该项目编制的性能化防火设计报告的相关结论，比赛大厅利用可开启屋盖作为自然排烟条件是可行的，对屋盖开启装置采用双路供电，并与火灾自动报警系统联动，可在现场手动、消防控制室远程控制开启，控制信号采用闭环控制。

五、空调自控设计

1. 总体自控原则：

（1）离心式冷水机组、蒸汽溴化锂冷水机组、蒸汽换热机组等机电一体化设备由机组所带的自控设备控制，集中监控系统进行设备群控和主要运行状态的监测。

（2）动力站内设备在机房控制室集中监控，其主要设备的监测均纳入楼宇自动化管理系统。

（3）各公共空间空调机组均采用集中监控，纳入楼宇自动化管理系统。

（4）采用集中控制的设备和自控阀均要求就地手动和控制室自动控制，控制室能够监测手动/自动控制状态。

2. 二次回风空调机组需要同时控制回风温度和送风温度，采用回风温度控制水路电动阀的开度，送风温度控制二次回风阀开度的控制逻辑。

（1）预冷（预热）阶段关闭新风开关阀，关闭（或最小开度）二次回风阀，以利于迅速降温（升温）；

（2）新风入口处设电动对开调节阀，随空调机组联锁启闭；

（3）空调设计工况下采用（最小）30％的新风比，二次回风量根据送风温度调节，夏季工况下，送风温度过高则减小二次回风量，送风温度过低则增大二次回风量；冬季工况相反。

六、工程主要创新及特点

1. 多能源复合冷热源系统

冷热源设计按既要保障赛事或演艺等的高峰空调需求，又要注重平时使用的节能和维护的便利，保证日常情况下部分辅助用房正常使用要求的原则，同时考虑周边有市政蒸汽热网，项目前期邀请专家组进行了冷热源方案论证，最终确定了多能源复合式的冷热源系统，可充分利用市政热网。

2. 大空间气流环境分析研究

15000 座网球馆的比赛大厅空间跨度大、人员座位密集，属于典型的多连通体育馆类建筑，对于高大空间空调系统的气流组织设计，内部的空气流动远比一般建筑复杂，要具有舒适和满意的空气分布同时要保证较低的空调能耗，预测室内空气分布情况就成为空调系统气流组织的关键。本项目在体育场模式和赛后运营模式时比赛大厅无空调需求，为保证体育馆模式下比赛大厅的空调要求，设计阶段借助计算流体动力学（CFD）软件对其空调系统气流环境进行了模拟研究。

考虑到比赛大厅在几何尺寸及物理上的对称性，取其 1/2 场馆区作为模拟计算区域，采用 CFD 软件对夏季工况下各种送风形式的温度场和速度场进行对比模拟。根据场馆功能、结构布局和可利用条件，分析了大空间热环境分布规律，从而为网球中心座椅送风加侧送风空调系统优化设计提供了理论依据，最终确定的气流组织形式见表 7，该气流组织空气送风效果较好，观众席所在区域的温度更接近于设计温度。在座椅送风口和回风口的位置，风速基本保持在 0.8～1.2m/s，观众席人员所在的位置的风速基本在 0.3m/s 左右，人体舒适感进一步提高，同时实现温度分层可控的分区微气候控制，对节省能量有很大意义；在大空间场馆中心区域由于楼座上部的回风量增大，促使受热高温空气在分流进入顶部排风口流入大气中之外，还有部分空气进入上部回风口，造成整个场馆比赛中心上空区域温度较高，观众席位置上空的空气分层现场也明显，但观众席区域的空气温度得到了改善，基本保持在 26℃±1℃ 可控范围内，具有较好的热舒适性（见图 2）。

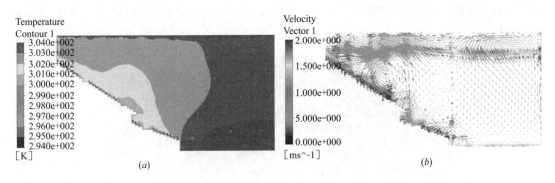

图 2　温度场分布图

(a) x-z 面（y=0m）上温度场分布；(b) x-z 面（y=0m）上温度场分布

3. 座椅送风系统设计及研究

观众区固定座椅采用座椅送风的方式，在观众席看台下方设整体式送风静压箱，处理过的冷空气经风道引入送风静压箱内，由阶梯旋流风口送出。座椅送风设计送风温度 21℃（送风温差 5℃），由于静压箱内空气与周围建筑构件之间存在的换热会导致送风温度升高，本项目考虑静压箱内送风温升为 1℃，空调器设计出风温度 20℃（含风机温升 1℃），空气处理采用二次回风无再热方式（见图 3）。

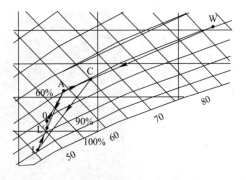

图 3　二次回风无再热空气处理过程
（风管及静压箱温升 1℃）

处理过的冷空气由风道引入观众席看台下的送风静压箱内，由座椅下方的旋流风口送出。这种送风方式送风面广、送风量大、在工作时噪声较小。设计及施工时需重点解决好静压箱的密封性和牢固性问题，根据本项目的特点，静压箱是设置在看台下方、平行于看台斜梁的，故吊架安装方面既要满足牢固要求，又要满足斜角的吊设方式，同时又要在静压箱板与板间、板与混凝土梁、柱间、板与砖墙间做好密封工作。经专题研究，从静压箱的牢固性出发，选择卡式热镀锌龙骨和 C 型镀锌槽钢作为主吊架，保障整个吊架的承载力；静压箱的面层板材选择基于强度、轻质密封和防火三点考虑，采用彩钢板离心玻璃棉复合风管板材。

4. 基于 BIM 的施工图设计

15000 座网球馆的 BIM 应用是集建模、检测、计算、模拟、数据集成等工作为一体的三维建筑信息管理工程，工作覆盖了工程的设计、深化设计、制造、施工管理乃至后期运营管理的建筑全寿命周期。基于 Revit 系列软件的 BIM 技术应用在本次设计中起了至关重要的作用，机电专业在 BIM 协同设计过程中，共用一个中心文件，参照链接建筑与结构模型，通过协同和可视化，缩短了各专业间的信息传递链，实现了信息传递的准确、及时、完整。

网球馆由 64 根自下而上向外倾斜的立柱形成"旋风球场"的造型意象，建筑造型及内部空间复杂，设备专业存在管线无法实现上下竖直贯穿、复杂空间管线综合考虑不周时易出现无法通过等问题，屋面不规则的钢结构网架也为风管布置造成了很大的空间想象障碍。利用 BIM 技术管线碰撞检测、可视化分析等功能这些问题都得到了妥善解决（见图 4～图 6）。

图 4　BIM 模型可视化成果

图 5　屋面网架风管布置示意图（BIM 模型）

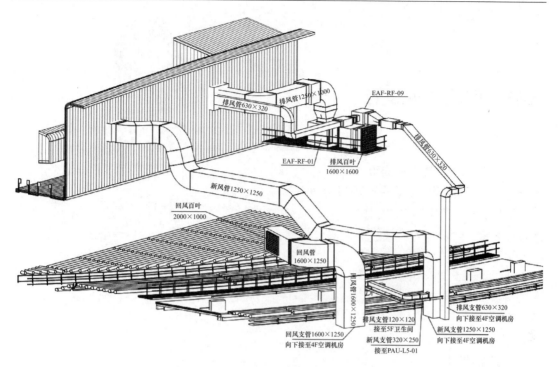

排风管630×320

排风管1250×1000

EAF-RF-09

排风管630×320

EAF-RF-01

排风百叶
1600×1600

新风管1250×1250

回风百叶
2000×1000

回风管
1600×1250

回风管1600×1250

排风支管630×320
向下接至4F空调机房

排风支管120×120
接至5F卫生间

新风支管320×250
接至PAU-L5-01

新风支管1250×1250
向下接至4F空调机房

回风支管1600×1250
向下接至4F空调机房

图 6   屋面网架风管三维示意图（蓝图）

淮安大剧院空调设计^①

- 建设地点： 江苏省淮安市
- 设计时间： 2009 年 9 月～2011 年 9 月
- 竣工日期： 2016 年 5 月
- 设计单位： 浙江大学建筑设计研究院有限公司
- 主要设计人：曹志刚　吴洁清
- 本文执笔人：曹志刚

作者简介：

曹志刚，高级工程师，1994 毕业于同济大学供热通风与空调专业。工作单位：浙江大学建筑设计院有限公司。主要设计作品：西湖博物馆、丽水文化艺术中心等。

一、工程概况

淮安大剧院项目位于江苏省淮安市，总建筑面积 29837m²，包括 1268 座乙级大型剧院及乙级中型电影院，总投资约为 4.3 亿。

项目采用集中空调系统，空调总冷负荷为 3163kW，热负荷为 2138kW，建筑面积空调冷负荷指标 106W/m²，热负荷指标为 72W/m²。

由于运营单位不同，空调系统分为剧院部分及影城部分两个系统，其中剧院部分空调冷源选用高效螺杆式冷水机组共 3 台，热源由区域热网提供，一次热媒蒸汽经两台板式换热机组制备空调循环热媒水。空调冷水系统采用一级泵压差旁通变流量系统，热水系统采用一次泵变频变流量系统。影城部分冷热源选用高效型空气源螺杆式风冷热泵机组两台，空调水系统采用一级泵压差旁通变流量系统。空调末端采用电动两通调节阀根据室内负荷进行流量调整。

剧院观众厅气流组织采用座椅下送风方式，池座及楼座下均设送风静压箱，每个座椅下设座椅送风口，空调送风直接送入人员活动区域。空气处理采用二次回风方式，将送风温差减小至 4～5℃，避免观众腿部温度过低造成的不舒适感；同时，由于二次送风系统送风量较大，可以充分延长过渡季利用室外空气免费供冷的时间。观众厅排风设于顶部，下送上排的气流组织方式有助于降低空调能耗，同时利于改善人员活动区域空气品质。

舞台部分空调设计在舞台两侧各设一套全空气空调系统，其中侧台部分采用旋流风口下送，主舞台部分采用喷口侧送风。

剧院门厅、展览厅等大空间采用全空气低风速空调系统，化妆间、办公用房等采用风机盘管加新风系统。新风采用带全热回收装置的新风机组集中处理后送入各个房间。

---

① 编者注：该工程设计主要图纸可从中国建筑工业出版社官方网站本书的配套资源中下载。

剧院票务、贵宾接待等考虑到实际使用时间的特殊性，独立设置变流量多联机系统。消防控制中心、硅控机房等设置独立分体式空调系统。

影厅售票大厅及观众厅等均采用全空气系统，同时设置机械排风，并利用全热回收装置回收排风冷热量。

影院放映间设置直流式空调系统。

所有全空气系统空调机组新风比可根据室内外空气焓差等调节，过渡季节可以实现全新风运行。

另外，通过变频控制、热回收等节能技术以及通风系统的合理组织，有效地将空调系统能耗控制在一个合理的水平。

二、工程设计特点

在设计过程中充分总结了我院以往多个剧院工程的设计经验，并考察调研了多个剧院使用与管理情况。在设计中，采用经济合理的手段，根据剧院建筑的使用特点，对此类建筑中易出现的问题采取了针对性的处理措施：

剧院观众厅空间高大，自然状况下室内温度梯度明显，容易出现池座前后排以及池座与楼座温度差异较大的问题，尤其是冬季，在池座温度符合设计要求的情况下，上部楼座温度过高。为解决这一问题，首先采用观众区池座与楼座空调系统分别设置的做法，以保证池座与楼座送风温度、新风比可独立调节。冬季楼座可以根据实际情况停止供热，甚至利用新风供冷。另外，为保证池座前后排温差可控，对池座送风静压箱进行前后分区隔断，以实现各区域送风量分别适量调节。

舞台部分由于空间高大，同时舞台设施繁杂，空调设备及管线布设严重受限，是空调设计的难点。本工程空调设计人员与舞台设计人员充分沟通协商，结合马道等舞台设施，在舞台部分设置两套全空气空调系统，并合理地进行了气流组织设计。主舞台送风管利用灯光马道下空间敷设，采用为避免送风气流对舞台区域造成不利影响，每个风口均设置电动风阀，根据舞台使用情况启闭，同时空调机组采用定静压变频控制，以配合送风量的调节变化。在项目投入使用后，很好地满足了多种舞台表演形式以及大型会议的不同使用需求。

主舞台高度较高，冬季易出现侧壁面冷空气下沉后，沿舞台台面直接侵入观众席的问题，不但造成大幕外鼓，且严重影响前排观众舒适度。为避免这一问题，后台侧壁与主舞台侧壁均结合马道的设置，布设风机盘管冬季供热，减弱冷风下沉现象，同时观众席池座回风设于台口部位，通过回风进一步降低冷风入侵观众席的影响。冬季实际使用中舞台大幕仅有稍微鼓起的现象，证明冷风下沉现象得到了很好的控制。

另外，在调研中发现，由于靠近观众厅闷顶部位的温度较高，通过排风实际上也无法解决耳光尤其是面光桥大量照明设备引起的局部温度过高的问题。因此，在本项目的设计中，耳光部位设置分体式空调，面光桥部位独立设置局部排风与送风系统。

另外，剧场部分对于空调噪声控制要求比较高，对此除了采用空调机组设置隔振基础、空调机房进行吸声隔声处理外，按照声学顾问提供的分析与评估，空调风管均设置两级消声，并尽可能将消声器贴近机房隔墙的两侧设置，对穿越部位的洞口进行填料密封处理。对座椅送风静压腔内全部壁面与顶面采用多孔板进行吸声处理。

　　剧院项目作为公共文化设施，其建筑外观要求较高，而复杂的空调与通风系统包括空调新风、排风、消防排烟及补风等均需设置大量的进排风口和其他通风设施。本项目的设计中，通过与建筑、幕墙与舞台工艺等专业的密切配合，对各种空调通风设备、管线与竖井进行了合理的组织安排，各主要立面上均无百叶，保证了建筑立面的简洁与美观，前厅与观众厅屋面设备也通过仔细布置和遮蔽措施，保证了由周边高层建筑的俯视效果。

　　项目自竣工以来，承担过多次大型文艺演出和大型报告、会议等活动，空调通风系统运行稳定，为剧院运行提供了可靠的技术保障。本项目通过合理优化设计与建设和施工单位的精心管理与施工，成了当地的地标性建筑，投入使用以来，丰富了当地人民的精神生活，对地方文化建设起到了积极的促进作用。

华数白马湖数字电视产业园 IDC 机房的余热利用运行实例^①

- 建设地点： 浙江省杭州市
- 设计时间： 2010 年 8 月～2011 年 3 月
- 投入使用： 2016 年 9 月
- 设计单位： 浙江大学建筑设计研究院
- 主要设计人：余俊祥　宁太刚　张　敏
- 本文执笔人：余俊祥

作者简介：

余俊祥，高级工程，1994 年毕业于同济大学供热、供燃气、通风与空调专业。现任浙江大学建筑设计研究院一院副院长。主要设计代表作品：浙江省疾病控制中心迁建工程、浙江省疾病控制中心二期工程、浙江大学建筑设计研究院大楼等。

一、工程概况

该工程由 A，B，C，D，E，F，G 共 7 幢塔楼和一个音频视频测试中心（H 楼）组成。为呼应白马湖的山水田园文化底蕴及创意城的生态环境氛围，本设计以一条形态优美的树枝作为设计主题，通过树枝状的裙房把错落有致的 7 幢叶片状高层建筑联成一个整体，围绕着花瓣状的音频视频测试中心，形成了极富特色的数字电视综合体（见图 1 和图 2）。枝叶蕴含着生机，象征着繁荣，也给白马湖带来了更多的诗情画意。7 幢塔楼之间通过 2 层高的裙房相

图 1　工程鸟瞰图

---

① 编者注：该工程设计主要图纸可从中国建筑工业出版社官方网站本书的配套资源中下载。

图 2　项目建成实景图

连，裙房以交通功能为主，配以会议室、接待室、员工餐厅等辅助空间。音频视频测试中心相对独立，通过地下层与项目的其他部分相关联。其中 IDC 机房及配套电力机房、配电间、钢瓶室、燃油室、柴油发电机房设在地下一层。地下二层设有 IDC 制冷机房、自用制冷机房及其他设备和停车库等。地上塔楼功能主要为办公。地上总建筑面积 105773m²，地下建筑面积 59341.3m²。空调总冷负荷为 12152.4kW，总热负荷为 7222.2kW。

二、空调室内设计参数（见表 1）

室内设计参数　　　　　　　　　　　　　　　　　　　　　　　　　表 1

	温度（℃）		相对湿度（%）		新风量 [m³/（人·h）]	A 声级噪声 （dB）
	夏季	冬季	夏季	冬季		
门厅	27	16	55		20	≤50
车间	26	20	55		30	≤50
员工宿舍	26	20	55		20	≤55
餐厅	26	18	60		20	≤50

注：按 Ⅱ 级舒适度设计，冬季室内相对湿度不做控制。

三、空调负荷计算（见表 2）

空调负荷统计数据（综合最大值）　　　　　　　　　　　　　　　　表 2

编号	房间面积（m²）	夏季总冷负荷（W） （含新风/全热）	夏季总冷指标（W/m²） （含新风）	冬季总热负荷（W） （含新风/全热）	冬季总热指标（W/m²） （含新风）
A 楼	7407	1078336	146	651816	88
B 楼	9960	1106572	111	836640	84
C 楼	8790	1037474	118	694410	79
D 楼	9435	1381032	146	801975	85
H 楼	6880	1352832	197	467840	68
合计	86929	5956246		3452681	

四、空调冷热源设计

本项目是一个联合设计项目，由广东省邮电设计院负责设计地下一层面积为 2000m²的 IDC 机房，项目其余部分由浙江大学建筑设计研究院设计。IDC 机房内设备发热量约 1500W/m²，且一年 365d、一天 24h 不间断运行，是一个非常稳定的发热源。

为充分利用机房余热，提出两个空调系统耦合的思路，得到广东邮电设计院的大力支持。结合大楼具体的空调负荷，空调系统冷热源设计如下。

1. IDC 机房采用水冷离心机组全年供冷。

2. A～D 楼及相应裙房设计成一个水环热泵空调系统。夏季通过冷却塔散热，冬季通过板式换热器接入 IDC 机房冷水系统，将 IDC 机房的余热作为水环热泵系统的热源。如果实际运行时水环系统中水温降至合适的温度，如降至 12℃以下时，可以停止运行离心主机，将板换后二次侧冷却水直接供至 IDC 机房末端空调箱，从而实现 IDC 机房的免费供冷模式，达到水环系统和 IDC 机房空调系统的双赢局面（见图 3 和图 4）。

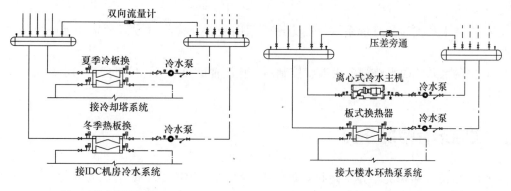

图 3　水环热泵流程示意图　　　　图 4　IDC 机房空调系统流程示意图

3. 因余热不够供应全楼冬季空调系统，E～F 楼采用风冷变制冷剂流量系统，分层设置。

4. H 楼演播中心采用两台集中式水源热泵冷水机组。该水源热泵冷水机组采用热回收型机组以解决 C 楼员工宿舍生活热水（600kW）。在夏季热回收型机组可以为 C 楼员工宿舍提供生活热水，冬季其中 1 台供空调系统，1 台供生活热水。表 2 为 A～D 楼和 H 楼空调负荷统计数据。考虑同时使用系数及热泵系统的供热 COP，IDC 机房 3000kW 的余热可以满足水环热泵系统冬季供热要求。

五、水环热泵系统设计

水环热泵系统对水力平衡非常敏感。以往工程一般采用同程水系统加平衡阀设计。但由于现场安装以及水环热泵机组自身阻力大小不一等原因，平衡难以达到，调试工作量很大。

为解决水系统的平衡问题，参考集中空调冷水系统设计中"当系统作用半径大、各环路的设计水流阻力较大或各系统水温或温差要求不同时，宜按区域或系统分别设置二级泵"的做法，该工程将水环系统设计成二级泵系统。地下二层制冷机房内一级泵扬程用于克服机房内板式换热器和主干管网阻力损失。要求末端整体式水源热泵机组设备厂家自带循环水泵作为水系统的二级泵，该泵扬程克服水源热泵机组自身阻力，以确保机组运行所需水量。不采用平衡阀。以二级泵系统来解决水系统的阻力平衡问题。

六、水系统运行及控制说明

1. 冷却水系统采用开式冷却塔加板式换热器，冷却塔进/出水温度为 37℃/32℃。水环热泵机组夏季进/出水温度为 33.5℃/38.5℃，水环热泵机组冬季进水温度为 20℃；辅助热源（IDC 机房冷却水）供/回水温度为 30℃/25℃。

2. 冬夏季管道转换通过手动阀门转换。

3. 系统开机顺序为：冷却水泵（热水泵）—冷却塔（辅助热源）—水源循环泵—水环热泵机组，系统停机顺序相反。

4. 水环热泵机组回水管上设置水流开关并自带循环水泵，与压缩机联锁，保证系统的安全运行。

5. 空调水系统为变流量系统。由旁通管双向流量计检测盈亏流量来确定一级泵运行台数。

6. 空调水系统回水总管上设温度控制器，控制辅助热源（IDC 机房冷却水系统）的运行情况。

七、实际运行情况分析

大楼 2016 年装修完毕投入运行，经 2016 年一个完整的冬季使用，机房余热得到很好的利用，现场记录了 2016 年 12 月 27 日～2017 年 3 月 26 日的运行数据。数据显示，到 2017 年 3 月 24 日为止，在白天水环热泵系统投入运行时，IDC 机房的离心机组基本不用开启。板换后接入 IDC 机房冷水系统的水温在 10.2～15.8℃之间，完全满足 IDC 机房高显热低湿负荷的使用特点。经现场物业公司计算，仅 IDC 机房空调系统 2016 年冬季节约运行费用约 80 余万元，PUE 指数下降 0.3，达到 1.6，还不包括水环热泵系统省去锅炉辅助热源的运行费用。业主对此给予充分肯定。

但在运行调试中碰到以下问题：

1. IDC 机房余热不够。因华数业务发展变化，目前机柜安装容量还不到原设计的 1/3，造成产生的余热不够地上办公使用。而且短时间内机柜都不会安装到位。所以需要给水环系统增加临时的辅助热源。现已安装两台室外型的真空热水锅炉。经 2017 年冬季运行，效果良好，满足室内要求。

2. 2017 年夏季的运行中出现了冷却水量不够的问题，机组频频出现高压保护。原设计流量为 500m³/h、扬程 28m 的冷却水泵，运行电流应该在 80～100A，但实际运行只有 65A 左右，水泵进出口扬程在 31～32m，经查看水泵的性能曲线发现，当水泵扬程上升到 32m 时，水泵流量急剧下降一半到 250m³/h。经现场长时间的排查，发现两个原因造成管路阻力上升：一个是冷却塔附近管路上有一个阀门的垫片卡住阀瓣，造成阀门只能打开很小的开度；另外一个是水泵出口到板换入口这一段机房内管路水阻力达到 5m，偏大。经现场更换阀门和调校止回阀，水量基本达到设计要求。

3. 因现场安装空间狭小，施工单位没有安装冷却塔之间的平衡管。造成靠近立管处冷却塔积水盘抽空，不停地补水，而远处在溢流。同时系统中裹带空气很多，有明显的哗哗水流声。最后现场补装平衡管。

八、经验与教训

IDC 机房的能耗巨大，如何利用自然冷源对机房进行降温一直是 IDC 机房设计的重点。另外，在冬季，机房的发热量是否可以利用起来为别的建筑供热，以达到机房冷却和另外建筑供热双赢的节能效果。

本工程设计的水环热泵系统即起到了上述的作用。地上 A～D 楼不设冬季热源，完全由 IDC 机房的余热进行供热。而 IDC 机房在冬季白天基本不需要开启水冷离心主机，达到最大限度的双赢节能目的。

另外，大型水环热泵系统中水量平衡一直是水环热泵系统的重点。以往设计往往采用大量的水力平衡阀，增加投资还不能很好的彻底解决问题。本工程采用水环热泵机组自带水泵的非标设计，在中标厂家的配合下，在传统的机组内增设水力模块，并与机组联锁控制，与主机房内的水泵构成二级泵系统。水环机组运行所需水量由自身水泵保证，彻底解决水量平衡问题。而且大大减小主机房内一级泵扬程，二级泵的运行由末端需求控制，最大限度地减少水系统能耗。

同时，在本工程的设计运行中也有许多教训值得总结：

1. 对两个系统的负荷匹配上没有考虑得尽善尽美，造成投入使用后需加装辅助热源。应在设计时就预留相应接口，这样碰到本项目这样的特殊情况（IDC 机柜安装不到设计状态）时可以方便加装，不用管路大拆大改。

2. 因水泵订货时厂方标准系列中没有设计所需参数，需进行叶轮切割，实际供货的水泵曲线没有提供给设计校核。特别是大流量水泵需要仔细校核实际供货曲线。

3. 工程验收时要施工单位提供详细的调试报告，不能走马观花地完成验收程序。特别是大型系统的水路调试报告，一定要在系统投入运行前发现问题。本工程在 2017 年夏季运行时发现冷却水量不足，而为了找到原因（一个阀门的垫片卡住阀瓣）在高温天气在现场花了近三个星期的时间，在业主谴责的目光中，个中滋味难以言表。好在最终解决了问题，结果还是圆满的。本工程为类似的 IDC 机房组合民用办公大楼的空调系统设计提供相应的参考。

凯德商用·天府中心
暖通空调设计

- 建设地点：　成都市
- 设计时间：　2009 年 8 月～2011 年 4 月
- 竣工时间：　2014 年 11 月
- 设计单位：　四川省建筑设计研究院
- 主要设计人：邹秋生　周伟军　陈舒婷
- 本文执笔人：陈舒婷

作者简介：

邹秋生，教授级高级工程师，四川省建筑设计研究院副总工程师（暖通空调）。1995 年毕业于同济大学。主要设计代表作品：成都珠江国际新城、凯德商用天府中心、保利蜀龙路皇冠假日酒店、成都极地海洋公园、曼哈顿首座豪生酒店、拉萨市城东区城市供暖等多个项目暖通工程设计等。

一、工程概况

凯德商用·天府项目位于成都高新区火车南站片区，北邻成都火车南站，西邻天府大道北段，设有专用通道直达地铁 1 号线火车南站出口。总建筑面积约 27 万 m²，地下面积约 10 万 m²，主要由裙楼商业、塔楼办公楼（1 栋）、塔楼住宅（3 栋）组成，项目最高住宅部分 99.50m（见图 1）。本工程地下共 4 层，其中地下二层～地下四层为汽车库及设备用房，地下一层为超市；地上裙楼共 7 层，均为商业用房。本工程商业总共约 12 万 m²，包括主力店、餐饮、溜冰场、电影院、游泳健身等功能。

图 1　凯德商用·天府项目实景图

本项目空调工程投资概算约 6500 万元，单方概算造价约 660 元/m²（由于项目周期较长，后期商业功能变化较大，施工过程中招商也引起工程变更，实际工程造价约 9000 万元）。

二、暖通空调系统设计要求

1. 设计参数

室外设计参数（成都市）：夏季空调干球温度 31.6℃，夏季空调湿球温度 26.7℃，相对湿度 85%，冬季空调干球温度 1℃，相对湿度 80%。

室内设计参数见表 1。

室内设计参数　　　　　　　　　　　　　　　　　表 1

房间名称	夏季		冬季		新风量 [m³/(h·p)]
	温度（℃）	相对湿度（%）	温度（℃）	相对湿度（%）	
商场	26	<65%	18	自然湿度	20
中庭	27	<65%	18	自然湿度	20
餐厅	25	<65%	20	自然湿度	20
办公室	25	<65%	20	自然湿度	30

2. 功能要求

本工程为商业综合体，地下一层及裙楼为商业（建筑面积 14.4 万 m²）；裙楼以上共 4 个塔楼，其中一个塔楼为甲级写字楼（建筑面积 2.1 万 m²），另 3 个塔楼为住宅。综合体地下一层为超市，地上商业设有恒温游泳池、溜冰场、电影院等；商场内餐饮面积占比达到 35% 以上，有大量排油烟需求。

3. 设计原则

本项目空调通风设计应满足大楼使用要求，消防设计应满足国家相关标准；项目在设计初期就提出需要达到我国绿色建筑 2 星级以上，并需要获得新加坡 GREEN MARK 认证。设计应以满足实际功能需求为前提，满足经济实用、高效节能、绿色环保的原则。

三、暖通空调系统介绍

1. 空调主机

本工程商业和办公分为两套独立的集中空调系统。

商业部分计算空调冷负荷为 21932kW，商业建筑面积冷负荷指标为 151W/m²，热负荷指标为 68W/m²。设计采用 6 台离心机组（4 大 2 小）；空调热负荷为 9785kW，采用 3 台燃油燃气两用型真空热水机组。

办公部分计算空调冷负荷为 3911kW，空调面积冷负荷指标为 185W/m²，空调面积热指标为 64W/m²。设计采用 3 台螺杆机组；空调热负荷为 1348kW，采用 2 台燃油燃气两用型真空热水机组。

主要设备表如表 2 所示。

主要设备表　　　　　　　　　　　　　　　　　表 2

设备名称	规格参数	台数	备注
离心式冷水机组	制冷量：4396kW 冷水流量：750m³/h 冷却水流量：894m³/h 功率：715.8kW	4	商业
离心式冷水机组	制冷量：2198kW 冷水流量：377m³/h 冷却水流量：446m³/h 功率：359.7kW	2	商业
螺杆式冷水机组	制冷量：1406kW 冷水流量：248m³/h 冷却水流量：296m³/h 功率：254.2kW	3	办公
真空热水机组 （燃油燃气两用型）	制热量：$Q=3.5MW(50\sim60℃)$ 热水流量：300m³/h 最大天然气耗量：393Nm³/h 效率：大于 92%	3	商业
真空热水机组 （燃油燃气两用型）	制热量：$Q=700kW(50\sim60℃)$ 热水流量：300m³/h 最大天然气耗量：393Nm³/h 效率：大于 92%	2	办公

2. 空调水系统设计

商业空调水系统为一级泵变流量系统，采用"分区两管制"空调水系统：商业内区仅设置制冷系统、外区冷热水共用管道，恒压膨胀罐定压。空调制冷供/回水温度为 7℃/12℃，制热供/回水温度为 60℃/50℃。空调末端采用比例积分调节阀，电动两通阀根据负荷调节开关量及开关状态。一级泵变流量系统采用压差控制。

本工程设置了冷却塔免费供冷系统：冷却水直接与冷水通过板式换热器换热，在过渡季节、冬季内区有制冷负荷需求时，采用冷却塔供冷，实现节能。冷却塔免费供冷设置冬季最低温度启动保护，在冷却塔冷却水可能结冰的时候，确保系统停止运行。

办公区域采用四管制空调水系统：空调冷热水单独提供，冷水管道接入变风量机组冷水盘管，热水管道拨接办公外区的热风型 VAV BOX。水系统为一级泵变流量系统。空调制冷供/回水温度为 7℃/12℃，制热供/回水温度为 60℃/50℃。

3. 空调末端设计

对于面积较大的主力店以及电影院，设计采用一次回风全空气系统。全空气系统可以在过渡季节根据室外空气焓值，采取全新风（配合排风系统）运行模式，利用室外低温空气作为室内空调冷源，实现节能。在夏季夜间温度较低时，开启空调机组并采用全新风运行模式，向商场内输送冷风，可以消除商场蓄热，降低第二天的空调冷负荷需求。

商业内其余区域采用新风系统加风柜（或风机盘管）的末端形式：新风系统竖向组织，各新风系统负责竖直方向上一定范围的商业区域；空调新风机组设于四层新风机房内，经过新风机组处理的室外新风，在各层通过新风管道送到相应的空调区域（见图2）。

图2　商业内部空间实景

恒温游泳池空调系统采用热回收系统，夏季空调制冷产生的余热用于池水加热，同时实现空调制冷、除湿及池水加热的目的（见图3）。

图3　游泳健身区域室内场景

本工程溜冰场区域设置专用的系统：冰场区域设置一套独立的低温冷冻系统，场地内地板上敷设冷冻盘管，保证溜冰场区域冰面厚度满足使用要求（见图 4）。

图 4　溜冰场实景

办公楼采用变风量系统，塔楼南北侧分别设置组合式空调器，新风、回风混合后经组合式空调器处理后，送至各变风量末端。鉴于办公室内区常年制冷，外区冬季有供热需求，外区采用热风型 VAV box；与之相适应，空调水系统为四管制（冷热水单独供应），冷水管接入组合式空调器表冷器，空调热水管道拨接外区热风型变风量末端。夏季制冷时，大楼仅提供冷水，组合式空调器产生的冷风送至各变风量末端，并由各区域末端根据负荷需求调节送风量。冬季制热时，空调器按照新风量要求提供最小风量送至各变风量末端，空调水系统提供热水，供外区变风量末端使用，为大楼提供空调所需热量。

四、通风与防排烟系统

1. 通风系统

本工程商业内餐饮面积占比达到 35% 以上，为餐饮厨房区域设置排油烟系统，设计排油烟量达到 150 万 m^3/h，油烟净化装置及排油烟风机设置于屋面，排油烟的补风系统直接接至油烟罩口。

在车库内按照防火分区划分防烟分区，各防烟分区面积按不超过 $2000m^2$ 考虑。防烟分区内设机械排风系统（采用诱导送风），排风量按 $6h^{-1}$ 换气次数计算（计算排风量时，车库计算高度取 3m），各排风系统风机设于专用机房，对于立体车库，排风量按照 $500m^3/(h \cdot 车位)$ 计算。车库全部采用机械送风系统补风。

各设备用房按照不同的换气次数设置通风系统（见表 3），满足房间使用要求。

设备用房通风换气次数　　　　　　　　　　　　　　　　表 3

房间名称	换气次数（h^{-1}）	备　注
卫生间	15	自然进风
电梯机房	10	自然进风
配电房	15	平时排风兼作气体灭火后排风，机械补风

续表

房间名称	换气次数（h⁻¹）	备　注
柴油发电机房	12	平时排风兼作事故排风、气体灭火后排风，自然进风
制热站	12	平时排风兼作事故排风，机械补风，联动燃气报警系统
制冷站	12	平时排风兼作事故排风，机械补风，联动气体泄漏报警系统
水泵房	6	机械补风

地下配电房、柴油发电机房等均采用气体灭火装置。该区域的所有排风主管及补风口上均设置带 DC 的电动防火阀。发生火灾启动灭火装置前，由消防控制中心关闭电动风阀，使房间成为一个密闭区域。气体灭火完成后，手动复位，消防控制中心启动风机对房间排风。

2. 防烟系统

本工程为商场、塔楼办公楼、塔楼住宅服务的楼梯完全独立，除个别封闭楼梯间外，其余均为防烟楼梯，对防烟楼梯间及合用前室设置正压送风系统。正压送风系统送风量按照规范要求确定。

本工程办公楼设置独立的消防电梯，对消防电梯前室设置正压送风系统；1～3 号住宅消防电梯兼作客梯形成合用前室，按照合用前室的要求设置正压送风系统；商业内的消防电梯部分为消防专用，部分兼作客梯，对消防电梯前室（或合用前室）设置正压送风系统。采用常闭正压送风口，发生火灾时，开启失火层及其相邻层消防前室内共 3 个正压送风口（商业专用电梯前室或合用前室的正压送风系统服务层数小于 20 层，发生火灾时仅开启着火层及相邻层共 2 个正压送风口）。

正压送风机可由消防控制中心根据情况停止运行。

3. 排烟系统

商业内机械排烟系统根据消防评估报告，并结合规范要求设置。商业商铺排烟系统竖向设置，排烟风机布置于屋面。地下商业、地上一层商业及靠近中庭的商铺，最大防烟分区面积不大于 $400m^2$，排烟量按照最大防烟分区面积乘以 $144m^3/(m^2 \cdot h)$ 确定（按照消防评估报告，该区域排烟量在规范要求的基础上增加 20%）。地上商业其余区域最大防烟分区面积不大于 $500m^2$，排烟量按照最大防烟分区面积乘以 $120m^3/(m^2 \cdot h)$ 确定。各层商业用房，面积较小的商铺，以商铺为自然防烟分区；对于大主力店，按照相关面积要求，在主力店内用挡烟垂壁划分防烟分区。各防烟分区内设置常闭多叶排烟风口。发生火灾时，消防控制中心根据火灾信号，开启相应分区内的多叶排烟风口。

本工程商业及办公楼的内走道等区域，设置机械排烟系统，排烟风机风量按照最大走道面积乘以 $120m^3/(m^2 \cdot h)$ 确定。

排烟时地上商业自然补风，地下商业机械补风。

本工程共有 3 个独立中庭，按照规范要求均设置机械排烟系统。中庭排烟量按照 $6h^{-1}$ 换气次数确定（按照消防评估报告，中庭排烟量无论体积大小，均按照 $6h^{-1}$ 换气次数确定）。排烟风机设置于屋面，排烟时自然补风。

电影院设置机械排烟系统，排烟量按照 $13h^{-1}$ 换气和 $90m^3/(m^2 \cdot h)$ 分别计算，取最大值。同时设置机械补风系统，补风量不小于排烟量的 50％。

地下汽车库、自行车库按照防烟分区设置机械排烟系统，排烟系统和排风系统共用风机、风管及风口。排烟量按照 $6h^{-1}$ 换气次数确定，计算排烟量时，车库按照实际高度计算。原排风机为消防专用双速风机箱，低速为排风，高速为排烟。有车道与室外相通的防火分区自然补风，其余防火分区设置机械送风系统补风，送风量不小于排烟量的 50％。

排烟系统风机入口设置的 280℃ 排烟防火阀在排烟时保持开启状态；当烟气温度高于 280℃ 时，排烟防火阀熔断，联动排烟风机停止运行。

五、控制（节能运行）系统

商业空调设备（如吊顶式空调器、空调新风机组、柜式空调器等）水系统设置比例积分控制器、风机盘管采用电动两通阀加温控器的控制方式。

本工程设置新风控制装置，商场内设二氧化碳浓度探测器，根据二氧化碳浓度确定空调新风送风量。地下室汽车库采用诱导风机排风，减少设备层占用空间高度。通风系统通过一氧化碳浓度探测器，控制风机启停。在提高车库空气品质的同时，实现运行节能。

办公空调采用变风量系统，各末端根据所负责区域的温度，调节送风量。组合式空调器根据末端风量需求变频运行。

本工程设计了能源管理系统，末端传感器采集的空调系统运行变量通过计算得到即时冷热量及系统优化运行参数，利用变频技术自动控制水泵转速等参数。该能源管理系统实现了系统运行监控、系统控制模式、设备关联控制、机组群控策略、泵组优选、参数设置及数据记录等功能，使系统获得较大的节能空间。该系统作为本工程 BA 系统的独立子系统。

六、工程主要特点及创新点

1. 高效空调冷热源

本工程空调冷源采用高效电压缩制冷冷水机组，机组 COP 达 6.10 以上，比国家节能规范要求高 19％ 以上（按照《公共建筑节能设计标准》GB 50189—2005）。设有 4 台大型离心式冷水机组，为配合部分负荷工况的运行，选配 2 台较小的离心式冷水机组。空调热源采用高效燃油燃气真空热水机组，热水机组效率大于 92％。办公楼部分则采用螺杆式冷水机组。

2. 商业分区两管制及办公楼四管制空调水系统

地下一层商业受室外温度影响很小，其主要功能为超市及餐饮一条街，常年存在冷负荷。地上商业进深大，中庭及商业内区供冷需求时间较长。

通过技术经济比较，采用分区两管制空调水系统：地下商业、地上中庭及商业靠近中庭区域为内区，单独设置空调水立管，采用冷水或冷却塔免费供冷系统常年提供冷水；地上靠外墙的商业区域为外区，单独设置空调水立管，采用冷热水共用水管的两管制。

分区两管制空调系统能够准确识别建筑空调内外分区，按需供冷（暖），从需求侧减少了系统能耗，在冬季能明显提高空调舒适性的同时，实现运行节能。

本工程内区设有中庭，中庭高达 45.7m，形成的烟囱效应明显，为保证热舒适性，并减少运行能耗，需减少无组织进风。在首层进商场的位置设有门斗，并在最外侧门上方设置空气幕，其余位置均有较好的气密性。商场正常运行后，存在明显空调内外分区，即靠近出入口及外围护结构的外区，冬夏季空调需求明显；而内区则常年存在空调冷负荷。

办公楼采用变风量系统，采用四管制水系统，冷水管道接入组合式空调器，外区设置热风型变风量末端并拨接热水管道。分区变风量系统能较好地适应内区常年制冷、外区冬季制热的负荷特点，达到节能要求。

3. 冷却塔免费供冷系统

本工程设置了冷却塔免费供冷系统：冷却水直接与冷水通过板式换热器换热，在过渡季节、冬季内区有制冷负荷需求时，采用冷却塔供冷，实现节能。

冷却塔免费供冷设置冬季最低温度启动保护，在冷却塔冷却水可能结冰的时候，确保系统停止运行。

4. 一级泵变流量系统

空调制冷制热站选址时靠近空调负荷中心，以减少空调输送能耗。空调冷、热水泵均采用高效型，系统冷热水输送比均低于规范要求。

空调冷热水系统均采用一级泵变流量系统：空调末端设备采用比例积分调节阀、电动两通阀实现变流量运行，空调冷、热水泵均为变频控制，分别通过水系统供回水压差来实现水泵变频。按照最小冷水机组的最小流量设置旁通管道，保证变流量系统在低负荷时正常运行。

5. 游泳池空气—空气热回收系统

恒温游泳池空调系统采用"热回收系统"，将空调余热用于池水加热，并实现空调制冷制热、除湿池水加热，达到节能运行目的。

6. 全空气系统过渡季节全新风运行

对于面积较大的主力店、电影院等，采用了一次回风全空气系统。全空气系统可以在过渡季节根据室外空气焓值，采取全新风（配合排风系统）运行模式，利用室外低温空气作为室内空调冷源，实现节能。在夏季夜间温度较低时，开启空调机组并采用全新风运行模式，向商场内输送冷风，可以消除商场蓄热，降低第二天的空调冷负荷需求。

7. 根据二氧化碳浓度控制新风系统

本工程设置新风控制装置：商场内设置二氧化碳浓度探测器，根据二氧化碳浓度确定空调新风送风量。对于一次回风全空气系统，新风控制装置通过控制新风阀的开启度，实现新风送风量的控制。其余区域空调末端为新风机组加风机盘管（吊顶式空调器），新风控制装置通过空气新风机的启停控制室内二氧化碳浓度，达到节能目的。

8. 汽车库诱导排风系统+一氧化碳浓度控制

地下室汽车库采用诱导风机排风，减少设备层占用空间高度。通风系统通过一氧化碳浓度探测器，控制风机启停。在提高车库空气品质的同时，实现运行节能。

七、主要图纸

该工程设计主要图纸如图5～图7所示。

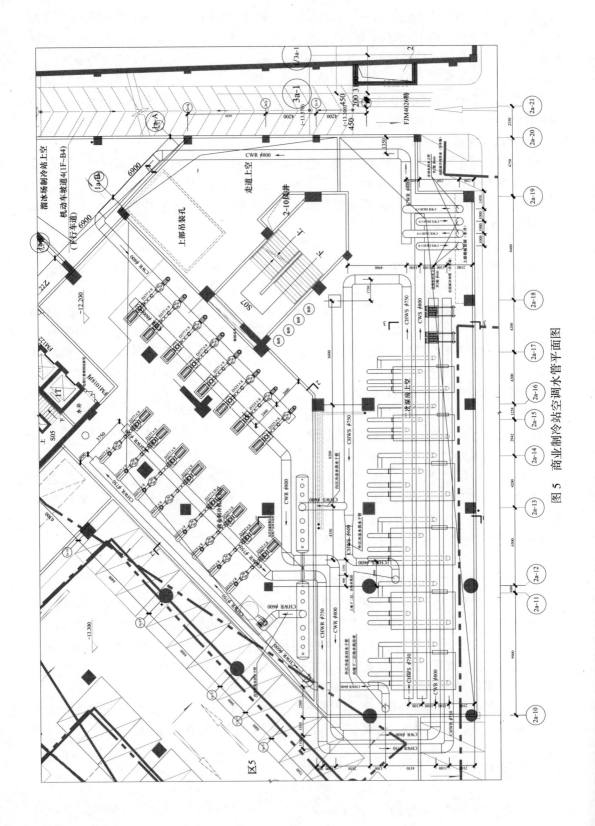

图 5 商业制冷空调站水管平面图

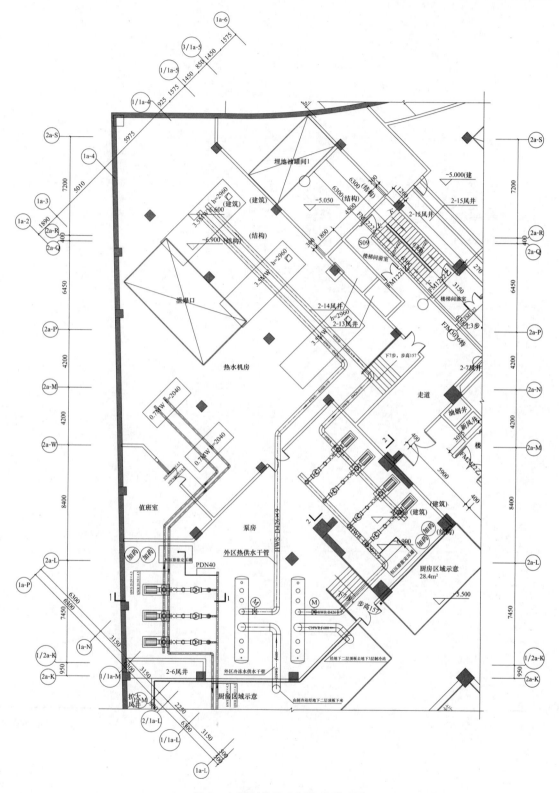

图 6 大楼制热站空调水管平面图

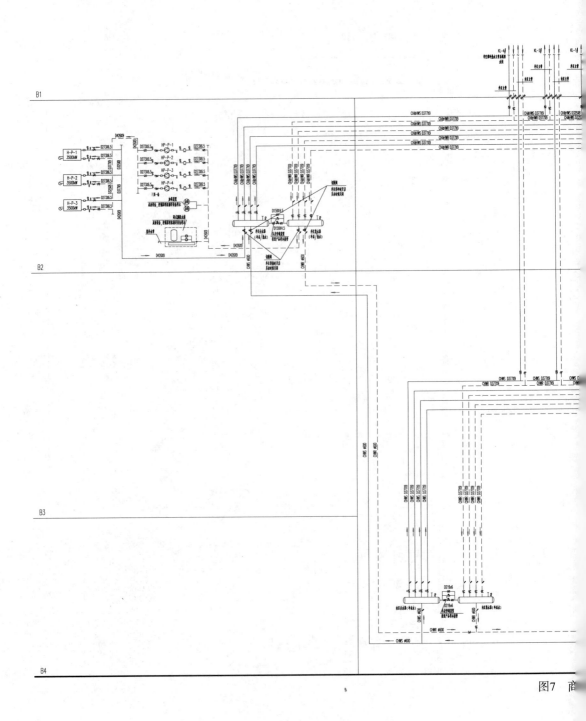

图7 商

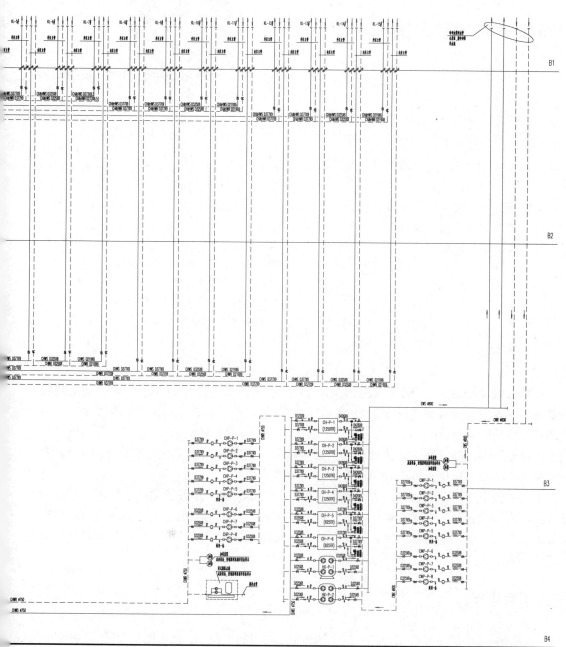

原理图

金域生物岛总部大楼①

- 建设地点： 广州市
- 设计时间 2012 年 10 月
- 竣工时间： 2015 年 10 月
- 设计单位： 广东省建科建筑设计院有限公司
- 主要设计人：刘坡军 祝　景 田彩霞
许国强 楼基足
- 本文执笔人：刘坡军 祝　景

作者简介：

刘坡军，高级工程师，注册公用设备工程师，2003 年本科毕业于南华大学建筑环境与设备专业，2017 年研究生毕业于华南理工大学动力工程专业。现在广东省建科建筑设计院有限公司工作。主要代表性工程：凯达楼、佛山新城商务中心项目一期工程、清远市档案馆综合楼、萝岗区 110 社会联动指挥中心、萝岗区法院审判大楼及配套设施、广州开发区科技企业加速器、中交集团南方总部基地（二期）工程等。

一、工程概况

金域检验总部位于广州市，主要开展医学检验、临床试验、食品卫生检验、司法鉴定等业务。在我国内地及香港设立了 33 家医学检验实验室，曾先后荣膺"中国医疗健康产业最具投资价值企业 TOP10"、"21 未来之星—中国最具成长性的新兴企业"、福布斯"中国潜力企业"等多项殊荣，并获批成立了医学检测技术与服务国家地方联合工程实验室、国家基因检测技术应用示范中心和博士后科研工作站。

本工程位于广州市生物岛，为金域生物岛总部大楼装修阶段设计项目，地下一层，为车库（不在本次设计范围），地上 8 层，地上总建筑面积 28562m²。地上分南楼和北楼，南楼地上 3 层主要功能为办公室，会议等功能，北楼地上 8 层，其中一～七层为各类实验室用房，八层为办公用房。地面以上高度 34.40m。

二、工程特点

1. 南楼地上 3 层主要功能为办公室，会议等功能，8h 工作制；北楼地上 8 层，其中一～七层为各类实验室用房，工艺排风量大，且对房间温度要求高，八层为办公用房，24h 三班倒工作制。需解决实验室实验时房间压差过大导致门难以启闭、夏季房间环境温度过高及空调能耗过大等问题。暖通专业须根据本项目的实际情况，采取多项切实有效的节能措施。

2. 北楼为各类实验室用房，其中质谱中心、细胞遗传技术室、病理取材室、大病理

---

① 编者注：该工程设计主要图纸可从中国建筑工业出版社官方网站本书的配套资源中下载。

技术室等，设有集中工艺排风，风量比较大，且温度要求较高。

3. 北楼基因室、PCR实验室，对空调洁净度及压力梯度要求较高。

4. 北楼电镜室设备对振动要求较高，要求上下层、毗邻区域不允许有动力设备。

5. 北楼气相室等设备散热较大，全年有制冷需求。

根据本大楼的地理环境实际情况及上述对暖通专业的设计要求，在设计时，考虑采用以下措施来满足要求：

1. 在现有土建条件限制下，因地制宜设置高效冷热源系统。

本项目原为广州市国际生物岛标准产业单元三期D栋大楼，广州金域医院检验中心有限公司购买下作为新总部大楼使用，因土建已经施工完成，且地下室物业不属于广州金域医学检验中心有限公司，地下室无条件设置制冷主机房，业主为了日后管理方便，要求设备全部设置在北楼屋面，考虑到设备质量较大，噪声较高，且屋面荷载无法满足设置离心式冷水主机或螺杆式冷水主机的条件，加之该项目又有冬季供暖需求，因此采用了高效水冷模块和高效风冷模块组合作为冷源热源的空调形式。单台高效水冷模块机组制冷量150kW，$COP \geqslant$ 4.98（国家二级能效标准是4.7，国家一级能效标准是5.0），单台高效风冷冷热水模块机组制冷量130kW，$COP \geqslant 3.38$（国家二级能效标准是3.2，国家一级能效标准是3.4）。七台高效水冷模块为一组，对应配置一套冷水泵及冷却水泵系统，共4组；6台高效风冷冷热水模块机组为一组，对应配置一套冷水泵，共2组；冷水系统变频控制。分组设置系统，且冷水变频控制，确保系统在各个负荷段，制冷机组、水泵均能高效率运行，大幅减少能耗。

2. 利用实验楼和办公楼运行的时间不一致，解决实验楼空调备用问题。

考虑到北楼各试验室工艺排风同时最大负荷开启的概率较低，且北楼要求24h空调，而南楼使用时间为8h，故将南北楼合为一套系统，南楼的设备可以作为北楼的备用，同时可以降低总空调装机容量。

3. 工艺通风系统采用变风量装置，减少运行能耗。

本大楼工艺排风量较大，且工作时间长（24h三班倒班工作制），对房间温度要求高，新风必须设置降温处理，因此空调负荷较常规民用项目高得多，如何最大限度地减少运行能耗是本工程设计的一个考虑重点。实验室通风柜排风支管安装变风量阀，应保证通风柜排量与通风柜运行状态相适应，有人操作时，通风柜调节门进风面风速始终为0.5m/s。无人操作时为0.3m/s。在通风柜调节门关闭时，应保证通风柜保持适当的最小排风量。实验室空调新风系统也设有变风量控制，根据排风量的多少调节新风量的大小，最大限度地降低空调新风能耗。

检验室空调通风与控制原理示意图如图1所示。

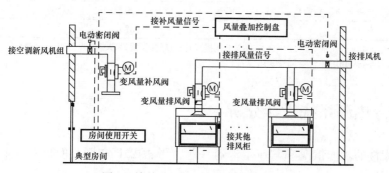

图1 检验室空调通风与控制原理图

4. 设置机房群控系统，进一步提高系统运行效率。

三、设计参数及空调负荷

1. 室外设计计算参数（见表1）

室外设计计算参数		表 1
	夏季	冬季
空气调节室外计算干球温度	34.2℃	5.2℃
空气调节室外计算湿球温度	27.8℃	—
空气调节室外计算相对湿度	—	72%
通风室外计算干球温度	31.8℃	13.2℃
大气压力	1004.0hPa	1019.0hPa

2. 主要房间室内设计参数（见表2）

	夏季温度（℃）	相对湿度（%）	冬季温度（℃）	相对湿度（%）	噪声标准[dB(A)]	新风量[m³/(h·p)]	排风量或小时换气次数	备注
实验室	26	≤60			≤55	按工艺要求		
办公室	26	≤60			≤50	30		
会议室	26	≤60			≤50	20		
公共卫生间	27						10~15h⁻¹	进风：负压吸入
地下汽车库							6	进风：≥65%排风量

3. 空调末端负荷（见表3）

空调末端负荷			表 3
空调区域（主要功能）	空调面积（m²）	夏季空调末端冷负荷（kW）	冬季空调末端热负荷（kW）
南楼（办公，会议）	5465	1065.2	266.3
北楼（一~七层工艺实验室，八层为办公室）	16797	2823.5	705.8
北楼工艺排风量/工艺空调补风量	211900(m³/h)/149500(m³/h)	工艺空调补风负荷：1812.8	工艺空调补风负荷：543.8
北楼洁净空调区域直流新风空调系统	54000(m³/h)	678	203.4
合计		6379.5	1719.3

注：工艺排风的补风由两部分组成：（1）对应工艺排风比较大的区域设置专门设置工艺空调补风设备；（2）个别分散的实验区域新风补风利用平时空调的新风设备。

四、空调冷热源系统设计分析

根据本大楼的功能情况和与业主沟通（北楼考虑24h空调）的要求，本工程采用如表4所示空调形式。

空调系统形式

表4

系统所担负的区域空调面积（m²）	系统末端总负荷（kW）	冷水机组					冷水泵数量（台）
		形式	数量（台）	单机容量（kW）	总装机容量（kW）		
22262	$Q_冷$：6379.5	水冷模块/风冷模块	28/12	150/制冷130（制热140）	制冷5760，制热1680		水冷：4台（互为备用），风冷：3台（2用1备）
冷水机组位置	冷却水泵数量（台）	冷水、冷却水泵位置	冷却塔位置	膨胀水箱	冷水系统最大工作压力（kPa）	冷却水系统最大工作压力（kPa）	
北楼屋面	4（互为备用）	北楼屋面	北楼屋面	北楼电梯厅屋面	700	300	

注：考虑到北楼各实验室工艺排风同时最大负荷开启的概率较低，且北楼要求24h空调，而南楼使用时间为8h，故将南北楼合为一套系统，南楼的设备可以作为北楼的备用，同时可以降低总空调装机容量。

五、空调水系统设计分析

南北楼合用一套集中空调水系统，空调冷水系统采用一级泵变流量系统。水平和竖向采用两管制异程式供水系统，供回水总管上设置压差旁通阀，为保证各管路末端水量达到设计要求，管路系统均设置平衡阀，调节水量。冷水泵、冷却泵、冷水机组采用一一对应的连接方式。在冷水系统上设置智能旁流综合水处理器和Y形直通式全自动压差排污过滤器，以达到防腐除锈及过滤杂质的目的，从而保证冷水机组、空调末端的运行效率并延长其使用寿命。冷却水系统：冷却塔设于屋面。采用变频调速的超低噪声冷却塔，冷却水供/回水温度为30℃/35℃，冷却水采用智能旁流综合水处理器和Y形直通式全自动压差排污过滤器。冷却塔补水由给水专业提供（水质需满足冷却塔补水水质要求）且设置计量表。冷却塔设置在线吸垢装置，确保冷却水质，保持冷凝器铜管内壁清洁，提高换热效率，延长机组使用寿命。

六、空调通风系统设计分析

1. 南楼一层大会议室等大空间，采用定风量一次回风单风机的全空气系统＋排风系统，过渡季可全新风运行。

2. 南楼办公室、会议室，北楼实验室、办公室、会议室等采用风机盘管（或吊顶式空调器）加新风的空调系统，南楼办公室排风由顶棚排气扇排至排风管井后通过屋顶排风机集中排至室外，北楼不单独设置排风系统，结合利用工艺排风作为平时的排风系统。

3. 新风采风口设置在无污染位置。

4. 新风机组、空调机组均设粗效过滤器，机组内的过滤器、冷凝水盘等采用抗菌材料。

5. 经对洁净区压差控制稳定程度需求的评估，同时考虑投资成本，采取压差控制方式维持洁净区房间压差。由压差传感器测量房间与参照区域的压差，然后与设定值进行比较，控制器根据比较后的偏差值，按照 PID 控制算法对房间送风量或排风量进行调整，从而维持房间压差的稳定。

七、防排烟系统

1. 防烟系统

（1）本工程为装修设计，楼梯间及前室防烟系统不改动。

（2）火灾探测报警系统和中控室控制加压送风机启动，并能现场手动开启加压送风机。

（3）合用前室常闭加压送风口由火灾探测报警系统和中控室控制，能现场手动开启并联锁加压送风机启动。

2. 排烟系统

满足自然排烟条件的场所采用可开启外窗进行自然排烟，不满足自然排烟条件的场所设置机械排烟系统。

设置机械排烟系统的主要场所：长度超过 20m 的内走道、面积超过 50m² 且经常有人停留的地下无窗房间、大堂、不满足自然排烟条件的中庭和面积超过 100m² 的地上无窗房间。

南楼大会议室、内走道、北楼三层前处理 3 等部分（无自然排烟条件的），均设机械排烟系统，每个防烟分区不大于 500m² 设计，地上部分采用自然补风。

八、空调节能效果分析

1. 变风量通风柜节能效果分析（以 1.5m 通风柜为例）

一般情况下，8h 工作时间内，处于工作状态的时间约为 5h，处于最大开启时间约为 0.5h，处于非工作状态的时间约为 2.5h。那么 8h 内需要的总排风量就可计算为：（1080×5）+（1296×0.5）+（1.5×0.025×0.3×3600×2.5）=6149.25m³，则一台 1.5m 通风柜每小时的排风量为：6149.25/8=768.7m³/h，设计参数为每台 1.5m 通风柜的排风量为 1700m³/h。因此，通过变风量系统的控制，实际排风量/设计排风量=768.7/1700=0.452。综合考虑，该系统将实验室的总能耗下降 50% 以上。

2. 实验室节能效果分析（见表 5 和表 6）

设计工况总耗电计算（实验室设计工况总补风量 190400m³/h）　　　　表 5

室外补风处理到室内空调工况所需的空调功耗（kW）	补风机耗电功率（kW）	排风机耗电功率（kW）	设计工况总耗电（kW）
476	28.2	88.15	595.35

变风量系统使用工况总耗电计算（节能按 50% 计算）　　　　表 6

室外补风处理到室内空调工况所需的空调功耗（kW）	补风机耗电功率（kW）	排风机耗电功率（kW）	使用工况总耗电（kW）
95.2	14.1	55	153

按实验室一天运行 12h，电价 1.03 元/kWh 计算，则每月节约费用为 56871 元。

3. 项目通过多项空调的节能技术，并利用实测数据对各空调设备进行参数调试，通过大楼的自控系统进行工况调节，得到了良好的节能效果。根据使用单位结合其空调用电情况，以及其旧总部大楼的用电情况，本项目空调运行能耗比旧总部大楼节能 20%～25%。

九、空调运行效果

空调系统完成运行一个供冷季和一个供暖季，夏季最热月和冬季制冷月实验室通风柜开启和关闭状态下测得夏季室内平均温度维持在 25℃，冬季室内平均温度维持在 16℃范围，为实验室提供舒适的实验环境，大大提高了实验人员的工作效率。其实验室工作时相对压差均维持在 30Pa，所有门的开关基本不受影响，实验环境受到金域员工的一致好评。

十、设计体会

本项目工艺通风采用变风量的方式，最大限度节约运行能量，同时解决了很多同类实验室存在的负压较大、实验室实验时通风时实验室门开启困难、室内空调效果差等问题，对于生物安全实验室类建筑的空调通风设计具有较强的借鉴意义。项目建成期后，因其良好的实验环境，受到南方医科大学、中山大学医学院等高校及附属医院参观学习并得到一致好评。

十一、工程照片

本工程相关实景照片，如图 2～图 4 所示。

图 2 高效风冷模块、冷却塔和工艺通风机布置图

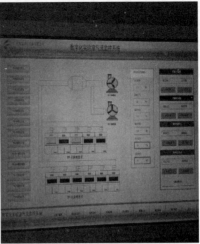

图 3 生物安全柜布置图

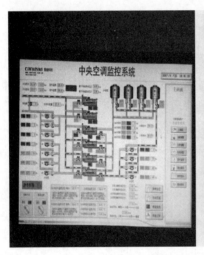

图 4 中央空调群控系统显示屏

佛山新城商务中心一期工程①

- 建设地点： 佛山市
- 设计时间： 2012 年 3～12 月
- 竣工日期： 2015 年 4 月
- 设计单位： 广东省建科建筑设计院有限公司
- 主要设计人： 许国强　刘坡军　田彩霞　祝　景　黎渭麟　周竟彬　马俊丽　林文卓
- 本文执笔人：许国强

作者简介：

许国强，教授级高级工程师，注册公用设备工程师（暖通空调）。广东省建筑科学研究院集团股份有限公司副总工程师，广东省建科建筑设计院有限公司副总工程师。从事暖通空调专业设计研究工作三十多年，完成暖通空调工程设计 100 多项；获全国绿色建筑创新奖二等奖 1 项、全国优秀工程勘察设计行业优秀建筑环境与能源应用专业二等奖 2 项、全国优秀设计三等奖 1 项，获广东省优秀设计一等奖 3 项、二等奖 6 项、三等奖 7 项。

一、工程概况

　　佛山新城商务中心是一座超大型商务中心，位于佛山市佛山新城区核心位置，总建筑面积为 46.1 万 m²，其中地上（计容）30.6 万 m²、地下 16.9 万 m²。项目分两期建设，本次为一期工程，总建筑面积为 28.83 万 m²：其中地上（计容）17.04 万 m²、地下 9.49 万 m²，建筑高度 31.8m、部分 23.1m，地上由 7 栋建筑群组成；二期工程为一栋超高层建筑，总建筑面积 17.27 万 m²。工程外景图及空调系统指标如图 1 和表 1 所示。

图 1　工程外景图

---

① 编者注：该工程设计主要图纸可从中国建筑工业出版社官方网站本书的配套资源中下载。

空调系统指标			表 1
空调建筑面积	118303m²	空调冷指标	70W/m²（总建筑面积）
空调冷负荷	20375kW		172W/m²（空调建筑面积）
空调设计冷量	23971kW	空调热指标	10W/m²（总建筑面积）
空调设计热量	3320kW		25W/m²（空调建筑面积）
空调工程投资概算	13590.04 万元	单方造价	471.39 元/m²

二、暖通空调系统设计要求

1. 设计参数的确定

室外设计计算参数（见表 2）

室外设计计算参数					表 2
参数 季节	干球温度（℃）		湿球温度 （℃）	相对湿度 （%）	大气压力 （kPa）
	空调	通风			
夏季	35.1	32.7	27.4	61	99.38
冬季	1.8	9.1		77	101.11

2. 主要房间室内设计参数（见表 3）

主要房间室内设计参数							表 3
房间功能	夏季		冬季		噪声标准 [dB(A)]	新风量 [m³/(h·p)]	排风量或 小时换气 次数
	温度 （℃）	相对湿度 （%）	温度 （℃）	相对湿度 （%）			
办公室	26	≤60	18		≤45	30	
大堂、中庭	26	≤60	16		≤50	10	
休息间	26	≤60	18		≤40	30	
办证大厅	26	≤60	18		≤50	30	
开标室	26	≤60	18		45	30	
教育培训	26	≤60	18		45	30	
税务事务所	26	≤60	18		45	30	
商旅服务	26	≤60	18		45	30	
房地产评估	26	≤60	18		45	30	
会议室	26	≤60	18		45	25	
资料室档案室	26	≤60	18		45	30	
文体活动中心	26	≤60	18		≤50	20	
阅览室	26	≤60	18		45	30	
1200 人大会议厅	26	≤60	18		40	25	
主台	26	≤60	18		40	30	

续表

房间功能	夏季		冬季		噪声标准 [dB(A)]	新风量 [m³/(h·p)]	排风量或小时换气次数
	温度 (℃)	相对湿度 (%)	温度 (℃)	相对湿度 (%)			
集散大厅	26	≤60	18		≤50	30	
600人多功能厅	26	≤60	18		40	25	
接待大厅	26	≤60	18		45	30	
餐厅	26	≤65	18		55	20	
洗消间	26	≤65	18		55	20	
棋牌间	26	≤60	18		45	30	
乒乓球室	26	≤60	18		45	30	
桌球室	26	≤60	18		45	20	
阅读	26	≤60	18		45	30	
健身房	26	≤60	18		45	30	
公共卫生间	27		18				10~15h⁻¹
多功能会议室	26	≤60	20		45	25	
图书阅览	26	≤60	20		45	30	
会客休闲	26	≤60	20		45	30	
休息前厅	26	≤60	20		45	30	6h⁻¹
展示场所	26	≤60	20		45	30	12h⁻¹
服务器房	23±2	45~65	20±2	45~65	<65	40	≥5h⁻¹
涉密屏蔽机房	23±2	45~65	20±2	45~65	<65	40	≥5h⁻¹
中央控制室	23±2	45~65	20±2	45~65	<65	40	≥5h⁻¹
主控机房	23±2	45~65	20±2	45~65	<65	40	≥5h⁻¹
通讯机房	23±2	45~65	20±2	45~65	<65	40	≥5h⁻¹
综合配线间	23±2	45~65	20±2	45~65	<65	40	≥5h⁻¹
地理信息机房	23±2	45~65	20±2	45~65	<65	40	≥5h⁻¹
托管机房	23±2	45~65	20±2	45~65	<65	40	≥5h⁻¹
装备器材室	23±2	45~65	20±2	45~65	<65	30	≥5h⁻¹
监控室	23±2	45~65	20±2	45~65	<65	30	≥5h⁻¹

注：表中"排风量或小时换气次数"为不开空调期间换气要求或气体灭火房间事后排风要求。

3. 功能要求

佛山新城商务中心一期工程的地上部分功能布局：由 A1、A2、A3、B、C1、C2 及 C3 栋组成，其中 B 栋为大型会议中心（包括 1200 人大型会议礼堂、600 人和 250 人会议厅、60 间 40~60 人会议室及信息发布大厅、中西式会议接待大厅等），A1 栋为数据中心、指挥中心及商务办公区，A2 栋为商务办公区、A3 栋为 5000 人大型食堂、康体中心，C1、C2 及 C3 栋为对外服务中心和商务办公区。业主要求对工程各功能房间进行冬、夏季空调系统设计，并对后期空调运行节能以及管理维护便利性比较重视。

4. 设计原则

合理选择空调冷热源系统，很好地满足了项目规模大、功能复杂、标准要求高、使用时间不一致的要求，同时保障了用户"保证空调效果，合理控制投资，降低空调系统运行费用"的需求。

三、暖通空调系统方案确定

1. 冷热源方案的确定

方案阶段，项目组根据项目功能、负荷特点及业主需求，对各栋单体建筑合理选用空调系统：

（1）B 栋会议中心和 A3 栋员工食堂、康体中心均为大空间场所，人员密度大，单位面积空调负荷大，B 栋和 A3 栋负荷高峰时段不一致，选用集中式空调系统有利于降低系统冷热源总负荷配置，减小初投资；主机采用两大一小搭配，同时满足负荷高峰供冷运行和部分负荷高效运行要求；空调水泵采用变频调节，有效降低空调水系统输送能耗；B 栋和 A3 栋相邻，地下层连通，供冷半径也在节能可控范围，所以 B 栋会议中心和 A3 栋员工食堂、康体中心合用一套集中空调系统，夏季采用水冷集中式空调系统，冬季采用风冷螺杆式热泵空调系统。

（2）C1、C2 及 C3 栋一、二层对外服务中心为大空间场所，空调末端采用全空气系统，使用时间集中，选用集中式空调系统。

（3）A1～A3、C1～C3 栋商务办公区采用一次冷媒变流量多联集中空调系统（冷暖型），选用高效变频多联空调，其单模块的 $IPLV(C) \geqslant 4.5$（国家一级能效标准是 3.6），部分负荷下效率高，同时满足上班高峰负荷和加班部分负荷空调要求，使用灵活，管理简便，节省空调运行费用。

（4）A1 栋数据中心设置独立的集中空调系统，采用离心式主机，设置 1 台备用，供/回水温度按 12℃/20℃ 设计，末端采用下送风的恒温恒湿空调，配 EC 风机，机柜按冷热通道设置。

（5）A2 栋数据机房和监控中心等设恒温恒湿空调系统，采用地板下送风形式系统形式。

2. 水冷空调系统的节能设计方案

（1）本工程 B 栋和 A3 栋采用蒸气压缩式冷水机组集中空调系统，空调系统末端（风机盘管及柜式空调器）变流量运行，由电动两通阀控制末端设备的流量变化，冷水泵采用变频调节，以适应因冷负荷变化引起的末端设备冷水流量变化。

（2）本工程 B 栋和 A3 栋空调系统采用两台离心式冷水机组加一台带热回收的螺杆式冷水机组。相比普通冷水机组，带热回收的螺杆式冷水机组增加了一个热回收器，独立连接生活热水系统，冷水机组热回收冷凝器的热回收量为 440kW，大大节省了空调季节生产生活热水的热泵机组的运行费用。

3. 多联空调系统室外机摆放方案

为了减小制冷剂管长和室内外机高差导致的冷量衰减，通常会选择在建筑每层设置空调机房，这样不仅浪费了本层的有效建筑面积，而且受建筑外立面的限制，空调机房通常会设置在建筑各层的同一位置，在夏季制冷条件下，下方机组排出的热气流在热压作用下上升，部分被位于上方的机组吸入，其工作环境温度升高，导致高层部分机组的工作温度过高，机组效率下降，严重时甚至会导致机组停机。综合以上各点考虑，结合本项目设置多联空调系统的办公楼总建筑高度仅 31.8m，选择将各栋办公楼的室外机集中布置在屋面层，冷媒管竖向高差为 31.8～5＝26.8m（首层室内机安装高度为 5m 左右），制冷剂管长和室内外机高差导致的冷量衰减均在可接受范围内。

4. 多联空调系统的新风空调方案

本工程办公楼新风系统采用板管蒸发式冷凝全热回收新风空调热泵机组，按竖向集中设置新、排风系统，新风空调室内、外机均设在天面，通过设置竖井将处理后的新风送到各层办公房间内，房间排风也通过竖井集中排至天面，作为板管蒸发式冷凝全热回收新风空调热泵机组的冷凝风，回收排风热量，达到节能目的，同时也减少在每层办公楼层设置新风机房所占用的建筑面积，避免新风机组运行噪声对周围其他办公房间的影响。

5. 人员密度高、新风量需要大的会议室和餐厅的空调及新风空调方案

（1）B栋为大型会议中心（包括 1200 人大型会议礼堂、600 人和 250 人会议厅、60 间 40～60 人会议室及信息发布大厅、中西式会议接待大厅等），各会议室房间的特点是人员密度大、新风量需求大、新风负荷占空调房间总负荷的比例大，新风机组设置能量回收装置回收排风的冷量，减少处理新风所需的能量，降低机组负荷，节能效果显著。并且中小型会议室根据区域划分多个新风系统，每个新风系统负担数间会议室，新风机组选型考虑同时使用系数，避免大马拉小车造成的能量浪费，更好地提高空调系统的经济性。1200 人大型会议礼堂、600 人和 250 人会议厅等大空间场所采用全空气系统，空调系统采用带转轮热回收全空气处理机组进行热回收。中小型会议室采用风机盘管＋新风系统方式，新风系统采用带转轮热回收新风处理机组进行热回收，热回收原理如图 2 所示。

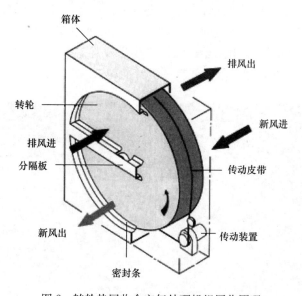

图 2　转轮热回收全空气处理机组回收原理

（2）餐厅也是人员密度大、新风量需求大、新风负荷占空调房间总负荷的比例大的功能房间，考虑存在气味交叉污染，采用转轮热回收不适合，因此餐厅部分采用非接触式全热回收方式——蒸发热回收的全空气机组，热回收原理如图 3 所示。

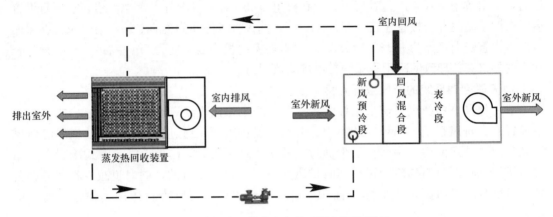

图 3　蒸发热回收全空气处理机组回收原理

6. 高大空间的气流组织方案

B 栋会议中心 1200 人会议厅气流组织方案：多功能厅观众席占地 $1056m^2$，层高 21.3m，观众席座椅呈阶梯式分上、下两层设置。由于观众席下部为其他建筑功能，其设备走管空间有限，建筑条件不适合在观众席下方设置风管送风的下送风方式；会议室观众席四周均设有多孔吸声板，送风口无法进行侧送设置，同时，装修专业也不允许送风管道在会议室两侧明装或者装饰外包，而且观众席对噪声控制也相对严格，设置喷口高速射流产生的气流噪声也不可忽视，故分层空调也不适用于本观众厅。综合以上考虑，最后大会议室的空调方式选择传统顶送风方式，处理后的低温空气通过顶棚设置的旋流风口，将空气以螺旋状送出，产生相当高的诱导比，使送风与周围室内空气迅速混合。整个风口在多股射流作用下，产生一团涡流，涡流中心区域形成一个负压区，诱导室内空气与送风混合。回风设置在距起始第一排座位建筑标高高 500mm 的位置如图 4 和图 5 所示。由于此空气方式通风量大，故需要采用露点送风，提高送风温差，减少送风量，降低输送能耗，采用带转轮热回收的空气处理机以降低空调运行能耗。

图 4　1200 人大型会议礼堂实景照片

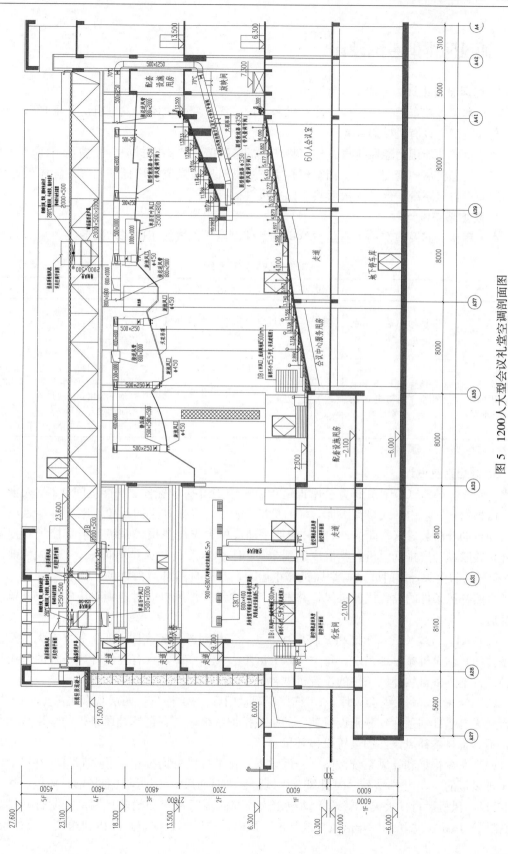

图5　1200人大型会议礼堂空调剖面图

四、通风防排烟系统设计

1. 通风系统设计

（1）本工程在车库、卫生间、冷水机房、垃圾房、变配电室、发电机房、水泵房、库房、电梯机房等设有机械通风系统。

（2）特殊功能用房通风排气：建筑物产生的各种废气均高空排放，以满足当地有关环保要求。信息机房、变配电房、档案资料室、数据机房、发电机房储油间等设气体灭火系统的房间设排风系统，保证灭火后将室内灭火气体排出。

2. 防烟系统设计

本工程楼梯间及前室均不满足自然排烟条件，设置机械加压送风防烟系统（见表4）。

机械加压送风防烟系统　　　　　　　　　　　　表4

位置	送风部位	送风口形式	加压风机位置	备注
楼梯间及其前室	楼梯间送风（前室不送风）	每隔2～3层设常开风口	风机设在单独风机房或屋面	楼梯间风口采用自垂百叶风口，或单层百叶风口，前室采用全自动正压送风口；楼梯间地上、地下合用正压送风机（风量叠加）
楼梯间及消防电梯合用前室（消防电梯前室）	楼梯间及合用前室（消防电梯前室）分别送风	楼梯间每隔2～3层设常开风口；前室每层设常闭风口	风机设在单独风机房或屋面	合用前室（消防电梯前室）地上、地下合用正压送风机；各系统均设有防超压措施，通过风机出口风量调节阀门调节控制

注：楼梯间50Pa，前室25Pa。

3. 排烟系统设计

（1）A1～A3，C1～C3栋办公室走道和B栋内走道及B栋各层功能房间（250人会议厅，信息发布厅，中西式接待大厅，600人多功能厅）等排烟竖向设置，电动排烟风口设手动和自动开启装置（常闭），火灾时就地手动或由火灾探测报警系统、消防控制室控制打开，并联锁开启排烟风机，当温度达到280℃时，280℃的防火排烟阀关闭。在风机前设有280℃的防火阀，同时联动排烟风机停止运行，具有自然补风条件的采用自然补风，不具备自然补风条件的设置机械补风，并根据各区电动排烟风口同时连锁对应的消防补风系统开启。

（2）A1～A3，C1～C3栋和B栋中厅，一、二层对外服务大厅，职工餐厅（无自然排烟条件的）均设机械排烟系统，每个防烟分区不大于500m²，具有自然补风条件的采用自然补风，不具备自然补风条件的设置机械补风。

（3）B1栋1200人大会议厅，B1栋二层观众门厅，B1栋三、四层观众集散厅，B1栋主台（无自然排烟条件）分别设置独立的机械排烟系统，具有自然补风条件的采用自然补风，不具备自然补风条件的设置机械补风。

（4）车库排烟和补风系统按防烟分区设置，排烟排风量均按6h⁻¹换气设计。补风量不小于排风量的80%，排烟与平时排风合用风机。平时通风时，排风（兼排烟）风机及送风（兼补风）风机运行。火灾时就地手动或由火灾探测报警系统和消防控制室控制打开排烟（兼排风）风机。并联锁打开送风（兼补风）风机，排风（兼排烟）风机和送风（兼补风）

风机运行排烟。

五、控制（节能运行）系统

本项目通过多项空调自控调节，满足节能运行需求，得到了良好的节能效果，大幅度减少了各栋建筑的空调运行能耗。

1. 变频多联集中空调室外机的控制：各个系统的空调末端与对应的空调室外机连锁运行，根据系统的冷负荷变化即系统总回气管的压力变化，自动控制空调室外机的投入运转台数及变频控制（包括室外机相应风扇）。

2. 变频多联集中空调室内机的控制：各个系统室内空调末端由设在区域内的遥控器（或线控）根据室内的温度控制；同时，室内末端还可接受设在总控制室的集中控制器的远程控制，达到提前开机、监视末端运行工况的目的。在遥控器（或线控）与集中控制器之间的协调上，设计建议：对于内部人员使用的区域，在正常的工作时间，室内遥控器后介入而享有优先控制权；在非工作时间，集中控制器享有优先控制权。对于公共区，集中控制器享有优先控制权。以达到灵活使用的同时加强系统的管理。

3. 根据冷量控制冷水机组运行台数，根据热量控制风冷热泵机组的运行台数。

4. 冷水泵变频控制：冷水泵变流量运行，根据冷量用自动监测流量温度等参数计算出冷量，自动发出信号，控制水泵变频运行，控制水泵变频的下限频率为其标准频率的 70%。

5. 冷却塔出水管上设温度传感器，根据出水温度控制冷却塔风机的转速；冷却塔电动水阀与冷却塔风机应联锁控制。

6. 空调机组新风量调节：夏季和冬季按最小新风比运行，过渡季节有条件时全新风运行，新风量不小于送风总量的 50%，空调机组温度调节：根据回风温度控制盘管水路电动调节阀开度。

7. 新风机组温度调节：根据送风温度控制盘管水路电动调节阀开度。

8. 风机盘管根据室内温度控制盘管水路电动两通阀启闭，设三挡调速温控器，就地手动控制风机启停、转速和季节转换。

六、工程主要创新及特点

本工程通过合理选择空调冷热源系统，很好地满足了项目规模大、功能复杂、标准要求高、使用时间不一致的要求，同时保障了用户"保证空调效果，合理控制投资，降低空调系统运行费用"的需求。本工程通过多项空调节能技术，取得了良好的节能效果，大幅度减少了各栋建筑的空调运行能耗：（1）采用水泵变频技术，每年节能的运行费用约 27 万元；（2）冷主机组采用热回收技术，每年可节省运行费用约 15.8 万元；（3）新风系统采用高效板管蒸发式冷凝全热回收新风空调机组，回收显热和潜热后，可使机组制冷量可提高 5.3%，能效比提高 8.5%；（4）全空气系统空调机组根据室内空调运行情况分别采用转轮热回收技术和蒸发热回收技术，达到系统节能运行；（5）空调废热回收，为员工食堂、康体中心提供免费生活热水，每年节省运行费用约 15.8 万元。

雅砻江流域集控中心大楼
暖通空调设计①

- 建设地点： 成都市
- 设计时间： 2007 年 5 月～2010 年 5 月
- 竣工日期： 2013 年 2 月
- 设计单位： 中国建筑西南设计研究院
  有限公司
- 主要设计人：刘明非　何伟峰
- 本文执笔人：何伟峰

作者简介：

刘明非，教授级高级工程师、注册公用设备工程师。1984 年毕业于重庆建筑工程学院供热与通风专业。现任中国建筑西南设计研究院设计六院总工程师。设计代表作品：四川省博物馆、四川省图书馆、巴基斯坦人马座项目、阿尔及利亚外交部大楼、天府 VILLAGE 等。

一、项目概况

本工程位于成都市，项目分两期建设，一期为集控中心办公大楼，二期为办公辅助建筑及两栋楼之间的连廊，建筑总面积为 64790m² （见图 1）。

图 1　项目外观图

一期集控中心大楼是以办公、集控机房性质为主的办公类建筑，地上 25 层、建筑高度 99.9m，属一类高层建筑，其中一～二层主要功能为大堂、职工活动、会议，二、三层主要功能为集控中心机房，五～六层为档案室，其余层均为办公、会议等。二期主要功能为值班、宿舍及食堂，地上 5 层、建筑高度为 21.6m。一、二期地下室连通，共两层，地

---

① 编者注：该工程设计主要图纸可从中国建筑工业出版社官方网站本书的配套资源中下载。

下二层为汽车库，地下一层为汽车库和设备机房。

暖通空调工程投资结算为 2725 万元，单方建筑面积造价为 420 元/m²。建筑面积冷负荷指标为 70W/m²、热负荷指标为 43W/m²，空调面积冷负荷指标为 147W/m²、热负荷指标为 85W/m²。

二、空调设计

1. 室外空气计算参数（见表 1）

室外空气计算参数　　　　　　　　　　　　　　　　　　　　　　表 1

	空调计算干球温度	31.6℃
夏季	空调计算湿球温度	26.7℃
	空调计算日平均温度	28℃
	通风计算温度	29℃
	平均风速	1.1m/s
	大气压力	947.7hPa
	空调计算干球温度	1℃
冬季	通风计算温度	6℃
	空调计算相对湿度	80%
	平均风速	0.9m/s
	大气压力	963.2hPa

2. 室内空气设计参数（见表 2）

室内空气设计参数　　　　　　　　　　　　　　　　　　　　　　表 2

名称	夏季		冬季		新风量标准 [m³/(h·p)]	噪声标准 [dB(A)]
	温度 (℃)	相对湿度 (%)	温度 (℃)	相对湿度 (%)		
办公室、值班室	25	<65	20	>35	30	<45
会议室、培训教室	25	<65	20	>35	30	<50
大堂、参观大厅	27	<65	18	>35	10	<55
职工活动、棋牌室	25	<65	20	>35	30	<50
通信机房室、通信盘柜室	24±2	55±10	20±2	55±10	30	<55
二次计算机房	23±2	55±10	20±2	55±10	30	<55
二次通信电源室	25±2	55±10	18±2	55±10	30	<55
档案库	26±2	55±10	20±2	55±10	30	<55

3. 功能要求

项目需要提供大楼舒适性空调，集控机房、通信机房、计算机房、档案库等需要提供全年、全天 24h 恒温恒湿空调。

4. 设计原则

暖通空调设计旨在为业主提供一个舒适的室内工作环境，设计过程中围绕三个原则推进：满足大楼最基本的空调、通风、防排烟功能；坚持卫生、安全、环保及节能的设计理念；方便后期维护与运行管理。

5. 空调冷热负荷及冷热源

该项目一、二期工程计算总冷负荷为 4551kW，总热负荷为 2630kW。项目负荷的特点是白天办公为集中负荷时段，档案库、集控机房全天 24h 均有负荷，夜间有宿舍、办公室加班负荷，白天外勤人员较多、夜间加班不确定性强，冷负荷变化较大。此外，一期工程和二期工程有几年的间隔周期。按此特点，冷冻站确定采用 4 台水冷式螺杆机组的配置，该机组冷量可在 10%～100%负荷间无级调节。热水机组采用两台燃气型真空热水机组。夏季冷水供/回水温度为 7℃/12℃；冬季空调热水供/回水温度为 60℃/50℃。

6. 空调水系统

空调水系统为一级泵压差旁通两管制变流量系统，高位膨胀水箱定压、补水。空调循环水的水处理方式为设置水过滤器和全程水处理器。空调水系统分为 5 个环路。空调水系统设计为垂直异程、水平同程式，水力平衡问题由设置在水平支管上的平衡阀解决。

7. 空调方式及气流组织

大堂、大会议厅、集控机房等区域采用全空气空调系统，其中大会议厅为双风机系统，其余均为单风机系统。空调机房就近设置，空气处理机组采用柜式或组合式空调机组。所有全空气系统均可实现全年变新风量运行，最大新风比大于 70%，以便在适宜气候条件下利用新风作为"免费"冷源，减少冷水机组的运行能耗。办公室、会议室、宿舍等采用风机盘管加新风的空调方式，新风机就近设置在机房内。对处于内区的办公室、会议室等，为防止内区房间冬季出现过热现象，将该部分新风系统独立设置，以利于采用室外新风降低室内温度。

通信机房室、计算机房等需要全年供冷，设置恒温恒湿空调机组，恒温恒湿空调机组设置双冷源，当集中空调冷源开启时，由冷冻站提供冷水，其他季节由机组完成制冷，其风冷冷凝器设置在屋面。

三、通风及防排烟设计

一期主楼外围护结构采用混合式呼吸玻璃幕墙，空调季节室内的排风通过呼吸幕墙的夹层后采用集中机械排风系统排至室外。内区房间设置机械排风系统。项目各设备用房、卫生间、厨房、车库等均设置机械排风系统，有自然进风的采用自然进风，无条件的采用机械进风。

一期主楼地上大于 100m² 的办公室、会议室等由于设置了双层混合式呼吸幕墙，不利于自然排烟，故采用了机械排烟系统。本项目其余防排烟系统按国家相关规范设计，无特殊系统。

四、项目技术特点

1. 双层混合式呼吸幕墙结构的应用与自然通风

作为西南地区首个大型呼吸式玻璃幕墙的公共建筑项目，设计团队研究考察了国内外众多案例，结合成都地区气候特点，对在过渡季节如何利用好室外新风自然通风这一问题上进行了专题研究，采用了 CFD 模拟计算，创新地推出了西南地区第一例混合式呼吸幕墙建筑：将外呼吸幕墙与内呼吸幕墙的功能结合应用，使呼吸幕墙既可以在腔体内排风将室内废热排出也可以引进室外新风自然通风（见图 2）。

图 2　双层混合式呼吸幕墙结构

大楼南北向设置内外混合式呼吸双层低辐射玻璃幕墙，空调季节室内排风经过幕墙夹层，集中排放，以减少围护结构负荷。非空调季节利用幕墙上的特殊构件转换为室外新风直接进入室内，通过建筑内部房间各处设置的高窗，利用风压、热压的作用，进行自然通风，以充分利用新风改善室内环境，达到节能目的。

夏季：当外界温度高于设定的室内舒适温度，排风机开启，将吸收太阳能的热气流经双层幕墙腔体排到室外。夜晚，当室外温度低于室内设计温度时，室内通风口开启，建筑利用夜间室外新风通风降温，建筑蓄冷，以降低白天空调能耗。

春秋季：当外界温度低于设定的室内舒适温度时，通过特殊构件全部打开通风口，移开夹胶玻璃移门，打开各房间高窗，依靠风压、热压作用，加大新风引入量，降低空调使用率，以利于节能。

冬季：有太阳辐射时，所有风口关闭，腔体内的空气起着缓冲隔热的作用；无太阳辐射时，排风机开启，室内热空气流经双层幕墙腔体排到室外，降低空调能耗。

本项目双层混合式呼吸幕墙的设计，满足了建筑立面的需求（曲面设计大部分地方不支持开窗），减少了空调系统能耗，在过渡季节有效利用了室外新风，同时也解决了室外环境（主楼临交通主干道）的隔声问题，经实际运行测试，该幕墙基本达到了最初设计要求。

2. 控制中心双冷源设计，确保机房恒温恒湿

集控中心的主机室、计算机房、网络机房等全年、全天不间断使用，由于主机室内设备发热量大、负荷复杂，设计团队在设计中与工艺充分配合，准确计算设计负荷。本项目设置若干双冷源的恒温恒湿空调机，夏季采用集中空调冷源，其他季节采用风冷冷凝器的备用系统，使任意一台设备的检修均不会影响到机房的恒温恒湿要求，且能效比最大化。

3. 优化冷热源方案，设置能源管理系统，参与调试，优化空调自控系统

项目在全年动态能耗计算分析的基础上优化冷热源的选择，确保冷冻机在最大能效比状态下满足各季节、各时段负荷，按此原则配备冷冻机。冷水泵、热水泵采用变频泵，冷冻站设置机房能源自动管理系统，设计人员参与系统调试，分析设计数据与实际测试数据的偏差，优化自控以降低空调能耗，使项目实际运行基本达到了的设计要求（见图 3 和图 4）。

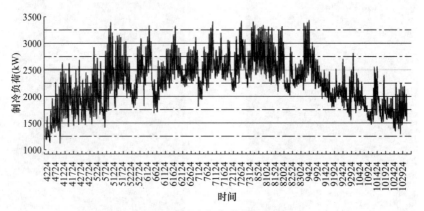

图 3 夏季负荷变化曲线

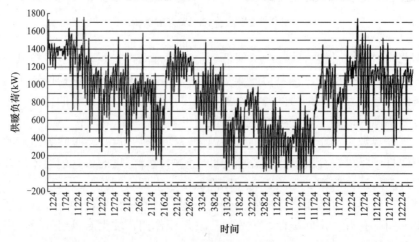

图 4 冬季负荷变化曲线

4. 与建筑专业立面充分协调，实现全新风运行

在不影响外立面的前提下，与建筑幕墙专业充分配合，使所有全空气系统实现过渡季节全新风运行，最大限度利用室外新风，节约能源。

5. 内区房间的空调与节能

主楼裙房部分主要为集控中心枢纽功能房间，建筑空间相对密闭，建筑体量大，形成了内外分区，设计采用内外区分别设置新风系统的方式，同时在内区加设机械排、送风系统，以便在冬季和过渡季节充分利用室外低焓值空气作为"免费能源"来提高室内舒适度及空气品质，从而降低运行费用。实测显示，系统使用良好。

五、项目运行情况

在 2013～2015 年的两年多时间里对项目的使用情况进行了跟踪调查，对部分数据进行了测试并得出统计结果，大楼在 2013～2015 年期间每年的单位面积总用电量指标在 94kWh/(m² · a) 左右，与夏热冬冷地区同类调度中心类办公建筑的年总用电量水平一般在 110kWh/(m² · a) 左右相比较，有一定幅度的降低，平均每年节约建筑用电量 110 万 kWh，每年可节约运行费用约 86 万元，2013～2015 年累计节省运行费用约 258 万元。

项目基本达到了最初设定的绿色、舒适、节能的设计目标，满足甲方对室内环境的要求以及节能的要求，得到了甲方和有关方的充分肯定。

上海东方肝胆医院

- 建设地点： 上海市嘉定区
- 设计时间： 2008 年 12 月
- 竣工日期： 2015 年 10 月
- 设计单位： 上海建筑设计研究院有限公司
- 主要设计人：朱学锦　朱　喆　赵　霖
　　　　　　　朱南军　沈彬彬　边志美
　　　　　　　张伟程　干　红
- 本文执笔人：朱　喆

作者简介：

朱学锦，高级工程师，1995 年毕业于东华大学暖通专业。工作单位：上海建筑设计研究院有限公司。主要设计代表作品：上海植物园展览温室、邓小平故居陈列馆、上海浦发银行信息中心、厦门长庚医院、上海港国际客运中心、上海国际金融中心等。

一、工程概况

本工程位于上海市嘉定区安亭镇，占地面积 94825m²，建筑面积 177000m²，总床位数 1102 床。地块内有 2 幢 13 层的病房楼（建筑高度 58.1m）、1 幢 4 层医技楼（建筑高度 20.4m）、1 幢 8 层康复治疗中心/健康体检中心楼（建筑高度 36.4m）、1 幢 4 层行政管理与培训中心楼（建筑高度 17.2m）及其他配套设施，同时预留 1 幢 500 床病房楼的空间。日门诊人数 4000 人，医护人员 2500 人。

该项目于 2008 年立项，2011 年开工，2015 年 10 月通过竣工验收。空调冷负荷指标为 89.5W/m²，热负荷指标为 62W/m²，空调工程投资概算为 9389 万元，单方造价约 520 元/m²。

二、暖通空调系统设计要求

1. 设计参数确定（见表 1）

主要房间室内设计参数　　　　　　　　　　　　　　　　　　　表 1

房间名称	夏季		冬季		新风量 [m³/(h·p)]	噪声标准 [dB(A)]	备注
	温度 (℃)	相对湿度 (%)	温度 (℃)	相对湿度 (%)			
病房	25	60	22	40	2 次/h	≤40	
消毒中心	26	60	21	35	25	≤50	
手术室	24	55	24	40	80	≤45	正压
污洗间	26	65	18	—	20	≤45	负压
抢救室	24	50	22	40	50	≤45	

续表

房间名称	夏季		冬季		新风量 [m³/(h·p)]	噪声标准 [dB(A)]	备注
	温度 (℃)	相对湿度 (%)	温度 (℃)	相对湿度 (%)			
治疗室	24	50	22	40	30	≤45	
清洁走廊	26	65	18	40	20	≤45	正压
洁净走廊	26	65	18	40	20	≤45	正压
ICU 重症监护	25	55	23	40	≥2 次/h	≤40	
医疗设备机房	24	50	23	40	40	≤45	
药房	25	60	18	40	30	≤45	负压
X 射线、放射科	24	60	21	40	50	≤45	负压
普通实验室	26	60	20	40	40	≤45	负压
门诊大厅	26	65	16	40	25	≤50	
各科诊室	25	65	20	40	2 次/h	≤45	

2. 功能要求

医院是各类患者相对比较集中的地方，也是空气微生物污染的重要场所，医院内空气品质的优劣除了影响就医人员和医护人员的舒适性外，还直接关系到院内感染率发生的高低。空调系统的任务就是通过对尘菌浓度、温度、湿度、气流、噪声、气味等指标的控制，为病人和医护人员提供一个保证治疗、有利康复的良好空气环境。

同时，空调系统也要服务于大型医疗设备，为这些精密电子设备提供合适的空调环境。

3. 设计原则

项目的设计原则是充分利用可再生能源、废热、余热，合理设计空调系统来降低运行成本，以满足医院室内环境要求。

三、空调冷热源方案及输配系统

本项目冷热源主要以大型综合性医院常用的电制冷冷水机组＋锅炉为主，考虑到场地有约 2 万 m² 的绿化面积可作为地源热泵埋管区，可以采用地源热泵系统供应部分冷热负荷。本项目污废水处理采用二级生化消毒处理，达标后再排入市政排水系统，全日污水设计排放量为 1408.5m³。对该医院总院污水处理站的水温进行了全年测试，污水站出水池全年水温在 15～28℃之间，因此本项目采用污水源热泵系统。

1. 方案比较

地源热泵系统的投资费用较传统的电制冷＋燃气热水锅炉高，但运行费用比后者低，该系统的年运行时间越长，投资回收的年限越短。方案阶段，对方案 1（一个冷热源）和方案 2（两个冷热源）进行了投资和运行费用的分析（见表 2 和表 3）。

冷热源设备配置

表 2

	冷热源设备配置		
方案 1	总冷负荷：15170kW	3 台 4220kW 离心式冷水机组 2 台 1400kW 螺杆式冷水机组	
	总热负荷：10574kW	3 台 3500kW 燃气热水锅炉	

续表

方案 2	门急诊医技冷负荷：11064kW	2 台 4220kW 离心式冷水机组 2 台 1400kW 螺杆式冷水机组
	门急诊医技热负荷：7730kW	3 台 3000kW 燃气热水锅炉
	病房楼冷/热负荷：4106kW/2844kW	2 台 1400kW 螺杆式地源热泵机组 1 台 1400kW 螺杆式冷水机组

经济性比较 表 3

	初投资（万元）	全年运行费用（万元）	备注
方案 1	1322	363	基础数据：电价 0.9 元/kWh， 燃气 4.4 元/Nm³
方案 2	1688	277	

采用地源热泵系统增加的初投资约用 4.2 年收回，因而得到业主认可。

2. 冷热源配置

根据冷热源方案比较情况，结合地埋管系统所能承担的负荷以及项目负荷分布特点，确定病房楼采用地源热泵系统，其他区域采用电制冷冷水机组＋燃气锅炉，因此本项目分设 2 个能源中心，其主要设备配置见表 4。

能源中心的主要设备配置 表 4

	能源中心 1	能源中心 2
位置	医技楼地下室	病房楼地下室
服务区域	急诊、门诊、医技、手术室和康复中心	两幢病房楼
计算冷负荷/热负荷	11064kW/7730kW	4106kW/2844kW
冷源	2 台 4220kW（1200rt）离心式机组 2 台 1400kW（400rt）螺杆式机组	2 台 1400kW（400rt）螺杆式地源热泵机组 1 台 1400kW（400rt）螺杆式冷水机组 1 台 204kW（58rt）污水源热泵机组
热源	3 台 3000kW 燃气热水锅炉 2 台 1.5t/h 蒸汽锅炉	
冷水供/回水温度	6℃/13℃	7℃/12℃
冷却水供/回水温度	32℃/37℃	32℃/37℃
锅炉热水供/回水温度	90℃/70℃	
空调热水供/回水温度	60℃/45℃	45℃/40℃

能源中心 1 中，燃气热水锅炉为空调热水和生活热水服务，蒸汽锅炉为供应中心消毒和冬季新风加湿提供压力为 0.8MPa 的蒸汽。

室外埋管采用双 U 形竖直埋管，井深度为 100m。经热响应试验，埋管换热量按夏季 50W/延米、冬季 32W/延米计算，最终钻孔数量为 760 眼，间距为 4.2m。埋管水系统分为 13 个区，每个区域设置一套分集水器，每 6 眼井并联为一路水管路，采用同程接管方式。13 个埋管区各设一套供回水管路接入热泵机房内的总分集水器中。

根据污水处理流程、污水日处理量和水温变化特性，本项目中设置一台 204kW 的冷凝器浸泡式污水源热泵机组。

3. 其他

行政管理与培训中心楼、医技楼检验科、影像科均采用变制冷剂流量多联分体式空调系统。

直线加速器、伽马刀机房内设置风冷型机房空调。

MRI、SPECT、PETCT 等处设置水冷型的机房空调，如控制间、电气机房等辅助区域采用多联机空调系统。

手术室的冷量和热量一部分由能源中心 1 中的二级泵供给，一部分由康复楼屋顶的手术室专用全部热回收风冷热泵机组供给。热泵机组两用两备，每台制冷量为 425kW，全热回收量也为 425kW。两台风冷热泵机组全年常开，两台备用机组在过渡季节集中冷热源停止运行时开启，满足手术室的空调需求。

4. 空调水系统设计

能源中心 1 为医技楼、门诊楼、急诊及急救区、手术区、康复中心提供冷热源，以上区域空调冷热需求、负荷特点和运行时间存在较大的差异，为适应以上差异要求和便于运行管理，空调水系统分为 5 个区域。重要区域（手术区、ICU）采用四管制系统，可全年同时供应冷水和空调热水；门急诊、医技楼采用分区两管制系统，内区与外区可独立供冷或供热；康复中心采用两管制系统。水系统最远环路总长度超过 500m，因此空调水系统采用二级泵变流量系统。冷却水系统采用常规的定流量系统，考虑过渡季节或冬季使用的可能性，采用温控旁通控制阀以控制进入冷水机组的冷却水温度。

能源中心 2 位于两个病房楼的中间，因此，空调水系统为两管制一级泵定流量系统，地源侧水系统采用定流量系统。

四、空调风系统

1. 病房、诊室、办公等小房间

病房、诊室和办公等小房间采用风机盘管加独立新风系统，新风机组设有粗中效过滤器，病房楼的新风机组另设干蒸汽加湿器进行加湿。风机盘管的回风口安装纳米光子空气净化装置，达到净化局部室内空气的效果。

大量的诊室位于内区，在过渡季节也需要供冷，为减少供冷能耗，诊室新风系统按过渡季全新风运行所需的风量进行配置。新风系统按空调工况和过渡季全新风两个工况运行，空调工况风量为 $2h^{-1}$，过渡季节全新风工况风量为 $6h^{-1}$。新风空调箱采用变频控制，在新风系统调试时确定两个工况时的运行频率，便于日常运行管理。

2. 病理科

病理科的办公室等辅助区域均采用风机盘管＋新风系统。病理科的取材室、解剖室、标本室采用直流空调通风系统。换气次数按照 $12h^{-1}$ 计算。解剖室的排风采用四个房角下排风，其余均是上送上排。

根据病理科有机挥发物多的特点，在送风管中设置了风管插入式电离管单元，主机发生双极氧离子，瞬间与挥发性有机物发生反应，生成二氧化碳和水，同时杀灭细菌，包裹霉菌，酵母等真菌孢子，使其无法繁衍自动消亡。该系统中包含一个非常精密的臭氧传感器，能够测出 ppb 级别微弱的臭氧变化。一旦发现臭氧达到设定的临界值，电离强度立即减弱，确保臭氧不会超标。

3. 检验科

检测大厅配置了大量的检验设备，这些设备发热量较大，大厅需要常年供冷；随着检验技术的发展，检验设备不断更新和增加，空调供冷负荷亦随之变化。因此，采用多联机空调系统以满足检测大厅对空调系统的灵活使用需求。

检验科根据工艺要求预留生物安全柜排风管，屋面设置带有活性炭过滤功能的排风机，并设有独立的新风机组进行补风，该新风机与排风机联锁。

4. 公共区域

医院的门诊候诊大厅、二次候诊区域等大空间均采用单风管定风量一次回风式全空气低速空调系统，气流组织为上送上回，回风口设置在空气相对较脏的区域，以形成清洁空气从清洁区域流向污染区域的状态。

五、防排烟系统和通风系统

1. 医技、门急诊、行政中心为多层建筑，康复中心为高度低于 50m 的高层建筑，靠外墙设置的疏散楼梯间均设有可开启外窗，采用自然通风的防烟方式，其他楼梯间地上部分采用直灌式正压送风方式，地下部分采用正压送风方式。

2. 病房楼为高度 60m 的高层建筑，地上楼梯间采用直灌式正压送风方式，正压送风风机位于屋面。

3. 变配电机房、医疗设备室均设有气体灭火事故排风系统。

4. 地下车库设机械排风兼排烟系统，采用车道自然进风或机械补风。

5. 医技楼及门诊楼大厅、通廊利用屋面及侧墙的电动排烟窗进行自然排烟，不能满足自然排烟要求的区域采用机械排烟。

6. 所有设备用房（水泵房、热交换机房、冷冻机房、锅炉房、柴油发电机房）等均设有机械通风系统，以排除设备放出的余热。

7. 厨房间设有灶台排油烟系统，油烟气经静电净化装置处理后至屋面排放，厨房另设机械补风系统。

8. 核医科中含有放射性污染物质的排风设独立机械排风系统，排风机设于医技楼屋面，并设高效过滤装置处理。

9. 地下室 MRI 扫描间设紧急排风系统，当发生氦气泄漏事故时，排风系统启动。

10. 实验室根据通风柜或生物安全柜的设置分别设机械排风系统，维持房间一定负压，排风机设于医技楼屋面，并设高效过滤装置处理。

六、自动控制系统

设有楼宇自动控制系统（BAS），对通风设备、空调机组、冷热源设备等的运行状况、故障报警及启停控制均可在该系统中显示和操作。

1. 冷冻机、热泵机组

（1）每台机组各自应有负荷控制和安全保护控制，并应有自动和手动转换选择开关。

（2）每台冷水机组对应一台冷水泵、一台冷却水泵和一台冷却塔，开启数量应匹配。每组冷却塔进水管上设有电动水阀，其开启数量应与冷水机组开启数量相匹配。冷却塔风机根据冷却水出水温度变化进行台数控制。

（3）冷冻机台数控制由 BA 系统按总供、回水管上所设温度传感器及流量计，经负荷计算确定。

（4）二级泵系统的二次循环泵根据最不利回路的压差信号进行变频调速和台数控制。一次泵系统采用压差旁通控制。

（5）冷却水温控制，冷却水根据含盐浓度自动排污控制。

2. 锅炉房

（1）每台热水锅炉、蒸汽锅炉均配有燃烧自动调节及给水自动调节系统，设有超压保护、水位保护等自动停机保护功能，配备开机及停机程序控制、点火自控、水位控制等控制功能。

（2）锅炉房控制室设有锅炉及配套设备自控台，自控台并设 BA 接口。

（3）热水锅炉循环泵与锅炉一一对应，锅炉热水系统上设置的压差旁通阀，根据用户端供回水总管压差信号确定开启度。

（4）燃气管进锅炉房处设电动、手动紧急切断阀，并设燃气泄漏报警装置，且与事故排风机联锁。

3. 热交换机组

（1）水-水板式热交换器一次水回水管设有温控调节阀，根据二次水供水温度及室外温度（具有气候补偿功能）按比例调节该阀的开度。

（2）空调热水泵根据热水系统最不利管路的压差信号进行变频调节。

4. 空调末端设备

（1）四管制空调机组温湿度控制：夏季由回风温度信号控制冷水管上的两通调节控制阀，由回风湿度信号控制热水管上的两通调节控制阀。冬季由回风温度信号控制热水管上的两通调节控制阀，回风相对湿度信号控制加湿器的加湿量。新风调节阀根据二氧化碳浓度进行控制。

（2）两管制空调机组温湿度控制：夏季由回风温度信号控制冷水管上的两通调节控制阀，冬季由回风温度信号控制热水管上的两通调节控制阀，回风相对湿度信号控制加湿器的加湿量。新风调节阀根据二氧化碳浓度进行控制。

七、工程主要创新及特点

据调查，医院用能中空调占比最大，为 23%～50%，空调的节能是医院节能运行的重点，同时又必须保证医院的合理的医疗环境。因此，设计在确定医院项目的冷热源时，除满足《公共建筑节能设计标准》外，还要根据项目的条件，因地制宜地采用各种节能措施。

1. 地源热泵系统的运用

根据本项目的场地条件，地源热泵系统作为可再生能源是节能的首选。近年来，该系统在中、大型项目的运用中日趋增多，其中有成功的案例，也有失败的项目。大型项目如果全部采用地源热泵系统，布管需要的场地面积大，布管不合理容易造成热堆积、冷堆积，而且现场的施工作业面大，施工情况复杂，打孔的质量也不易保证。因此，在项目中考虑部分区域采用地源热泵系统。

地埋管的形式很多，常用的为竖向埋管，其中又分桩间埋管、桩内埋管和土壤埋管。前两者对施工管理的要求较高，在设计阶段没有确定总承包单位时，更倾向于采用土壤埋管。而且，本工程中可直接埋管的场地约为 18000m²，面积充裕。

避免埋管土壤热堆积是地源热泵系统成功的关键之一，尤其是在管群集中的中心区域。项目四周狭长的绿化地带用作埋管区域，减小埋管区域的宽度可加速埋管的散热。地源热泵系统供冷量为 4016kW，运行时间为 120d，供热量为 2844kW，冬季运行时间为 90d，全年冷热负荷相差较大，因此配置冷却塔作为辅助散热承担多余的热负荷，以实现土壤全年热平衡。

2. 污水源热泵系统的运用

本项目污水处理站位于病房楼地下室，污废水处理采用污水二级生化处理系统，其出水经过沉淀和生化处理，水质达到污水处理厂二次出水标准后被排放至市政管网，处理量为 2500m³/d，全日污水排放量为 1408.5m³。前期对该医院总院正在运行中的污水处理站进行调研，测试结果显示污水站出水池全年水温在 15～28℃之间，因此本项目的污水是一种蕴含丰富低位热能的可再生热能资源。项目中采用一套污水源热泵系统进行冬季供热、夏季供冷，具有热量输出稳定、机组性能高等特点，充分回收医院排放污水中的能量，降低医院的运行费用，因而具有良好的经济效益。

医院污水经过处理且达到国家污水排放标准，理论上应该不含有病菌和余氯，但是在进行污水利用时考虑到污水携带病菌和余氯的可能性，采用浸泡式换热器的间接式污水源热泵系统，在二级污水生化处理流程中的消毒脱氯池与出水池之间设置一个热泵取热池，浸泡式换热器集中放置取热池内，并设置一套潜水泵和扰动管道，对池内的水进行扰动，加强换热器的换热性能。

3. 手术室冷热源的节能设计

手术室冷热源由能源中心提供，另外按照 100％的手术室冷热负荷配置四管制空气源热泵系统作为备用冷热源，该系统同时作为手术室过渡季节的冷热源和冬季的冷源。手术室内需控制温度和湿度，其空调系统存在供冷降温和再热升温的空气处理过程，常规方案由电制冷冷水机组供冷和锅炉供热，同时供冷供热造成严重的冷、热抵消。四管制空气源热泵系统可以同时供冷供热，充分利用热泵机组的冷凝热，节约供热所需的燃气费用。

夏季，能源中心的电制冷冷水机组提供空调冷水，空气源热泵机组为除湿再热提供热水；过渡季节电制冷冷水系统停止运行，空气源热泵同时供冷供热；当能源中心出现故障无法供冷时，作为备用的空气源热泵机组启动运行。因此，手术室的冷热源方案充分利用水冷却冷水机组的高效制冷特点、四管制空气源热泵供热运行费用低和同时供冷供热的特点，节约用能和降低手术室空调运行费用。

4. 诊室过渡季节全新风利用

诊室采用具有变新风量功能的独立新风系统，在过渡季节新风系统加大新风送风量，利用室外自然冷源改善诊室的室内温度，减少供冷能耗。

八、主要设计图纸

该工程设计主要图纸如图 1 和图 2 所示。

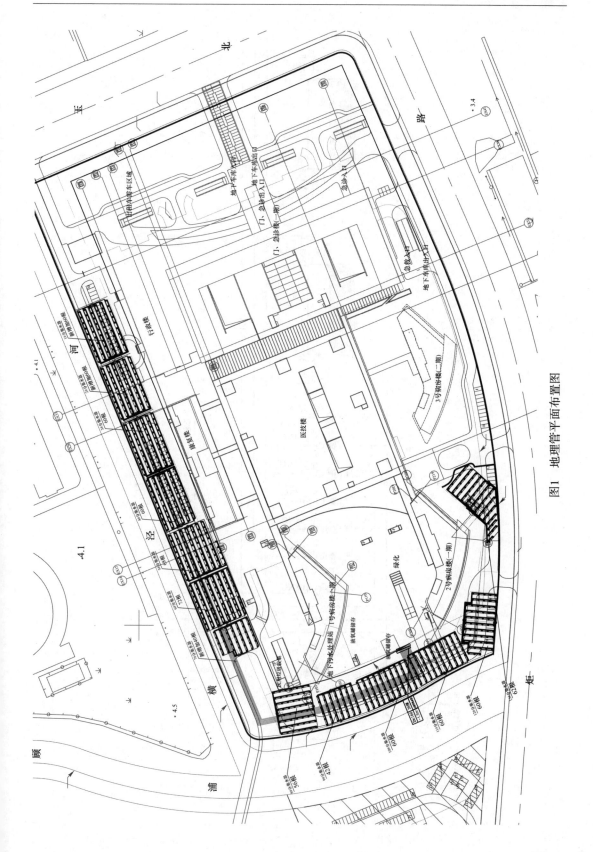

图1 地理管平面布置图

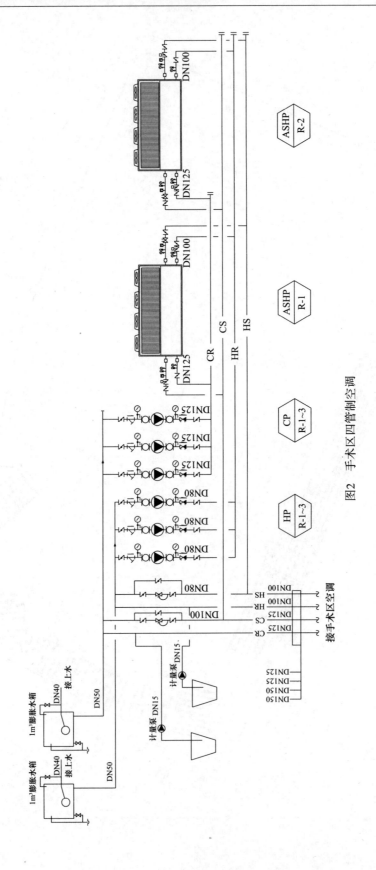

图2 手术区四管制空调

镇江广播电视中心

- 建设地点： 江苏镇江市北部
- 设计时间： 2014 年 5 月
- 竣工日期： 2009 年 10 月
- 设计单位： 上海建筑设计研究院有限公司
- 主要设计人：张 洮 刘 金 何 焰
  朱学锦
- 本文执笔人：张 洮

作者简介：

张洮，高级工程师，1992 年毕业于中国纺织大学暖通专业。工作单位：上海建筑设计研究院有限公司。主要设计代表作品：上海虹桥迎宾馆、武汉丽岛花园、中国航海博物馆、三亚林海度假酒店、武警上海总队机关办公指挥大楼、厦门国际会议中心、复旦附属中山医院厦门医院等。

一、工程概况

镇江广播电视中心选址于市区北部，坐落在长江与古运河十字黄金水道旁，长江路、春江潮广场以南，电力路以西。该项目属一类建筑，总用地面积 20400m²，建筑总面积约 62836m²，主楼为地上 21 层，建筑面积 52500m²；地下 1 层，建筑面积 10336m²；建筑高度为 99.75m。项目主要功能包括电视演播、技术制作及播控、电台直播及制作、行政办公、地下车库、设备区及部分出租商务办公用房。

镇江市广播电视中心被列为镇江市政府"民心工程"，由于项目独特的地理位置，使其成为镇江市的标志性建筑，并代表镇江的城市形象。

项目设计于 2004～2005 年，基础工程施工竣工为 2009 年，2014 年 1 月全部通过竣工验收。项目概算总造价为 27836 万元，竣工结算 28905 万元，单位建筑面积造价 4600 元/m²，结算与概算的差价主要是幕墙与内装饰的标准有所提高。

本工程夏季空调计算冷负荷为 7832kW，单位建筑面积空调冷负荷指标为 125W/m²；冬季空调计算冷负荷为 5740kW，单位建筑面积空调热负荷指标为 92W/m²。

二、暖通空调系统设计要求

1. 设计参数确定

（1）非工艺用房（见表 1）

非工艺用房室内设计参数   表 1

房间名称	夏季		冬季		新风量 [m³/(h·人)]	人均使用面积 (m²/人)	容许噪声曲线
	温度 (℃)	相对湿度 (%)	温度 (℃)	相对湿度 (%)			
办公室	24～26	55～65	20	—	30	5	NR35

续表

房间名称	夏季		冬季		新风量 [m³/(h·人)]	人均使用面积 (m²/人)	容许噪声曲线
	温度 (℃)	相对湿度 (%)	温度 (℃)	相对湿度 (%)			
门厅、大厅	25～27	55～65	18	—	15	10	
会议室	24～26	55～65	20	—	30	3	NR35
咖啡座	24～26	55～65	20	—	30	3	NR45

（2）工艺用房（见表2）

工艺用房室内设计参数 表 2

房间名称	夏季		冬季		新风量 [m³/(h·人)]	工作时间 (h)	容许噪声曲线
	温度 (℃)	相对湿度 (%)	温度 (℃)	相对湿度 (%)			
磁带库	23	40～55	19	40～55		24	
媒资管理室	23	40～55	20	40～55	30	24	
计算机中心	25	35～60	20	35～60	30	24	
网络中心技术用房	25	35～60	20	35～60	30	24	
电视台总控机房	25	35～60	20	35～60	30	24	
演播厅	25	35～60	21	35～60	30	12	NR25
导控室	25	35～60	20	35～60	30	12	NR30
电视台辅助用房	25	35～60	20	35～60	30	18	
电视台新闻中心	25	35～60	20	35--60	30	18	NR30
录音室	25	35～60	20	35～60	30		NR15
控制室	25	35～60	20	35～60	30		NR20
审片室	25	35～60	20	35～60	30		NR30
放映、灯、音控室	25	35～60	20	35～60	30		NR30
配音室	25	35～60	20	35～60	30		NR20
小审室	25	35～60	20	35～60	30		NR30
电台直播室	25	35～60	20	35～60	30		NR20
电台直播控制室	25	35～60	20	35～60	30		NR25
审听、音频工作站	25	35～60	20	35～60	30		NR30
电台节目制作区	25	35～60	20	35～60	30		NR20
电台其他技术用房	25	35～60	20	35～60	30		NR25
备用技术机房	25	35～60	20	35～60	30		

注：工艺用房的设计参数由广播电视工艺提供。

2. 功能要求

广电中心设有大量演播室、播音室、技术用房等重要性高、空间复杂、工艺设备多、对室内参数有特殊要求的房间，是舒适性空调和工艺性空调相结合的空调工程，使得在温湿度控制、运行时间、气流组织分布、空调负荷形态、噪声控制等方面满足广播电视制作工艺的特殊工作环境要求；同时，使用和管理应便捷，并降低运行费用。

3. 设计原则

本项目的设计原则是合理设计空调系统，降低运行成本，满足广电大厦室内环境要求和噪声控制的性能。

三、暖通空调系统方案比较及确定

1. 空调冷、热源的确定

冷源：采用水冷式冷水机组作为空调冷源。其中制冷量为 2240kW 的离心式冷水机组 3 台和部分负荷时灵活运行的制冷量为 1120kW 的螺杆式冷水机组 1 台。机组的冷水供/回水温度为 7℃/12℃，冷却水进/出水温度为 32℃/37℃。冷水机组侧为定流量运行；在空调末端设备侧，电动阀根据空调负荷的变化调节流量时，系统通过设置在供回水总管间的压差旁通控制阀平衡和稳定流量。

热源：采用燃料为城市燃气的 3 台制热量为 1900kW 的真空热水锅炉作空调热源。锅炉供/回水温度为 60℃/45℃。

其他：除集中冷热源空调以外，还根据功能用房的使用要求和运行时间的不同，设置了分散式冷热源空调，如变制冷剂流量的多联分体式空调机组、空气源热泵式冷热水机组、恒温恒湿机组及一拖一分体式空调机等。

2. 空调水系统

裙房的演播中心、录音室、控制室、技术处、办公等部门采用四管制空调水系统，竖向同程布置；主楼内的电台直播室、计算机中心等亦采用四管制水系统，异程布置；裙房的门厅采用两管制空调水系统，竖向同程布置；主楼的办公室、会议室等均采用两管制空调水系统，竖向同程布置。

3. 空调末端系统

（1）对于高大空间的入口门厅、休息厅、咖啡吧、主楼部分大开间的办公等房间，采用单风管定风量回风式全空气低速空调系统，空调箱设有粗、中效过滤功能，根据不同的空间特点，采用上送下回、上送上回、侧送下回等气流组织方式。

（2）对于演播室及噪声控制要求较高的房间，采用定风量变新风比的一次回风全空气低速空调系统。空调箱内设有消声段和冬季新风采用湿膜加湿的方式。演播室等高大空间气流组织为上送下回。

（3）对于会议、办公等房间采用风机盘管加独立新风系统，经处理的新风直接送入房间。

（4）对于磁带库等有恒温恒湿要求的房间，采用风冷恒温恒湿空调机组。

（5）对于有设备发热且要求不能有水管进入的房间，如导播室等，采用具有独立冷热源的变冷媒流量热泵式空调机。

（6）对于电梯机房，采用一拖一分体空调以消除设备发热量。

（7）变配电机房设有空调系统，以抵消设备放出的余热。

四、防排烟系统

1. 防烟设施

裙房靠外墙的防烟楼梯间采用自然排烟方式。

不具备自然排烟条件的防烟楼梯间、消防电梯合用前室采用机械加压送风系统。防烟楼梯间每隔 2 层设一加压送风口，以维持楼梯间 40～50Pa 的正压。前室（合用前室）每层设置加压送风口，以维持前室 25～30Pa 的正压。

2. 排烟设施

（1）走道

长度在 20～60m 之间的走道有可开启外窗条件时，尽量采用自然排烟方式，其可开启外窗面积不小于走道面积的 2%。

长度超过 20m 的内走道或虽有直接自然通风但长度超过 60m 的走道均设有机械排烟系统。排烟口距最远点的水平距离小于 30m。

（2）地上房间

多功能演播厅、3 间 120m² 的演播室、电视台开放式新闻中心、2 间 250m² 的演播室、电视台备用间、主楼的网络机房、电台总控、电台节目制作区、音频工作站、技术用房、媒资管理、磁带库等均采用机械排烟方式。排烟口距最远点的水平距离小于 30m。

有可开启外窗条件的候场区、门厅、休息区、辅助用房、主楼办公区、展厅、广告中心、商业、网络中心办公等采用自然排烟方式，其可开启外窗面积不小于该房间面积的 2%。

（3）地下房间

除利用窗井等开窗进行自然排烟的房间，各房间总面积超过 200m²，或一个房间面积超过 50m²，且经常有人停留或可燃物较多的地下室采用机械排烟，排烟口距最远点的水平距离小于 30m，同时设置机械补风系统，送风量不小于排烟量的 50%。

（4）中庭

该建筑内位于裙房的中庭，其体积为 8000m³，高度大于 12m，采用机械排烟方式，排烟量按 6h⁻¹ 换气次数计算。

该建筑内位于主楼的中庭，其高度小于 12m，采用自然排烟方式，其可开启外窗面积大于房间面积的 5%。

五、节能运行的自动控制系统

1. 本项目设有楼宇自动控制系统（BAS），通风设备、空调机组、冷热源设备等的运行状况、故障报警及启停控制均可在该系统中显示和操作。

2. 冷热源机房自控：根据冷热负荷的需要进行冷热源机组的运行台数控制，优化启停控制，启停联锁控制，以及所有空调通风设备的运行状态和非正常状态的故障报警等。

3. 各空调房间均设置温度自动控制，部分房间冬季时另设湿度控制。

4. 风机盘管由房间温度控制回水管上的双位两通控制阀，并设有房间手动三挡风机调速开关。

5. 两管制空调机组由回风温度控制回水管上的两通调节控制阀。

6. 四管制空调机组温湿度控制：夏季由回风相对湿度信号和温度信号控制冷水管上

的两通调节控制阀，由回风温度信号控制热水管上的两通调节控制阀。冬季由回风温度信号控制热水管上的两通调节控制阀，回风相对湿度信号控制加湿器的加湿量。

7. 空调机组过滤器设有压差信号报警，当压差超过设定值时，自动报警或显示。

8. 空调机组新风入口的防冻用电动（开度可调）双位风阀与该机组联动，开关控制。

9. 为保证空调冷热水的供回水压差恒定，供回水总管处设有电动压差旁通调节阀的控制。

10. 确保冬季空调供水温度恒定为60℃，其空调供水管与热水锅炉的出水、空调回水管之间电动三通调节阀的控制。空调热水循环系统采用大温差（15℃）供回水，减小输水管径、减少经常性的输送动力。

11. 冷却水塔的出水温度控制，其中包括进出水塔的水流分配控制和水塔风机的调速控制。

12. 为防止冷水机组的冷却水进水温度过低，在冷却水进出总管处设置一个电动温控旁通调节阀，根据进水温度调节其旁通流量。

13. 演播厅等空调机组为双风机低速送回风系统，过渡季可加大系统新风量，利用室外空气的低位焓值以节省能源消耗。

六、工程主要创新及特点

1. 对特殊声学要求的演播室、播音室、直播间等的消声设计及技术措施

（1）空调、通风机房设置的位置不贴邻有声学要求的房间。空调机房周围配置没有安静要求的储藏室、楼梯间、走道等房间，使机房与有声学要求的房间至少有一室之隔。

（2）做好建筑隔声，包括内部墙面隔声设计以及各个机电用房的墙面吸声设计，具体做法如图1所示。

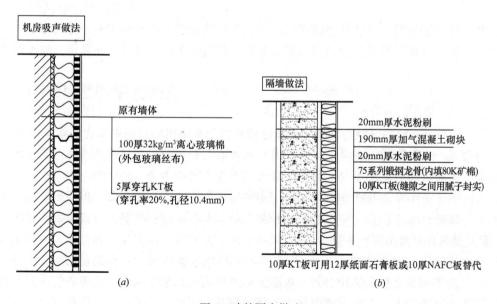

图1　建筑隔声做法

（a）机房墙体吸声做法；（b）墙面隔声做法

（3）设备的减振：机房内部的空调箱、风机、制冷设备、水泵等均作隔振处理，在邻近演播厅、播音室等声学要求高的设备机房的地面采用浮筑结构的做法。首先，结构楼板表面应比较平整，将专用橡胶弹性垫层满铺，每一块之间都相互咬口，并将拼缝用胶水密封；直接在橡胶弹性垫层上编织钢筋，并浇注混凝土，成为浮筑楼板。以空调机组为例，隔振做法如图 2 所示。

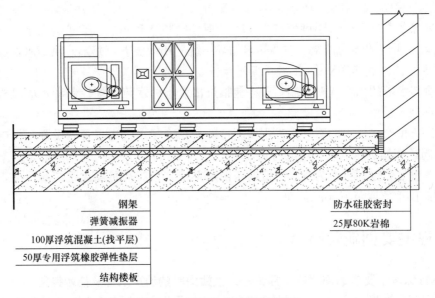

图 2　空调机组全浮筑隔振做法

（4）空调通风系统选用送风机和回风机共同克服系统阻力，以降低风机系统的噪声。

（5）风机选用高效率、低噪声的高性能产品，并使其工作点位于或接近风机的最高效率点。

（6）为防止气流噪声，以较低的风速确定送回风管尺寸，限制流速：主风道低于 5m/s，支风道低于 3.5m/s，出风口低于 1.5m/s。并选择消声风口，控制气流噪声，以满足房间的声学要求。

（7）选用消声频率范围较宽的阻抗复合型消声器，以降低和消除风机噪声沿风管传入室内。并根据必需的消声量计算确定消声器个数。阻抗复合式消声器是将阻性与抗性消声原理组合设计在同一个消声器内，因此，具有较宽频带的消声特性。本工程所采用的 T701-6 型消声器的声音衰减量为：低频 10dB/m，中高频 10～20dB/m。送、回风管路采用串联 3 个阻抗复合型消声器的消声措施。

（8）尽量拉大两个消声器间的距离，实际消声效果比紧挨着的设置方式更为有效。

（9）最后一级的消声器设置在进入演播室前，以达到消除旁通噪声进入已经消声的管道，防止相邻房间串音。

（10）对噪声标准要求极高的录音间，不仅控制气流的噪声，而且通过合理布置送、回风口的位置，以避免传声器免受气流的直接冲击，防止传声器产生"风噪声"。

（11）管道与支架、吊卡间垫软材料，采用隔振吊架。

（12）风道和水管穿越墙壁和楼板时，在管道和洞壁间用柔性材料填充，以减少振动和隔声。管道与墙或楼板的环形间隙不应大于 50mm；安装之前，清洁孔口周边及贯穿物，使之干燥、无灰尘与杂物。将 $80kg/m^3$ 的矿棉紧密填入孔壁与风管的缝隙内，两侧各留出 25mm 用于填膨胀型防火密封胶。将膨胀型防火密封胶注入风管与孔壁间的缝隙内，修整表面。管道系统 48h 内不得扰动。

（13）应用于空调通风系统的调节阀采用单片阀门。

2. 主要的节能设计

（1）电视演播室、电台直播室等房间位于建筑的内区，设备、灯光等的发热量较大，甚至在冬季，演播室等房间也需供冷。故此类房间采用可变新风比的双风机空调系统，当室外空气熔值小于室内空气熔时，加大送风中新风的比例，这样，不仅可提高室内空气品质，还可缩短制冷机的运行时间，减少新风耗冷量，以达到节能运行的目的。

（2）热水系统采用大温差设计，热水供回水温差为 15℃，从而减少热水流量，降低热水输送过程能耗；并且减小了管道的尺寸，降低了管路系统的初投资。

（3）裙房、主楼的入口高大门庭的分层空调的方式，即仅对下部区域进行空调，而对上部区域不空调的方式。与全室空调相比，夏季可节省冷量 20%～30%，从而减少初投资和运行能耗。

3. 空调系统

（1）主楼磁带库、媒资库有恒温恒湿的要求，并需空调系统全年、24h 运行，考虑到系统运行管理的便捷，以及当夜间中央冷热源停止运行后，该类房间的空调系统仍可独立运行，采用风冷式恒温恒湿机组，且每套恒温恒湿机组均设置一台备用机组，以保证运行的可靠性。

（2）主楼的工艺用房，如总控中心、计算中心等房间的空调机组采用水冷方式。由于在本工程中，此类工艺用房用冷量较大，且又相当重要，故采用以下冷水供水方式：当中央冷冻机房运行时，由冷冻机房提供冷水，以达到节约运行能耗的目的；当中央冷冻机房停止运行时，冷水由设置在主楼屋面的模块式风冷机组提供。这种配置的另一个好处是冷冻机和风冷机组可互为备用，以保证此类工艺用房的可靠运行。

（3）$800m^2$ 演播室内舞台区域和观众席区域的空调系统分开设置，以方便运行管理。送风方式采用上送下回。演播室内的灯光葡萄架上，由于安装有大量的灯光照明设备，发热量较大，故在葡萄架上方设置一套排风系统，排除聚集在演播室上方的大量余热，从而提高演播室内的舒适度。

4. 总结

广电中心的空调设计要同时满足舒适性和声学要求两个方面，进行系统设计时要根据计算合理设置和采取消声、减振措施，并结合演播厅和录音室其特有的功能特性选择送风口形式、确定风口的风量和气流组织，特别是其噪声控制是空调设计成功与否的关键。

七、主要图纸

该工程设计主要图纸如图 3～图 6 所示。

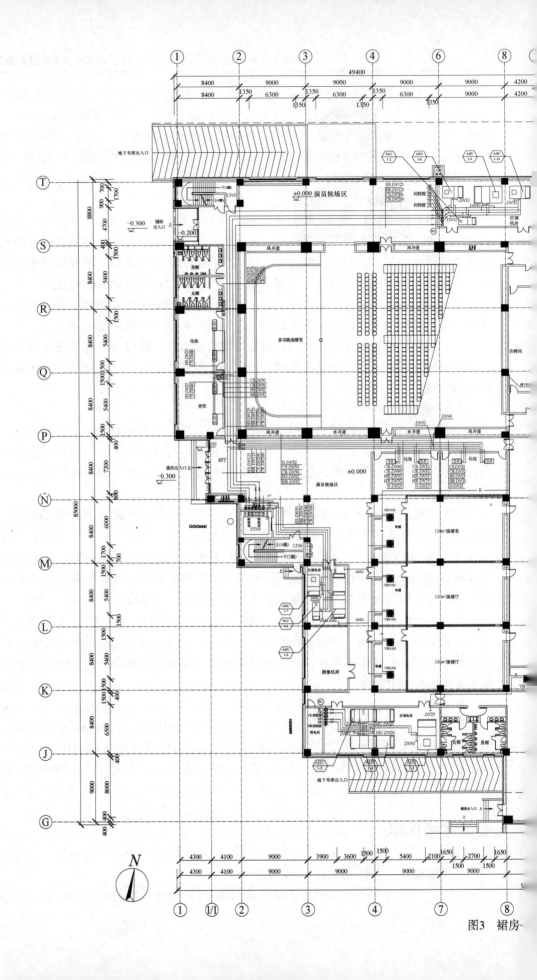

图3 裙房-

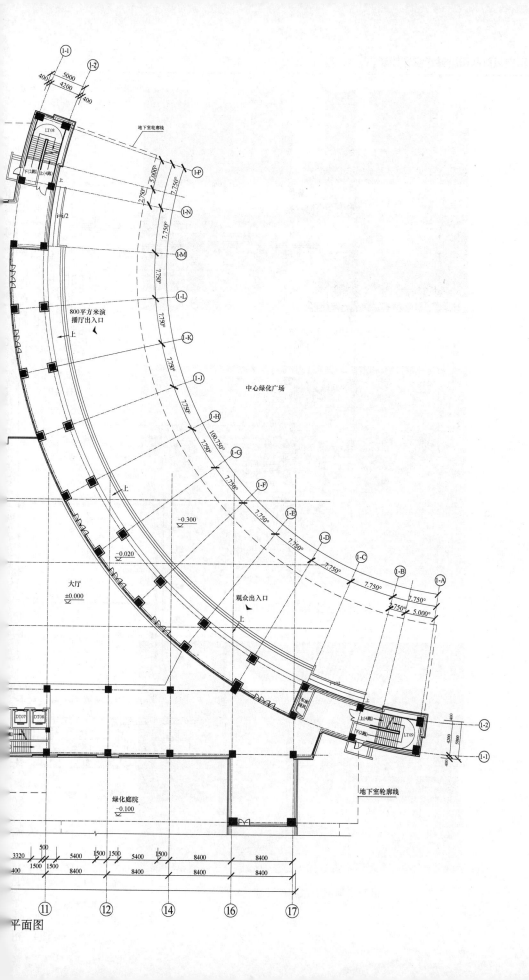

平面图

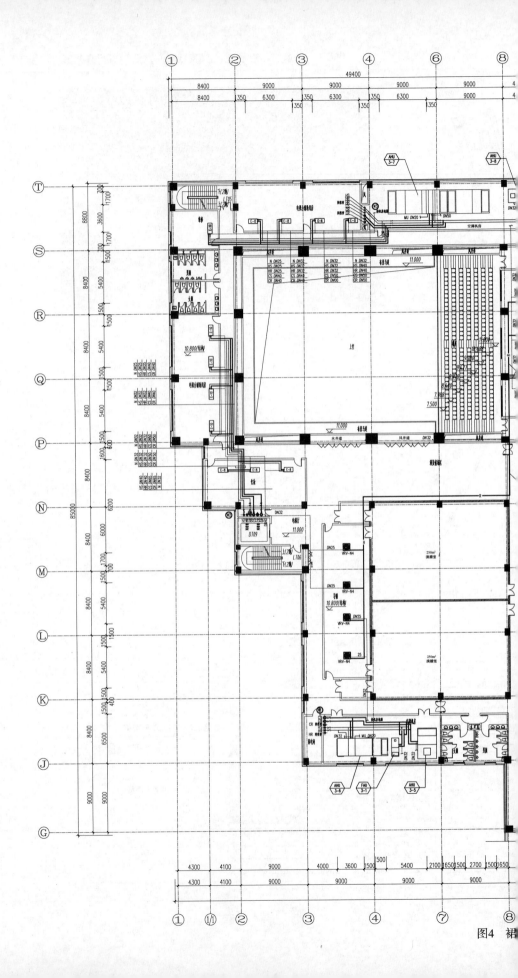

图4 裙

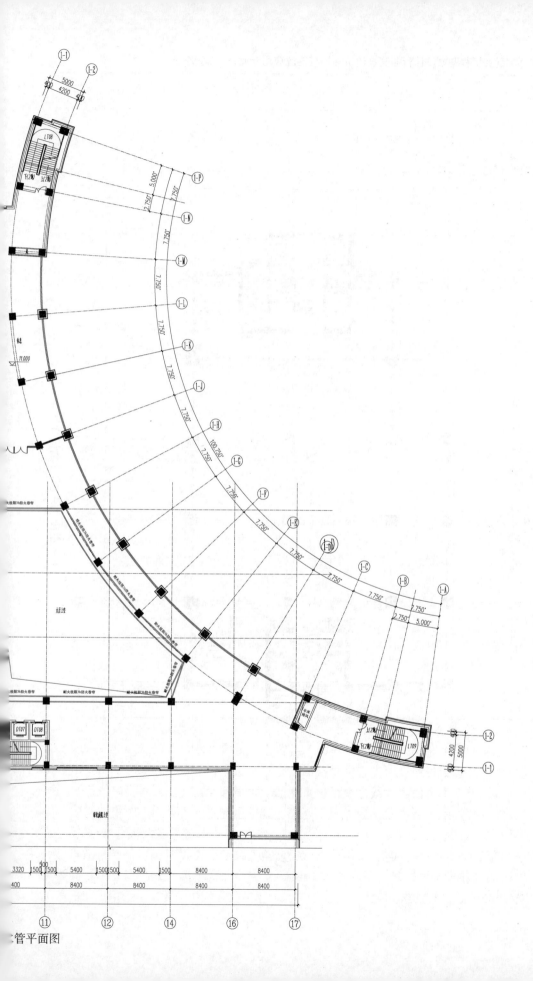

管平面图

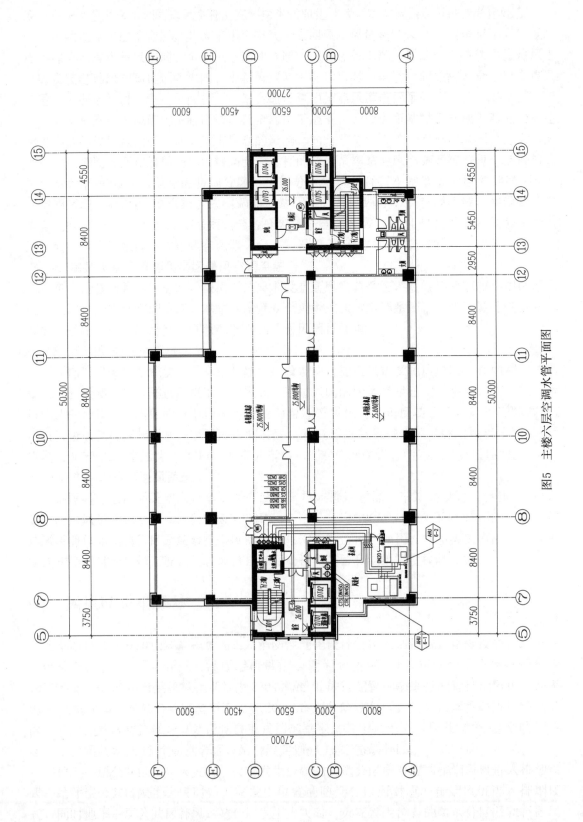

图5 主楼六层空调水管平面图

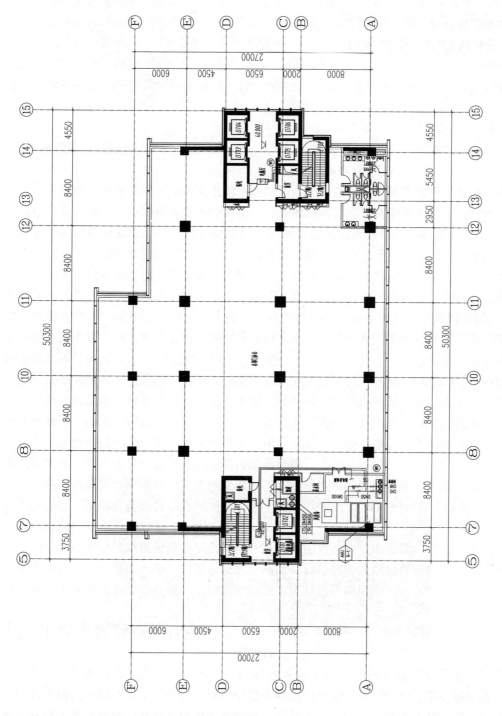

图6 主楼九层空调水管平面图

上海浦东发展银行合肥
综合中心空调设计

- 建设地点： 合肥市
- 设计时间： 2010 年 3 月～2012 年 12 月
- 竣工日期： 2014 年 9 月
- 设计单位： 上海建筑设计研究院有限
  公司
- 主要设计人：陈 尹 何 焰 何钟琪
  朱竑锦 方文平 刘 军
- 本文执笔人：陈 尹 朱竑锦

作者简介：

陈尹，高级工程师，工作单位：上海建筑设计研究院有限公司。多次获得过国内暖通设计奖项，参编《医院洁净手术部建筑技术规范 实施指南》《医用洁净装备工程实施指南》等。

一、工程概况

上海浦东发展银行合肥综合中心位于安徽省合肥市滨湖新区 BH-02-2 地块。基地总建筑面积约 14.1 万 m^2，其中地上约 10.3 万 m^2，地下约 3.8 万 m^2。主要功能区块（见图 1）。

图 1 项目外观图

A 楼（综合中心机房）：主要功能为银行数据灾备中心、指挥中心及专门为本楼配置的冷冻机房和变配电机房，地上共 7 层，地下设有设备管廊（连通综合中心地下室）主体高度约 42.1m，总建筑面积约 20501 m^2。

B 楼（能源中心）：主要功能为银行柴发机组群及配电室，地上共 2 层，无地下部分，主体高度约 16.1m，总建筑面积约 2866m²。

C 楼（作业中心）：主要功能为会议中心、数据中心办公、信用卡中心办公、信息科技部办公，地上共 18 层，地下为综合中心地下室，主体高度约 83.7m，总建筑面积约 43047m²。

D 楼（异地客服中心）：主要功能为客服办公区及培训教室，地上共 4 层，地下为综合中心地下室，主体高度约 20.7m，总建筑面积约 9411m²。

E 楼（配套服务中心）：主要功能为餐厅、活动区域及员工宿舍，地上共 5 层，地下为综合中心地下室，主体高度约 23.95m，总建筑面积约 13578m²。

F 楼（合肥分行）：主要功能为合肥浦发银行分行，地上 8 层、地下为 F 楼独立地下室，共 1 层，主体高度约 39.8m，总建筑面积约 19814m²。

综合中心地下室：主要功能为车库及冷冻机房、锅炉房等设备用房，地下共 1 层，基本层高约 3.9m，此地下室与 C、D、E 楼连通，并通过设备管廊与 A 楼连通，建筑面积约 32142m²。

二、设计参数

1. 室外设计参数

夏季：空调湿球温度：28.1℃；　　　　冬季：空调干球温度：－4.0℃；
　　　空调干球温度：35.1℃；　　　　　　　空调计算相对湿度：80%；
　　　大气压力：999.1hPa；　　　　　　　　大气压力：1023.6hPa；
　　　风速：2.8m/s；　　　　　　　　　　　风速：3.4m/s；
　　　主导风向：S。　　　　　　　　　　　　主导风向：N。

2. 室内设计参数（见表 1）

室内设计参数　　　　　　　　　　　　　　　　　　　　　　　　　表 1

区域名称	夏季		冬季		新风量 [m³/(h·p)]	噪声 [db(A)]
	温度（℃）	相对湿度（%）	温度（℃）	相对湿度（%）		
大堂	25～26	50～65	16～18	≥30	10	45～60
餐厅	25～27	55～65	18～20	≥30	25	45～60
办公	25～27	45～65	18～20	≥40	30	45～55
商业、服务	26～28	50～65	18～20	≥40	20	45～60
活动室	25～27	50～65	18～20	≥40	25	45～60
休息室	25～27	50～65	18～20	≥30	30	45～50
生产机房	23±1	40～55	23±1	40～55	40	40～45

三、空调冷热源及设备选择

1. A 楼（综合中心机房）：办公区域设舒适性空调，夏季制冷冬季供生产机房发热量大，且性质重要，需四季供冷，恒温恒湿。中心机房分两期建设，即一期及后期建设预留部分。一期考虑四层及五层的一半机房正常设置（负荷密度按 1kVA/m² 设计），二期将在五层另一半机房内增加主机容量（负荷密度按 2kVA/m² 设计）。四、五层机房为本次设计范围。六层机房为预留发展用房，待后期发展需要增加主机容量。经计算，一期冷负荷 4377kW，二期冷负荷 2602kW，一期考虑采 4 台 2600kW 的高压离心式冷水机组，二期再增加两台 2600kW 的高压离心式冷水机组，对应的冷却塔流量为 600t/h，另带 15kW 的电加热器。每套系统选用 2 台 2842kW 的水-水板式换热器作为空调系统冬季免费冷源。

综合中心机房办公区域：冷负荷约 304kW，热负荷约 184kW，采用变制冷剂流量多联空调系统，方便运行管理，利于节能。弱电机房设置采用变制冷剂流量多联空调系统。

2. C 楼（作业中心）：十八层主楼计算水系统冷负荷为 4451kW，热负荷为 2343kW，三层礼仪门厅区计算水系统冷负荷为 523kW，热负荷为 335kW；加班区域采用变制冷剂流量多联空调系统，计算冷负荷为 440kW，热负荷为 324kW，单位面积制冷量为 125.8W/m²，单位面积制热量为 69.7W/m²。

3. D 楼（异地客服中心）：异地客户中心计算水系统冷负荷为 938kW，热负荷为 565kW。加班区域采用变制冷剂流量多联空调系统，计算冷负荷为 212kW，热负荷为 140kW。单位面积制冷量为 122.2W/m²，单位面积制热量为 74.9W/m²。

4. E 楼（配套服务中心）：计算水系统冷负荷为 1500kW，热负荷为 1200kW，其中宿舍采用变制冷剂流量多联空调系统，计算冷负荷为 300kW，热负荷为 210kW，单位面积制冷量为 127.4W/m²，单位面积制热量为 100W/m²。

C、D、E 楼冷源配置：总冷负荷约 7412kW，采用常规冷水机组系统，设置地下室冷冻机房，配置 3 台制冷量为 2000kW 的离心式冷水机组，一台制冷量为 1500kW 的螺杆式冷水机组，其供/回水温度为 7℃/13℃。

C、D、E 楼热源配置：总热负荷约 4843kW。选用燃气（天然气）热水锅炉 2 台，每台产热量 2500kW，热水系统供/回水温度为 55℃/45℃，供各幢楼冬季空调需要。

5. F 楼（合肥分行）：包括营业用房、办公用房、档案库及生活配套，夏季冷负荷约 1668kW，冬季热负荷约 1100kW。采用 2 台制冷量为 740kW/台、制冷热为 550kW/台的高效风冷热泵型冷水机组。单台耗电量约 215kW 的机组置于屋顶。热泵夏季提供 7℃/12℃ 的冷水、冬季提供 45℃/40℃ 的热水供空调末端使用。并配用相应的冷热水泵及备用泵，设膨胀水箱定压补水。

四层的主机房和 UPS 机房单独设置 2 台制冷量为 90kW 的空气源热泵机组，并配用相应的水泵及备用泵，设膨胀水箱定压补水。

地下室金库采用分体式空调，并配移动式除湿机，同时新、排风同金库门联锁启停。

本项目采用多种冷热源混合配置，满足各个单体对工艺空调或舒适空调的需求。

四、空调系统形式

1. 空气处理系统

（1）大空间区域采用全空气低速风道系统。空调箱设粗、中效过滤，保证室内空气品质。

（2）小空间如接待室、办公室、小会议室等采用风机盘管加新风的空调系统。新风设粗、中效过滤，保证室内空气品质。

（3）值班室、信息机房、消控中心、电梯机房、门卫等需要24h运行的功能室设置独立的变制冷剂流量空调系统或分体式空调，方便运行管理。

（4）生产机房采用恒温恒湿精密空调机组，下送上回，并设置电加湿和电加热系统。新风机设粗、中、亚高效过滤器，并设置湿膜加湿。新风机处理新风需加热到房间露点温度以上。送风量维持机房 $5\sim10\mathrm{Pa}$ 正压（新风机按防火分区设置）。

2. 水系统

（1）生产机房采区域水系统采用两管制、闭式循环一级泵系统，全年供冷。

（2）舒适性空调水系统采用两管制、闭式循环系统。空调冷水、空调热水均采用二级泵系统，其中一级泵定流量运行，二级泵采用变流量运行。

（3）冷却水全程处理——冷却水的处理包括加药处理控制冷却水中微生物的生长、抑制水垢的积聚和控制冷却水管表面的氧化和锈蚀。同时设置过滤器，用于冷却水的连续过滤。

（4）冷水循环——本工程每台冷水机组及对应冷却水泵、冷水泵、冷却塔组成一套独立的制冷系统。冷水的需进行加药处理，抑制水垢的积聚和控制水管的氧化和锈蚀。同时设置过滤器，用于冷水的连续过滤。

五、防排烟及空调自控设计

1. 防排烟

（1）地下汽车库设置若干个防烟分区，由土建设挡烟垂壁分隔。每个防烟分区的排烟量按 $6\mathrm{h}^{-1}$ 换气次数计算。有直接通向室外的汽车疏散口的防火分区内的防烟分区采用自然补风；无直接通向室外的汽车疏散口的防火分区内的防烟分区采用机械补风。机械排烟和机械补风系统兼用平时车库机械送、排风系统。

（2）房间、中庭、走道等的排烟设置严格按照国家标准规范的要求执行。

（3）锅炉房设泄爆口，泄爆面积不小于锅炉房面积的 10% ，并设置不小于 $12\mathrm{h}^{-1}$ 的事故通风系统。

（4）对于采用气体灭火系统的房间，均设有灭火后的排风系统。且在气体释放时所有通室外的风口均关闭。排风口设在防护区下部，并直通室外。

（5）消防控制中心对所有涉及消防使用的设备进行监控。控制如下：

1）所有排烟风机均与其排烟总管上 $280\,^{\circ}\mathrm{C}$ 熔断的排烟防火阀联锁，当该防火阀自动关闭时，排烟风机停止运行。

2）排烟口（排烟防火阀）平时关闭，能自动和手动开启，与其相应的排烟风机能自动运行。

3）火灾时，消防控制中心自动停止空调设备和与消防无关的通风机的运行，并根据火灾信号控制，各类防排烟风机、补风设备等设施的启用。

4）各空调通风系统主管道上的防火阀与该系统的风机联锁，当防火阀自动关闭时，该风机断电。

2. 自控

按建筑物的规模及功能特点，设置楼宇自动控制系统（BAS），通风设备、空调机组、冷热源设备等的运行状况、故障报警及启停控制均可在该系统中显示和操作。

（1）冷热源系统的监测与控制

1）冷热源机房自控：根据冷热负荷的变化进行负荷分析，决定制冷机组运行台数，优化启停控制与启停联锁控制。

2）对冷却水阀、冷却水泵、冷却塔风机、冷水阀、冷水泵、制冷机组按顺序进行联锁控制。

3）除变频系统外，为保证空调冷热水系统供回水压差恒定，其供回水总管处设置电动压差旁通调节阀进行控制。

4）冷却水塔进行水量分配控制以及根据水温控制风机运行台数。

5）为防止冷水机组的冷却水进水温度过低，在冷却水进出总管处设置一个电动温控旁通调节阀，根据进水温度调节其旁通流量。

6）空调冷热水二级循环泵的变频调速和台数控制。

（2）水蓄冷系统的控制

设置电动调节阀，对常规工况和应急工况进行切换，并在应急工况完成后逐步调节水罐和系统中的水量比例，使系统平稳过渡，减少波动。

（3）空调系统末端的控制

1）风机盘管由房间温度控制回水管上的动态平衡电动双位两通阀，并设有房间手动三档风机调速开关。

2）空调机组由回风温度控制回水管上的动态平衡电动两通调节阀。

3）新风机组由送风温度控制回水管上的动态平衡电动两通调节阀。

4）空调机组过滤器设有压差信号报警，当压差超过设定值时，自动报警或显示。

5）空调机组新风入口的防冻用电动（开度可调）双位风阀与该机组联动，开关控制。

6）大风量空调机组和部分通风风机采用变频调速控制。

（4）所有热泵型变制冷剂流量分体多联式空调系统均自带运行和温度控制系统，并与楼宇自动控制系统联网。

六、节能创新

1. 综合中心机房的冷冻机房由于需常年制冷，故冬季利用室外冷却塔作为天然冷源，通过板式换热器对空调冷水进行降温，利于节能。

2. 会议中心、数据中心、信用卡中心、信息科技部、异地客服中心、配套服务中心分属不同的建筑，故与地下能源中心的距离和建筑层高各不相同，设计采用分区二级泵系统，有效地解决了扬程过高、过低的问题，实现了经济节能运用。

3. 大温差运行，减少经常性的输送动力。

4. 加班区域采用变制冷剂流量多联空调系统，由于变制冷剂流量多联空调的特性——可部分机组运行，有效解决了因部分区域使用而需运行冷水机组，从而节约能源。

5. 大堂采用分层空调，地送风结合一层的侧送风，并在一层设置集中回风，二层以上挑空区域设置排风，既满足正常使用，又节约了能源。

七、工程设计特点

整个项目分为 6 大单体，根据使用功能不同配置相应的冷热源：

1. 综合中心机房：采用离心式冷水机组，系统设置上采用 2N 系统（双系统同时运行），设两套独立的冷水机组，两路独立的冷却水、冷水管井，使得任意部位发生故障时系统可照常运作。此系统同时也能达到美国 TIA-942：Tier4 最高安全级别的标准。设备不会因操作失误、设备故障、外电源中断、维护和检修而导致电子信息系统运行中断。本工程生产机房空调也同样分为两套系统：每一路由一组冷水机组及其配套的冷却水泵、冷水泵、冷却塔及数台末端计算机房精密空调机组组成，正常运行时每路冷水系统只各负担 50％ 的负荷，冷水机组轮流停机待用，其中一套系统发生故障需要停机维修时，由另一套系统提供 100％ 的出力，保障机房的空调系统供冷。同时，两路系统在紧急情况时（如断电），由平时串联的蓄冷水罐提供 10min 紧急供冷，冷水泵由 UPS 供电，确保冷水系统的无间断供水，柴发正常运行后 UPS 系统再切换到柴发系统，直至市政供电恢复正常供应。市政断水时，由设在地下室的水箱对其中 1N 系统所对应的冷却塔进行补水，设置一个 200t 的储水箱（满足 12h 的冷却水补水量），确保市政停水时空调系统的冷却水正常供应。

冬季利用室外冷却塔作为天然冷源，通过板式换热器对空调冷水进行降温，利于节能。冬季使用的冷却塔每台配 15kW 的电加热，防止冷却水结冰。

2. 合肥分行：按照大楼独立的功能需求，采用风冷热泵系统，与其余单体分开实现独立控制。

3. 其余办公区、生活配套区域的单体采用冷水机组加锅炉的形式，实现人员对舒适性空调的需求。冷水供/回水温度 7℃/13℃，大温差，二级泵变流量系统。

4. 加班区域、集中会议区域、管理用房、设备机房等需要 24h 运行的区域，采用变制冷剂流量多联空调系统，方便运行管理，利于节能。

本项目采用多种冷热源混合配置，满足各个单体对工艺空调或舒适空调的需求。

八、主要图纸

该工程设计主要图纸如图 2 和图 3 所示。

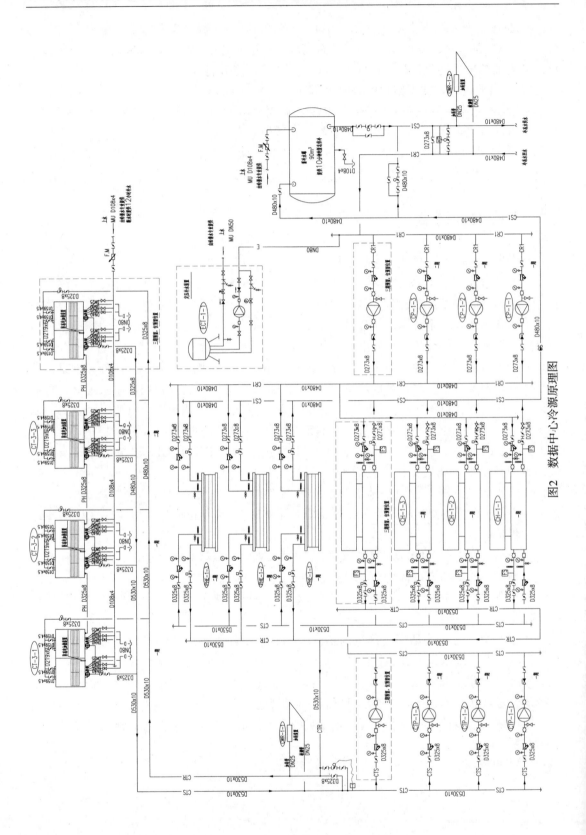

图2 数据中心冷源原理图

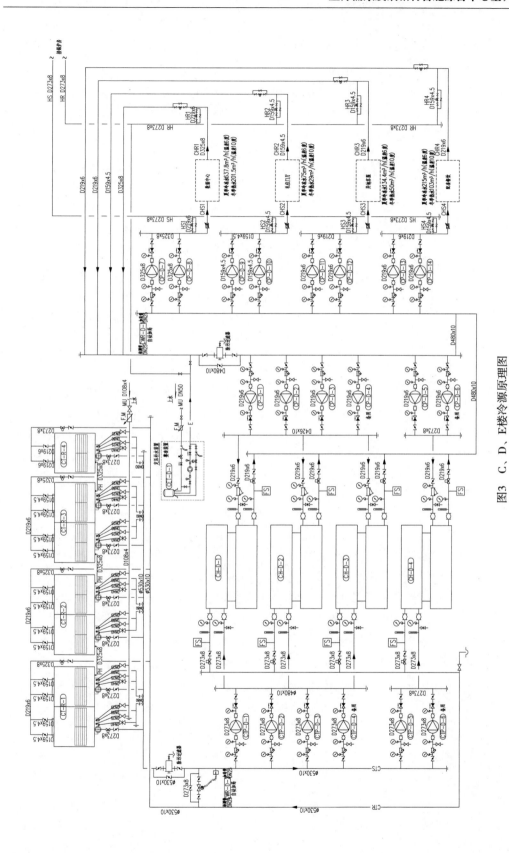

图3　C、D、E楼冷源原理图

2017 年度全国优秀工程勘察设计行业奖

（建筑环境与能源应用专业）

三 等 奖

合肥加拿大国际学校·
合肥中加学校教学楼[①]

- 建设地点： 安徽省合肥市
- 设计时间： 2012 年 2～7 月
- 竣工日期： 2014 年 8 月
- 设计单位： 合肥工业大学设计院（集团）有限公司
- 主要设计人：李 灏 张 勇 张 宁 张 抗
- 本文执笔人：李 灏

作者简介：

李灏，高级工程师，首批"全国优秀青年设计师"。2002 年进入合肥工业大学建筑设计研究院工作。作为设计负责人编制有安徽省工程建设地方标准设计图集《空调水系统设计与安装》《供暖通风与空气调节设计常用数据》。目前担任安徽省土木建筑学会暖通空调专业委员会副主任委员、安徽省暖通空调专委会青年委员会秘书长。

一、工程概况

为进一步优化合肥市作为国际城市的投资环境和形象，提供一流的国际化教学环境，加强国际化文化交流，弘扬中国文化，合肥高新技术产业开发区招商局与加拿大加皇国际教育集团根据我国相关规定，在安徽省合肥市高新技术产业开发区创办合肥加拿大国际学校和合肥中加学校。

本工程位于合肥高新产业园，为合肥加拿大国际学校合肥中加学校一期教学楼，该建筑地上 4 层，地下 1 层。总建筑面积 41662m²，其中地上建筑面积 30650m²，地下建筑面积 11012m²，建筑高度 17.10m。

建筑规划及设计吸取国际学校的优点与特点，学制设小学部（1～6 年级）、初中部（7～9 年级）、高中部（10～12 年级），将主要的教学管理功能区和大空间场馆布局在一栋建筑内。由于主体建筑功能集中复杂，因而主教学楼功能综合性强，平面利用率高，有利于节能节地。

建筑总体平面布局分为三部分，西侧为初中部，东侧为高中部，中间部分为门厅、展厅、阅览等公用空间。建筑分区明确，教学用房与教学辅助用房围绕大空间集中设置，平面功能合理，利用率高。

地下室：主要为餐厅（学生餐厅与穆斯林餐厅）、厨房、室内游泳池以及相应的设备用房，如燃气锅炉房、泵房、换热站、风机房、洗衣机房。

一层平面：中间门厅部分含展厅、接待以及各种办公管理用房。西侧体块北向主要设

---

① 编者注：该工程设计主要图纸可从中国建筑工业出版社官方网站本书的配套资源中下载。

置一个供全校使用的 800 人报告厅，兼有小型剧场的演出功能。西侧南向为一、二、三年级标准教室以及办公等教学辅助用房，教学用房中心围绕室内篮球馆。东侧体块包含一个 440 人的阶梯教室以及供高一年级使用的标准教室、公共课教室和教学辅助用房，教学用房中心设一个室内篮球馆。

二层平面：中间门厅之上为公共阅览室。西侧体块为四、五、六年级教室以及办公等教学辅助用房。东侧体块为高一、高二年级使用的标准教室、计算机、美术教室和教学辅助用房。

三层平面：中间连接体为公共阅览室。西侧体块为七、八年级标准教室以及办公等教学辅助用房。东侧体块包含一个设置活动座椅的阶梯教室以及高二、高三年级使用的标准教室、音乐教室和教学辅助用房。

四层平面：西侧体块为八、九年级标准教室以及办公等教学辅助用房。东侧体块为高三年级标准教室和化学生物实验室。两个室内篮球馆占 3 层空间，顶部在四层形成上人屋面，为学生以及教师提供室外活动与交流平台。

在暖通专业设计上坚持空调舒适、使用可靠、管理灵活、计费方便的同时，强调节能环保，重视消防安全。针对复杂的建筑布局、多样的房间功能，合理划分空调系统，充分考虑各空调系统的运行管理及节能特点，取得了很好的节能效果。并且积极合理地采用新技术、新材料、新设备，以达到技术先进、功能合理。

本项目空调工程投资概算：总资金为 2500.76 万元，单方造价 600.2 元/m²。

二、暖通空调系统设计要求

1. 空调冷热源及系统设计

（1）本工程采用水-空气型热泵式水环热泵机组空调系统，能满足本教学楼内区大，且集教室、办公室、室内游泳池、餐厅（学生餐厅与穆斯林餐厅）、门厅、展厅、室内活动场、报告厅、厨房等众多功能于一体的空调特点。

（2）冷源：采用水-空气型热泵式水环热泵机组空调系统，热泵式水环热泵空调系统自行制冷，由冷却塔、冷却水循环水泵通过各个水环热泵主机降低冷凝器温度，达到联合制冷的目的。教学楼计算总冷负荷约为 7300kW。

（3）冷却水系统：采用方形横流闭式冷却塔，保证冷却水水质，提供 32℃/37℃ 的冷却水，由冷却水循环泵供至各末端热泵式水环热泵机组。

（4）热源：由位于地下一层锅炉房内的两台 ZRQ-300N 型真空热水锅炉（内置换热器，单台额定供热量 3489kW）供给 25℃/20℃ 的热水，由热水循环泵循环，供至各末端热泵式水环热泵机组。本锅炉房同时服务于校区内教学楼、宿舍楼（学生宿舍、教师公寓）、幼儿园的热力供应。其中教学楼的冬季空调计算总热负荷为 4300kW，教师公寓为 850kW，学生宿舍为 1620kW，幼儿园 310kW。

（5）真空锅炉、冷水泵、冷水泵均设置在地下机房内，冷却塔设在教学楼东侧屋顶上。

（6）空调系统：本工程空调均通过布置在室内的水-空气型热泵式水环热泵机组冬季供热、夏季制冷。冬季：空调水系统与锅炉相连，切断与冷却塔的管路，末端设备的水路连接至水环热泵的主机上，由水环热泵供热。夏季：空调水系统与冷却水系统相连，切断与锅炉的管路，末端设备的水路连接至水环热泵的主机上，由水环热泵供冷。

（7）补水定压：采用真空雾化排气常压式定压补水机组定压；系统能自动通过此机组泄压。

2. 空调系统划分及形式

根据本工程建筑平面布置及众多的功能要求，并从使用、实施、管理等方面综合考虑。

（1）空调供回水系统分多个公共水环路：每个水环热泵空调系统由众多水环热泵机组并连而成，连接这些机组的循环水环路共用，环路内的水为循环利用的低品位常温水，无需保温。

（2）大报告厅、室内活动场、阶梯教室、阅览室、展厅、门厅等大空间均分别采用压缩机、蒸发器及风机组合为一体的整体式水热泵机组，采用低风速全空气空调系统。

（3）教室、办公室等房间采用将压缩机及水侧换热器与风机及风侧换热器分开设置的分体式水环热泵机组。

（4）整体机的布置配合建筑专业，在满足空调房间合理气流组织的前提下尽量减少机组的台数。立式整体机组、大型机组均设置在专用机房并考虑噪声控制措施；分体机主机吊装于卫生间、走道等辅助房间。

（5）所有空调房间均按照《公共建筑节能设计标准》满足新风要求。

三、暖通空调系统方案确定

1. 根据本工程教学楼特点选用水环热泵空调系统

（1）水环热泵空调系统从运行时间和运行工况上可为用户提供充分选择的自由，能较好地适应本教学楼中各功能房间人员经常变化的情况，用户可根据需要决定水环热泵机组的运行。这点能满足本教学楼集教室、办公室、室内游泳池、餐厅（学生餐厅与穆斯林餐厅）、门厅、展厅、室内活动场、报告厅、厨房等众多功能于一体的空调特点。

（2）本项目内区较大，建筑物内部（或南向教室）的余热及各机组压缩机耗电所转换的热量融入公共水环路后被有效回收。又由于建筑物内部的热移动，可保证建筑物内部的热量分布均匀，这样，每年都有一段时间不必由外界供热。

（3）本建筑地下一层学生餐厅与穆斯林餐厅等房间需全年供冷，机组吸收室内热量向公共水环路释放。冬季，其热量被其他供热机组吸收，此时只需向公共水环路补充二者热量之差，即可保持系统的能量平衡。

（4）教学楼可实施全空调，以满足外籍人员的着装和工作习惯。系统供热时对水温要求不高，每年所消耗的能量费用低。

（5）各用户独立运行，各教学单元可单独进行冷热量计量。

（6）无大型设备，占建筑空间较少，维修影响及工作量较小。

2. 计算分析

（1）公共水环路循环水量的确定及水泵的选型

机组均设有电动两通阀，按建筑逐时最大冷负荷选择多台水泵，按变流量系统运行，以利于节能。负荷变化时水泵台数作相应增减或变频控制调节，变频调节时系统最小运行流量不小于单台水泵流量的 50%。

（2）冷热源设备

1）冷却塔

因开式水环路系统水质易受污染，对水环热泵机组效率、安全及使用寿命均有影响，故设计采用闭式冷却塔。

冷却塔流量按下式计算：

$$L = 3.6KQ/[c(T_1 - T_2)]$$

式中　　Q——空调冷凝热量，kW；

　　　　c——水的比热：4.1868，kJ/(kg·℃)；

　　　T_1——冷却塔进水温度，℃；

　　　T_2——冷却塔出水温度，℃；

　　　K——同时使用系数。

$$L = 3.6 \times 0.8 \times (7273 \times 1.2)/[4.1868 \times (37 - 32)]$$
$$= 1200.70\text{m}^3/\text{h}$$

2）辅助热源

① 维持水环热泵空调系统正常运行所需的热量分为内部热量及外部热量两部分。建筑得热和水环热泵机组输入功率转换的热量为内部热量；当内部热量不足时，需要由辅助热源补入的热量为外部热量。

② 系统正常运行时外部热量按下式计算：

$$Q = Q_R(COP_h - 1)/COP_h - Q_L(COP_e - 1)/COP_e$$

式中　　Q_R——供热总负荷，kW；

　　　Q_L——冬季供冷总负荷（内部发热量），kW；

　　COP_e——水环热泵机组平均制冷系数：制冷量/输入功率；

　　COP_h——水环热泵机组平均制热系数：冷凝热量/输入功率≈(COP_e+1)。

$$Q = 4300 \times (4.1 - 1)/4.1 - 420.3 \times (3.1 - 1)/3.1 = 2966.5\text{kW}。$$

四、控制（节能运行）系统

空调系统控制策略：

1. 水环路水温控制

公共水环路水温范围保持在 13～32℃，通过检测水环路的感温器来保证环路设计水温。夏季由冷却塔来控制环路水温，冬季由真空锅炉控制环路水温。

2. 闭式冷却塔水温控制

根据冷却水供水温度控制冷却塔风机变频器的频率，当频率达到设定下限时，减少冷却塔的运行组数；根据冷却水供回水温差与设定值的偏差控制冷却泵变频调速运行。

（1）水温升至 29℃时，冷却塔风阀开启，进行自然对流排热；

（2）水温升至 30℃时，开始淋水，进行初级蒸发冷却；

（3）水温升至 31℃时，风机低速运转；

（4）水温升至 32℃时，风机高速运转；

（5）水温升至40℃时报警，升至46℃冷却塔停止工作。

3. 热源控制

（1）水温降至13℃时真空锅炉投入运行；水温升至16℃时，停止运行。

（2）水温降至7℃时，发出低温报警；水温降至4℃时，低温停机。

4. 循环水泵控制

热泵机组均设电动两通阀，供回水总管之间设旁通压差阀。水泵按公共水环路供回水压差进行变频控制，压差取值为水环路最大水力损失的1.2倍。也可按压差值决定水泵的开启台数。此值由现场整定。

五、工程主要创新及特点

该项工程的顺利实施，得到了中加两国政府、各相关部门的大力支持，有效促进了我国学校设计接轨国际化教育的进程，为发展我国的生态城市建设、探索国际化教育服务的发展模式，树立了典范。目前该项目已竣工投入使用，得到了各方一致好评。

本项目水环热泵空调系统选用变频调速泵作为环路中的循环水泵，把传统水环热泵空调系统的定流量水环路系统改为变流量水环路系统（见图1）。在每个热泵机组水管路入口前都装有两通阀、调节阀等。当该热泵机组不运行时，它前面的阀门也随即关闭，随着热泵机组停机数量的增加，通过压差控制装置，利用变频驱动装置改变循环泵的转速，从而使得循环泵流量减少，达到节能的目的。采用变流量系统比其定流量系统节能30％～80％，节能效果显著。变流量的运行费用和安装费用也不高，回收年限为2～3年。鉴于此，水环热泵空调系统应尽量采用变流量水环路系统，以增加整个系统的节能效果和环保效益。

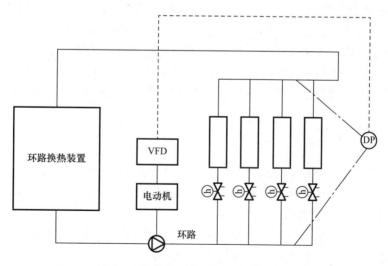

图1　变流量水环热泵空调系统的原理

临安市体育文化会展中心①

- 建设地点：　浙江省临安市
- 设计时间：　2011 年 2 月~2014 年 5 月
- 设计单位：　浙江大学建筑设计研究院有限公司
- 主要设计人：杨　毅　宁太刚　顾　明
- 本文执笔：　宁太刚

作者简介：

宁太刚，高级工程师，注册公用设备工程师，毕业于哈尔滨工业大学暖通空调专业。现任浙江大学建筑设计研究院有限公司三院暖通负责人。主要设计代表作品：联合国地理信息展览馆、顺昌博物馆、宁波大学图书馆、黄岩综合枢纽客运站、杭州湖滨银泰城、千岛湖英迪格酒店、海西蒙古族藏族自治州行政服务中心等。

一、工程概况

根据浙江省临安市政府关于新城开发的总体规划要求，锦南新城建设指挥部拟在锦南新城玲三路南侧地块兴建临安市体育文化会展中心，定位为一个以体育赛事活动为基本功能的新型城市综合体，尝试创建一种集体育赛事、市民休闲、商业活动为一体的新型体育建筑模式，力求能够以馆养馆，持续经营，同时带动周边地块发展。临安市体育文化会展中心由临安市体育馆、游泳馆、综合训练馆、体育场及相关附属设施组成，总建筑面积约 74986m²。

本项目已获得绿色建筑二星级标识（设计），结合当地能源政策与项目实际情况以及相关国家规范、标准的要求，冷热源设计采用多种空调系统组成，包含：冷水机组＋锅炉、风冷热泵冷热水机组、变冷媒流量多联机 VRF 空调、泳池除湿热泵机组、分体空调，同时充分利用自然通风与排风热回收技术，达到整体空调系统绿色、节能。

二、工程设计特点

暖通空调系统设计遵循可持续发展的原则，以低碳环保为目标，安装绿色建筑二星级标准设计。本工程创新要点及空调系统采用的主要技术如下：

1. 泳池三集一体热泵技术

本项目泳池采用三集一体热泵系统，对排风进行热回收。优先对新风进行处理，当热量有余时，对泳池水进行加热，充分利用排风冷热量。

三集一体热泵系统除湿能力强，可以有效控制室内湿度，减少室内围护结构表面结露；除湿的同时，可以回收大量废热，用于空调或池水加热，降低泳池运行能耗。实际运行时，围护结构内表面结露情况、系统运行能耗均达到设计目标。

---

① 编者注：该工程设计主要图纸可从中国建筑工业出版社官方网站本书的配套资源中下载。

2. 优良的气流组织

本工程体育馆、游泳馆均为高大空间，空间变化复杂，泳池区采用下送风系统，提高舒适度的同时，降低能耗，防止外窗结露；泳池看台区、体育馆看台区均采用座椅送风系统，提高舒适度，降低整体空调能耗。

3. 二氧化碳新风控制系统

体育馆篮球场空调箱新风量根据体育馆内的二氧化碳浓度控制新风阀的开度，控制新风量，减少空调系统的能耗。

4. 光导管

为改善室内光环境，节约能源，体育馆、游泳馆和羽毛球馆屋顶采用光导管，共计约 220 根 DN530 的光导管。年理论节电量为 172700kWh，节能效益显著。根据实际使用效果，光导管运行良好，节能效益明显。体育馆白天不开灯完全能满足室内采光要求，对于全民健身的体育场馆具有非常好的节能示范效益。

5. 太阳能热水系统

本工程在泳池淋浴系统中利用太阳能热水系统，用高温热水作为最终的辅助热源。太阳能热水系统的集热面积为 491.4m²，产热水量比例为 16%。

三、空调冷热源及设备选择

1. 体育馆：体育馆建筑地上 2 层，高度 27.5m，用立体桁架结构，比赛厅上空跨度 74.4m，核心功能是 5000 座的主场馆，可以进行篮球、排球、手球等比赛，还可以进行多种规模的文艺演出。体育馆冷源采用 2 台 1232kW 的水冷螺杆冷水机组，冷源总装机容量为 2464kW，供/回水温度为 7℃/12℃。热源采用 2 台 933kW 的真空热水锅炉，总供热量为 1866kW，热水供/回水温度为 60℃/50℃，设备设置与地下室。体育馆管理人员办公部分采用 VRF 空调系统。

2. 综合训练游泳馆：游泳馆池水加热及空调热源采用 1400kW 和 1050kW 2 台燃气热水锅炉，总供热量 2450kW；泳池初次最大加热量为 963kW，最大平时耗热量为 1700kW，游泳馆空调热负荷为 750kW，热水供/回水温度为 90℃/70℃；各功能区空调系统如下：

（1）游泳馆泳池区采用 2 台 VeP-120-E 型、2 台 VeP-040-E 型三合一热泵机组，总制冷量 516.4kW，总制热量 660kW，总除湿量 330kg/h，不足冷量由其他体育设施冷水机组提供。

（2）游泳馆一、二层大商业用房采用 1 台 30XQ-660 螺杆式风冷热泵机组，总制冷量 660kW，总制热量 634kW。

（3）游泳馆餐厅、咖啡厅采用 2 台 30XQ-430 螺杆式风冷热泵机组，总制冷量 844kW，总制热量 844kW。

（4）游泳馆辅助用房采用 2 台 30XQ-330 螺杆式风冷热泵机组，总制冷量 644kW，总制热量 634kW；KTV 用房采用 2 台 30XQ-430 螺杆式风冷热泵机组，总制冷量 844kW，总制热量 844kW。

四、空调系统形式

1. 根据体育馆人员众多的特点，结合模拟计算软件综合分析，体育场馆空调系统设置如下：

（1）体育场馆采用固定座位阶梯侧送风方式提供固定座位区空调，集中下回风，每个固定座椅均设一个送风口，每个送风口的额定送风量为 65m³/h，送风风速小于 0.2m/s。

（2）体育馆采用全空气二次回风低速风变频送风系统，集中设置空调机房，风机根据回风温度变频。

（3）观众大厅采用全空气低速风变频送风系统，集中设置空调机房，集中回风，风机根据回风温度变频。

（4）小空间采用风机盘管＋新风的空气-水系统和 VRF＋新风系统。

2. 综合训练游泳馆：

（1）泳池观众席采用固定座位阶梯侧送风方式提供（泳池观众席结合三合一热泵采用集中上回风），每个固定座椅均设一个送风口（具有可调节及关断功能），每个送风口的额定送风量为 65～70m³/h，送风风速小于 0.2m/s。

（2）观众大厅采用全空气一次回风低速送风系统，集中设置空调机房。根据回风温度进行启停控制。

（3）辅助用房采用全空气一次回风系统。

（4）KTV 用房采用风机盘管＋新风的空气-水系统。

（5）游泳馆观众大厅采用全空气一次回风系统，集中设置空调机房，集中回风。风机根据回风温度启停控制，采用旋流风口送风。

（6）泳池区采用三合一热泵集中处理方式、地板送风＋底部侧送，上部集中回风和排风，集中设置空调机房，戏水池区、热身池区采用上送、上回气流组织形式。

（7）网球场全空气一次回风系统，喷口侧送风，设置空调机房，集中回风，风机根据回风温度启停控制。

（8）小空间采用风机盘管＋新风的空气-水系统和 VRF＋新风系统。

（9）本工程全空气系统均考虑变新风多工况运行。

3. 空调水系统

（1）空调水系统为两管制（冷热兼用，按季节切换），空调水系统工作压力为 0.8MPa。

（2）空调水系统原则采用同程式机械循环，局部异程处设置压力平衡阀。

（3）冷水供/回水温度为 7℃/12℃，空调热水由锅炉热水经板换提供，供/回水温度为 60℃/50℃，风冷热泵热水供/回水温度为 45℃/40℃。

（4）空调末端设置电动调节阀。

（5）空调水系统采用一级泵系统，水泵定频，系统通过集分水器之间的压差旁通变流量运行。

（6）空调水系统膨胀水箱设在屋顶，由浮球阀控制补水。

4. 供暖系统

（1）泳池区人员活动区域地面采用地板辐射供暖，供/回水温度为 50℃/45℃，由空调热水经换热板换后提供。

（2）地板热辐射盘管采用交联聚乙烯 PE-X 管 S4.0 系列，管径 De16。每套分集水器控制环路均不超过 8 路。并且供水管入口设过滤器，分集水器顶部设自动放气阀，分集水器回水管设置铜质球阀，每个环路控制阀设置温控阀。

五、绿色环保节能技术

1. 水系统中央空调

（1）本工程冷源采用的水冷螺杆冷水机组额定工况 $COP \geqslant 5.1W/W$，风冷热泵机组额定工况 $COP \geqslant 3.2W/W$，泳池热泵额定工况 $COP \geqslant 3.2W/W$；热源锅炉热效率＞92％，排风热回收装置（全热和显热）的额定热回收效率＞60％。

（2）大空间采用全空气低速送风单风道系统，空调箱漏风率不大于1％；全空气系统可实现变新风工况与变回风工况运行。在利用冷热源对空调区域预冷/预热时可实现全回风工况，全空气系统回风与排风均设置侧墙集中回风口或排风口，经回风或排风风管接入设备。本工程办公会议部分采用风机盘管＋新风的空气-水系统，回风通过回风管接入风机盘管回风静压箱内。

（3）本工程空调箱单位风量耗功率 $\leqslant 0.46W/m^3/h$，平时通风风机单位风量耗功率 $\leqslant 0.32W/m^3/h$，风机盘管＋新风的空气-水系统。新风直接送入各空调区。空调水系统为两管制（冷热兼用，按季节切换）一级泵系统，空调冷水供回水温差为5℃，热水供回水温差为10℃。冷水系统的输送能效比满足节能要求。空调系统新风、送风回风管采用镀锌钢板制作，空调风管绝热层的最小热阻 $\geqslant 0.74m^2 \cdot K/W$，建筑物内空调冷热水管按《公共建筑节能设计标准》的规定选用。空调保冷管道的绝热层外，设置隔汽层和保护层。

（4）空调控制系统：全空气系统风机根据回风温度变频运行，并采用变新风比焓值控制方式，风机盘管采用三挡风量调节；空调机组末端水管路上设置动态平衡电动调节阀；风机盘管末端水管路上设置动态平衡电磁两通阀，组合式空调箱风机变频至频率设定下限时，根据回风温度调节冷热水阀开度，新风机组根据出风温度调节冷热水阀开度，风机盘管根据回风温度调节冷热水阀开度。

2. VRF 节能设计

系统分区域设置，各空调系统采用就地数字控制系统监控，自动化程度高，可根据使用要求独立启停，在部分空调区域使用的情况下可有效地避免空调能耗的浪费。

空调系统采用变冷媒流量多联机（VRF）系统，名义工况和规定条件下，其能效比不低于2.8W/W；同时，空调室外机根据室内负荷进行变频调节，在部分负荷工况下的综合性能效率比较高。本工程中VRF系统中夏季供冷量长度修正系数不应小于0.85。

六、设计体会

工程2015年竣工启用至今空调系统运行正常，使用效果良好。经多次调研总结几点体会：

1. 投资方和建设方对绿色建筑的建设推进起着相当重要的作用。

2. 该工程建筑功能多样化，包含体育馆、游泳馆、综合训练馆、体育场及相关附属设施，且分属不同物业管理，对设计提出了很多具体要求，如何考虑空调系统的合理划分、冷热源形式、节能减排等问题是该工程的重点，也是难点。

福建海峡银行办公大楼①

- 建设地点：　福州市
- 设计时间：　2011 年 11 月～2012 年 6 月
- 竣工日期：　2016 年 6 月
- 设计单位：　福州市建筑设计院
- 主要设计人：林其昌　洪剑飞　李炳华
- 本文执笔：　洪剑飞

作者简介：

林其昌，教授级高工，国家注册公用设备工程师，同济大学毕业。现任福州市建筑设计院副总工程师，主要设计代表作品：福州海关业务技术用房、福州市委市政府办公楼及市会议厅等。

一、建筑概况

福建海峡银行办公大楼位于福州市江滨大道北侧万达广场以西金融街 D5 地块。大楼地上 27 层，地下 2 层，裙房一～五层设有门厅、营业大厅、会议室、报告厅、办公类配套用房等；塔楼六层为餐厅、厨房，七十二层、十四～二十七层均为办公用房，十三层为避难层；地下两层设有车库、设备用房等；大楼总建筑面积 65997m²，地面建筑面积 52952m²，地下建筑面积 13045m²，建筑高度 119.35m，属综合性超高层公共建筑。空调工程冷负荷指标：一～五层裙房（含六层厨房）水系统部分为 116.3W/m²（建筑面积），余下区域多联机＋水机系统为 106.2W/m²（建筑面积）；空调系统投资概算 2150 万元，单方造价 326 元/m²（建筑面积）。

二、空调系统主要设计参数

1. 福州地区室外气象参数：

夏季：t_w＝35.9℃，t_{wp}＝30.8℃，t_s＝28℃，p＝996.6hPa；

冬季：t_w＝4.4℃，φ＝74%，p＝1012.9hPa。

2. 空调室内设计参数

依据各房间功能，确定空调室内设计参数，如表 1 所示。

空调室内设计参数　　　　　　　　　　　　　　　　　　　表 1

房间名称	夏季		冬季		最小新风量 [m³/(h·p)]
	干球温度（℃）	相对湿度（%）	干球温度（℃）	相对湿度（%）	
营业大厅、交易柜台	25～27	≤65%	21～22	≥40%	20
门厅、大堂、走道等辅助用房	25～27	≤65%	18～20	≥35%	10

①　编者注：该工程设计主要图纸可从中国建筑工业出版社官方网站本书的配套资源中下载。

房间名称	夏季		冬季		最小新风量 [m³/(h·p)]
	干球温度（℃）	相对湿度（%）	干球温度（℃）	相对湿度（%）	
会议室及报告厅	25～26	≤65%	21～22	≥35%	25～30
餐厅	25～27	≤65%	21～22	≥35%	20
办公类用房	25～26	≤65%	21～22	≥45%	30～50
活动类用房及展厅	25～27	≤65%	21～22	≥35%	25～30

3. 功能要求及设计原则

根据本工程建筑功能划分以及综合技术、经济和业主使用要求，大楼空调按全年舒适性空调设计，采用风冷多联式＋风冷热泵冷/热水集中空调机组组合系统方案。

大楼一～五层裙房和六层厨房采用集中空调水系统，以适应入口门厅、营业大厅等高大空间对空调气流的特殊需求，避免裙房部分房间因空调冷媒管道过长引起系统能耗过高，也方便今后运行管理；冷热源为3台风冷热泵冷/热水机组（超低静音型），机组设于六层裙房屋面。

大楼一层金库及六～二十七层采用多联式空调系统加独立新风，满足夏季制冷、冬季供暖要求；空调室外机组就近优先设于本层设备平台，少量设于裙房屋面和塔楼屋面，以降低冷媒管过长带来的冷/热量衰减。

三、空调系统方案比较确定

设计初期提供三种空调方案：（1）风冷多联式＋风冷热泵冷/热水集中空调机组；（2）风冷热泵冷/热水集中空调系统；（3）水冷式冷水机组＋锅炉热水集中空调系统。根据大楼规模、用途、特点等，侧重考虑业主使用要求、运行管理以及屋面空调外设放置条件，经相关方多轮沟通论证，最终确定采用风冷多联式＋风冷热泵冷/热水集中空调机组组合系统方案。

门厅、营业大厅、报告厅、中庭等大空间场所采用空调箱低速送风全空气系统，银行主要出入口、门厅高大空间采用分层空调，在三层设置侧送喷口高速送风，满足人员逗留区域舒适空调需要，降低空调冷量损失，其余场所采用顶送顶回的送风方式；小会议室、办公类用房采用风机盘管加新风的水-空气空调系统，独立控制、单独运行，室内风机盘管气流组织以侧送顶回为主；大会议室采用吊挂式空调箱加新风系统，独立控制、单独运行，气流为顶送顶回，吊挂式空调箱设于会议室外并控制风机风量以降低室内噪声。空调箱设粗效、中效两级过滤，中效过滤为纳米光催化（终阻力小于25Pa），并带杀菌、除异味功能。

七层以上办公楼层根据吊顶分布情况采用多联机风管天井式或四面出风嵌入式空调室内机。七～十二层每层配置独立多联式新风机组；十四层以上新风采用冷/热水独立新风机组（带全热回收、喷雾加湿模块）分层设置在专用新风机房内，其新风负荷全部由新风机承担，以增强人员舒适感，降低能耗。

四、通风防排烟系统

1. 通风系统

（1）地下车库、非机动车库平时设置机械排风系统，排风量均按$6h^{-1}$换气次数确定；

地下二层设备用房集中设置机械排风系统，排风量按 $6\sim8h^{-1}$ 换气次数确定。

（2）大楼人员密集的会议室、无窗办公类用房均配置机械排风系统，排风量按空调新风量的 $50\%\sim60\%$ 确定；过渡季节采取加大新风量的措施，以改善室内空气品质。

（3）无窗的公共卫生间，产生湿、臭、热等污浊气体的其他房间设机械排风系统，排风量均按 $10\sim15h^{-1}$ 换气次数确定。

（4）地上一层高压开闭所、五层高低压配电室设置机械排风系统（与事故排风系统共用），排风量按 $12\sim15h^{-1}$ 换气次数确定；网络机房及其他设置气体灭火房间平时设排风系统（与事故排风系统共用），排风量按不小于 $6h^{-1}$ 换气次数确定。

2. 消防防、排烟系统

（1）防烟楼梯间及前室、合用前室、避难层

大楼建筑高度大于100m，其防烟楼梯间和前室、合用前室按垂直方向在避难层（十三层）分上、下两段分别设置加压送风系统，加压送风量按规范确定。塔楼的防烟楼梯间加压送风系统地下室每层设加压风口，地上逢偶数层设加压风口；裙房防烟楼梯间加压送风系统每层设加压风口，采用自垂百叶；火灾时消控中心遥控或人工开启加压送风机，以维持防烟楼梯间余压 $40\sim50Pa$。

合用前室每层设多叶送风口，每三层组成联动单元，火灾时着火层与相邻上、下两层同时开启，送风口可就地手动开启，也可由消控中心遥控开启；加压送风口与相应的加压送风机联锁控制，维持余压 $25\sim30Pa$。

避难层设置加压送风系统，加压送风量按不小于 $30m^3/(m^2\cdot h)$ 确定，火灾时消控中心遥控或人工就地开启加压送风机，维持余压 $25\sim30Pa$。

（2）地下车库

地下机动车库、非机动车库均设机械排烟系统，排烟系统与平时排风系统共用，系统排烟量机动车库按换气次数 $6h^{-1}$ 确定，非机动车库按最大防烟分区不小于 $120m^3/(m^2\cdot h)$ 确定；利用车道出入口自然补风，不满足自然排烟条件的设置机械补风系统，补风量按大于排烟量 50% 确定。

（3）走道

大楼内长度超过20m且不满足自然排烟条件的内走道均设置机械排烟系统，根据防火分区和建筑平面分布采用水平或竖直系统；排烟量按系统管辖的最大走道面积 $120m^3/(m^2\cdot h)$ 确定，无窗房间的走道，计算排烟量时增加最大无窗房间面积；地下内走道和地上内区无窗房间排烟时，设机械补风或专用竖井自然补风。

地下设备用房长度大于20m的内走道设独立机械排烟系统（与平时排风系统共用），系统排烟量按走道面积 $60m^3/(m^2\cdot h)$ 确定，利用专用天井自然补风。

（4）中庭

一～五层中庭根据不同防火分区各自独立设置机械排烟系统，中庭体积均小于 $17000m^3/h$，排烟量按换气次数 $6h^{-1}$ 确定。

（5）房间

地上面积超过 $100m^2$ 且经常有人停留或可燃物较多的房间，利用开启外窗自然排烟，可开启外窗有效面积不小于该场所建筑面积的 2%；不满足该条件的房间设机械排烟系统，排烟系统风量按最大房间面积 $120m^3/(m^2\cdot h)$ 计算。

五、空调通风系统控制

1. 大楼空调系统

大楼空调、通风及消防防排烟系统均并入楼宇自控系统（BAS），统一管理控制运行。空调系统各末端自带温控装置，负责自身区域室温控制，并由大楼楼宇自控系统（BAS）对空调系统所有运行进行有效管理、检测、能量调节、电费计量等。

2. 中央集中空调水系统

每台热泵冷/热水机组自带能量控制和安全保护控制系统，可根据负荷变化自动调节能量；机组供、回水总管间设压差旁通装置，根据空调负荷变化自动调整供水旁通水量和冷热水机组运行台数。

空调水系统采用一级泵、两管制、闭式循环系统，冷/热水机组和循环水泵一一对应；空调末端设置电动两通阀和室温控制器，根据空调负荷变化自动调整空调末端水量，控制室内区域温度；水泵运行状态显示、故障报警、膨胀水箱水位控制、液位信号显示。

空调箱设置电动两通阀和比例积分室温控制器，通过回（送）风温度对水量进行调节；新风空调机设置电动两通阀和室温控制器，通过送风温度对水量进行调节，通过送风相对湿度对加湿器的控制；空调箱、新风空调机均具过滤器阻力报警、风机运行状态显示及故障报警。

3. 风机

空调箱、空调新风机、风机盘管风量控制，根据需求采用变频或变速自动调整风量、风压，排风机与送风机联锁，风机与防火阀、电动风阀联锁，风机运行状态显示及故障报警，根据 CO_2 浓度对空调新风机及空调箱进行控制，根据 CO 浓度对车库送排风机进行控制。

4. 通风与防排烟系统

大楼防排烟系统采用就地手动控制和消控中心遥控相结合方式，防排烟风机进出总管上的防火阀、排烟阀、排烟管路上的排烟口以及加压送风口均与其系统风机联锁。

六、工程主要创新及特点

1. 组合空调方案既满足使用要求，又与超高层建筑立面景观和谐融合

本大楼位于金融街且沿闽江一线，建筑外立面景观要求苛刻，为综合性 5A 甲级办公楼，要求全年舒适性空调；集中空调方案难以很好地适应办公楼多样化使用要求，全部采用多联机空调外机与建筑室外空间矛盾难以解决，且多联式空调外机集中设于屋面，室内外机超大高差、管长将使部分楼层空调系统冷热效率衰减严重。经与主创建筑师、业主多轮方案研讨，最后确定采用风冷多联式＋风冷热泵冷/热水集中空调机组组合系统方案。

一～五层裙房部分和六层厨房采用风冷热泵冷/热水集中空调系统，满足高大空间对空调系统的特殊要求，消除了多联式内外机超大高差、管长引起冷量衰减的影响。

一层金库及四～八层多联空调室外机组设于六层裙房屋面，二十二层以上多联式空调室外机组设于塔楼屋面，九～十二层、十四～二十一层多联式空调室外机组均设于本层

设备平台，并结合大楼排气在十三层设机械排风系统，有效缓解了竖直方向室外机组之间自下而上的热气流干扰。

组合空调系统方案，既满足了业主不同功能区域、不同使用时间的空调需求，又明显降低了空调系统运行能耗；同时，不同形式的空调外机散热百叶（如低阻型百叶、玻璃百叶、消声百叶、装饰百叶等）多种组合，成为建筑的一种基础元素，和谐融入建筑立面之中，既保证建筑立面景观效果，又不影响空调外机通风散热，缓解了空调散热百叶与超高层建筑外立面之间的矛盾。

2. 大楼热回收空调新风系统

大楼十四～二十七层空调新风采用冷/热水新风机组（带全热回收模块），从排气中回收冷/热量，对引入室外新风预冷/热，有效降低新风空调负荷；空调新风机组配置变频器，过渡季通过风机变频调整新风量、排风量，最大限度利用室外新风。热回收相关技术经济指标理论分析汇总如下：

室外气候新风参数：

夏季：$t_w = 35.2℃$，$t_s = 28℃$，$p = 996.4hPa$；冬季：$t_w = 4℃$，$\varphi = 74\%$，$p = 1012.6hPa$

室内公共走道排风参数：

夏季：$t_n = 27℃$，$\varphi = 60\%$，$p = 996.4hPa$；冬季：$t_n = 18℃$，$\varphi = 35\%$，$p = 1012.6hPa$

十四～二十层、二十六层：每层新风量：6000m³/h，排风量：4000m³/h；热回收效率：61.2%，夏季全热回收冷量：37.6kW；热回收效率：68.9%，冬季全热回收热量：22.3kW。

二十一～二十五层：每层新风量：5000m³/h，排风量：3200m³/h；热回收效率：60.4%，夏季全热回收冷量：30.9kW；热回收效率：68.4%，冬季全热回收热量：18.4kW。

二十七层：新风量：4000m³/h，排风量：2400m³/h；热回收效率：65.7%，夏季全热回收冷量：26.9kW；热回收效率：71.9%，冬季全热回收热量：15.5kW。

十四～二十七层：空调总新风量77000m³/h，排风量50400m³/h；全热回收总冷量 $Q_l = 482.2kW$、全热回收总热量 $Q_r = 285.9kW$。可观的冷/热能回收，可明显降低全年运行空调新风带来的冷/热负荷，减少空调系统运行费用。

3. 高大空间空调形式

裙房门厅、营业大厅、报告厅、中庭等大空间场所，采用空气处理机组、低速送风的全空气空调系统，并根据不同的空间采用不同的送风气流，达到高效、舒适的空调效果；银行主出入口门厅最高处净高达20m，采用分层空调送风方式，在三层设置侧送喷口高速送风，满足人员逗留区域舒适空调需要，降低空调冷量损失；其余场所采用顶送顶回的送风方式，且在局部靠外窗最高点设置机械排风系统，排除上空高温废气。与全室空调相比，夏季可节省空调冷量30%，且节省初投资。房间采用风机盘管加新风的水—空气空调系统，可独立控制、单独运行，室内风机盘管气流组织以侧送顶回为主；大会议室采用吊挂式空调机组加新风的全空气系统，可独立控制、单独运行，送风气流组织为顶送顶回，吊挂式空调机组设于会议室外以降低室内噪声。

4. 工程实际运行效果

（1）风冷多联式＋风冷热泵冷/热水集中空调机组组合方案，按建筑功能区域、楼层独立划分空调系统，最大限度满足业主对空调系统灵活使用需求，得到业主充分肯定。

（2）超高层建筑立面与空调散热百叶和谐融合，空调室外机组的合理设置最大限度降低了冷媒管长、高差带来冷/热量衰减，既保证建筑立面景观的效果，又确保空调外机的良好通风散热。

（3）十四～二十七层空调新风机组带全热回收模块，制冷/热时平均焓交换效率稳定，其空调季总冷负荷明显降低，为绿色节能建筑奠定了基础。

（4）大楼入口门厅、营业大厅、报告厅等大空间场所采用分层空调方式，采用不同的空调送风气流，实现高大空间舒适性空调要求。

广深港客运专线福田站
通风空调系统设计[①]

- 建设地点：　深圳市
- 设计时间：　2006 年 5 月～2015 年 6 月
- 竣工日期：　2015 年 12 月
- 设计单位：　中铁第四勘察设计院集团
　　　　　　有限公司
- 主要设计人：车轮飞　邱少辉
- 本文执笔人：邱少辉

作者简介：

　　邱少辉，高级工程师，注册公用设备工程师（暖通空调），2008 年毕业于西安建筑科技大学供热、供燃气、通风与空调工程专业。工作单位：中铁第四勘察设计院集团有限公司。

　　主要设计代表作品：深圳福田综合交通枢纽大型地铁换乘车站通风空调系统、给排水及消防系统设计；广深港客运专线福田站及相关工程通风空调系统、给排水及消防系统设计；武汉光谷广场综合体工程通风空调系统、给排水及消防系统设计。

一、工程概况

　　广深港客运专线福田站及相关工程位于深圳市福田中心区，北起深圳北站，南至深圳与香港分界的深圳河中心线，线路全长 11.419km，是我国京港高铁线的重要组成部分，是我国第一条位于发达城市中心并在中心区设站的高铁线路，设计行车速度 200km/h。

　　福田站是京港高铁内地的"最南端一站"，位于深圳市福田区市民中心广场西侧，益田路和深南大道交口的正下方。福田站设计新颖、技术标准高，是中国首座、亚洲最大、全世界列车通过速度最快的地下高铁火车站，它是我国第一座位于城市中心区的地下火车站，开创了我国铁路建设史上的先河，对于今后将铁路引入城市中心区起到了重要的示范作用，是名副其实的国家铁路场站建设的"特区"（见图 1）。

　　车站全长 1022.7m，最宽处宽 78.86m，外包总高度 28.607m，有效站台中心底板埋深 31.107m，总建筑面积 151138.9m²。车站共包括 3 层，地下一层为人行交通转换层，主要用于乘客在车站和相邻建筑、交通系统之间的转换；地下二层为站厅层，主要用于旅客进出站；地下三层为站台层，共设有 4 座岛式站台，8 条到发线（见图 2～图 4）。

　　本工程空调建筑面积 73805m²，空调冷负荷 7965kW，空调冷负荷指标为 53W/m²（总建筑面积），108W/m²（空调建筑面积）。

---

　　① 编者注：该工程设计主要图纸可从中国建筑工业出版社官方网站本书的配套资源中下载。

图 1　建设完成的福田站地面情况

图 2　地下一层交通转换层

图 3　地下二层站厅层候车区域

图 4　地下三层短站台公共区

二、暖通空调系统设计要求

1. 室外计算参数

空调室外计算干球温度 33℃，空调室外计算相对湿度 75%，夏季通风室外计算温度 31℃。

2. 室内设计参数（见表 1）

车站公共区及部分设备管理用房设计参数　　　　表 1

序号	房间名称	夏季		换气次数 (h⁻¹)		备注
		计算温度	相对湿度	进风	排风	
		℃	%			
1	地下一、地下三层（站台层）公共区	30	40～65			
2	地下二层（站厅层）公共区	28	40～65			
3	车站隧道、区间隧道正常运行时	≤40				
4	车站隧道、区间隧道阻塞运行时	≤45				
5	站长室、所长室、教导员室、警务室、男女更衣室	27	40～60	6	6	空调
6	通风空调集中控制室、车站控制室、消防控制室、综合值班等管理用房	27	40～60	6	5	空调
7	售票室、票务室、微机室、人工售票室等车站服务用房	27	40～60	6	5	空调
8	电容器室、高压室、调压室、电源屏室、继电室、通信机械室、信号机房、客运电源室、民用机械室、客运总控室、屏蔽门设备室、开闭所高压室	28	40～60	6	5	空调
9	10/0.4kV 变电所	35	—	按排除余热计算风量		机械通风
10	VIP 用房、VIP 门厅	26	40～60	6	6	空调
11	配电间、电缆井、检修室、气瓶室	36	—	4	4	机械通风
12	洗澡间、卫生间、开水间	—	—	—	10	独立排风
13	污水泵房、清扫间、废水泵房、消防泵房	—	—	—	4	独立排风

序号	房间名称	夏季		换气次数（h⁻¹）		备注
		计算温度	相对湿度	进风	排风	
		℃	%			
14	蓄电池室	30	—	6	6	机械通风
15	备用房间	—	—	6	6	机械通风
16	空调机房、冷冻机房	—	—	6	6	机械通风

注：厕所、洗手间排风量每坑位按 100m³/h 计算，且换气次数不小于 10h⁻¹。

空调送风温差：车站地下一、地下三层公共区取 $\Delta T=11℃$，地下二层公共区取 $\Delta T=9℃$，设备管理用房 $\Delta T=7\sim8℃$；电气用房采用冷风降温时，送风温差保证在电气设备空载时不结露的情况下，一般取 $\Delta T=14℃$。

3. 车站噪声设计标准

乘客公共区：≤70dB(A)，管理用房：≤60dB(A)；

通风及空调机房：≤90dB(A)，设备用房：≤70dB(A)；

地面风亭：白天≤70dB(A)，夜间≤55dB(A)；

列车进出站时：≤82dB(A)，事故运行时事故区域≤90dB(A)。

三、暖通空调系统方案比较及确定

1. 空调冷源

为满足车站公共区与设备区不同的功能需求及运营时间，车站公共区及设备区分别采用不同的冷水机组进行集中供冷。

车站公共区夏季集中冷源设于地下一层左端冷水机房内，采用 3 台离心式冷水机组，每台机组制冷量为 2928kW，冷水供/回水温度为 7℃/12℃，冷却水供/回水温度为 32℃/37℃。公共区采用二级泵变流量系统，其中一级回路设冷水泵 4 台（3 用 1 备），二级回路设冷水泵 3 台（2 用 1 备），并设冷却水泵 4 台（3 用 1 备）。

车站设备区夏季集中冷源设于地下一层左端冷水机房内，采用一台水冷螺杆式冷水机组，机组制冷量为 1003kW，冷水供/回水温度为 7℃/12℃，冷却水供/回水温度为 32℃/37℃，与其配合使用的冷却水泵和冷水泵各两台（其中各一台备用）。

2. 空调水系统

车站公共区空调水系统采用二级泵变流量系统，冷水供水设分水器，根据车站超长（车站全长 1022.7m）、冷水机房集中设置在车站一端的特点，分 2 个支路对公共区末端空调器供水，支路 1 直接对一级泵近端空调器回路供水，支路 2 通过设置在冷水机房的二级泵加压后对车站远端空调器回路供水，回水集中至集水器，再回至离心机组。车站设备区空调水系统采用一级泵末端变流量系统，冷水系统不设集分水器。

3. 公共区通风空调系统

车站地下一层、地下二层公共区末端空调器采用组合式空调器，地下三层公共区末端空调器采用立式柜式空调器。组合式空调器包括进风段、过滤段、表冷挡水段、风机段、消声段、出风段及必要的中间段。在车站公共区的组合式空调器过滤段安装蜂巢静电净化模块，在车站公共区空调器送风主管上安装探头式净化装置，对空调器送风进行净化处理。

车站地下三层站台层公共区采用全空气一次回风定风量系统设计，按全年不同气候环境条件可实现小新风空调、全新风空调和全通风三种运行工况。屏蔽门上方轨顶排热风道侧壁安装电动风阀和排烟防火阀。小新风空调工况运行时，电动风阀关闭，全新风空调及全通风工况运行时，电动风阀打开，站台通过轨顶排热风道进行排风。

由于车站位于城市的中心区域，且全部位于地下，为减少车站风亭（地下对应设有空调机房）的设置数量以降低对城市景观的影响，同时避免由于单个空调区域划分过大（风管尺寸过高而提高建筑层高）而提高土建工程的造价，车站通风空调系统按每个空调机房担负不大于 4000m² （兼考虑防烟分区）进行分区空调设计。车站地下一层公共区划分 9 个空调区域，共设置 10 台组合式空调器；站厅层公共区划分 7 个空调区域，共设置 7 台组合式空调器；站台层 1、2 号短站台各分为 2 个空调区域，3、4 号长站台各划分 4 个空调区域，每个区域设立式柜式空调器一台，共设置 16 台立式柜式空调器。

4. 车站设备及管理用房区通风空调系统

车站设备及管理用房区，根据工艺要求设有通风空调系统，对空调房间较集中区域采用一次回风全空气空调系统。本站共设置 6 个集中式通风空调系统，对各区域分别设置空调器、送排风机，满足其正常状况下空调及通风运行要求。

5. 区间隧道通风系统

根据隧道通风系统要求，车站两端分别设置两台隧道风机及相应风阀，在两端设置活塞风道。活塞风道、隧道风机上设有风阀，通过风阀的转换满足正常、阻塞、火灾工况运行模式的转换。两端区间隧道通风各设置两台隧道风机，可正反转运行，风机变频调节，风机自带振动检测装置和绕组温度检测装置。对隧道进行机械通风，隧道风机主要参数：风量为 90m³/s，全压为 1400Pa，并在列车出站端对应线路设置活塞风亭直通地面。

6. 车站轨行区通风系统

根据隧道通风系统要求，车站隧道设置排热兼排烟系统，车站共设置 5 台排热风机，其中两台风量为 100m³/s，全压为 1089Pa；3 台风量为 120m³/s，全压为 1215Pa。隧道排热风机兼作车站轨行区及站台排烟风机，平时作为轨道排热使用，发生火灾事故时，根据模式转换，进行排烟工况运行。风机自带振动检测装置和绕组温度检测装置。

四、通风防排烟系统

车站公共区发生火灾，根据福田站消防性能化设计复核评估报告，排烟设备按地下一层机械排烟量为 73440m³/h、站厅层机械排烟量为 86940m³/h、短站台层机械排烟量为 108000m³/h、长站台层机械排烟量为 230400m³/h 进行配置排烟进行配置排烟风机，并考虑 10% 漏风量。车站公共区按照不大于 2000m² 划分防烟分区，安装挡烟垂壁进行防烟分隔，同时公共区楼扶梯开口处设置自垂式挡烟垂壁。其中，地下一层共划分 20 个防烟分区，站厅层共划分 13 个防烟分区，站台层共划分 16 个防烟分区。

地下一层公共区发生火灾时，火灾发生位置的防烟分区所对应的排烟风机进入排烟模式；站厅层公共区发生火灾时，火灾发生位置的防烟分区所对应的排烟风机进入排烟模式，同时地下一层公共区补风；站台层发生火灾时，火灾发生位置的防烟分区及轨行区所对应的电动风阀开启，通过轨顶排热风道及排热风机排烟，站厅层公共区补风；当车站轨行区发生火灾时，火灾烟气通过轨顶排热风道经排风井排至室外。

设备区设置气体灭火房间发生火灾时，房间送、排风管上全自动防烟防火阀关闭，同时关闭送排风机，以使房间密闭，待灭火之后，开启排风机通过排风系统，将有害气体排出。

车站设备及管理用房区共设置 8 个防烟楼梯，每两个相邻防烟楼梯设置一台加压送风机（$Q=61370\mathrm{m^3/h}$、$H_\mathrm{P}=590\mathrm{Pa}$），前室每层设一个常闭电动加压送风口（$Q=13000\mathrm{m^3/h}$），防烟楼梯间只对第一层设加压送风口（$Q=16000\mathrm{m^3/h}$）。发生火灾时，加压送风机开启，使人员安全逃离火灾区域。

五、控制（节能运行）系统

本工程的空调水系统采用中央空调节能控制系统，能够实现集中管理、分散控制的技术目标。车站自动化管理系统集中控制满足部分负荷时的能量调节要求。车站中央空调冷冻站节能控制系统依据末端空调负荷变化，采用智能负荷预测算法，实现最优 COP 控制策略，达成空调冷源站整体节能运行，可实现年节能 20%。

空调水系统采用末端变流量系统，组合式空调器及柜式空调器冷水回水管上设动态平衡电动调节阀，风机盘管冷水回水管上设动态平衡电动两通阀。空调器通过回风温度控制动态平衡电动调节阀开度以调节冷水流量。风机盘管设室温控制器（带三速开关），通过室温控制回水管上动态平衡电动两通阀开度调节水量。各回水管上的电动调节阀均能做到设备关闭阀门关闭。

车站公共区水系统采用一次泵变流量复合二次泵子系统。选择可变流量的冷水机组，使蒸发器侧流量随负荷侧流量的变化而改变，从而最大限度地降低水泵的流量，冷水泵选择变频水泵。冷水供回水使用集分水器，旁通管上安装压差旁通阀。当负荷侧冷水量小于单台冷水机组的最小流量时，旁通阀打开，使冷水机组的最小流量为负荷侧冷水量与旁通管流量之和，最小流量由流量计或压差传感器测得。

车站冷水机组冷凝器侧均安装冷凝器自动在线清洗系统装置，通过微电脑控制程序设置清洗频率和次数，达到自动在线清洗功能。始终保持冷凝器内壁洁净，换热效率最高，冷水机组制冷效率最高，节省电能。

为节省电能，车站部分设备如空调器、风机等配置智能节电装置，智能节电装置应能联锁空调器、风机等接入车站控制系统。车站所有设备均能就地启停。同时，除少数排风扇等外，大部分设备都能在通风空调集中控制室进行远距离启停。

六、工程主要创新及特点

福田站是我国第一座位于城市中心区的地下火车站，开创了我国铁路建设史上的先河，对于国内今后将国家铁路引入城市中心区起到了重要的示范作用。本工程设计过程中成功解决了多项难题，并顺利通过各项验收，得到建设、运营、监理等单位的好评。

1. 突破地下高铁站空气动力学关键技术，正线列车首次采用 200km 时速，高速越站通过设置有全高站台门的全地下高铁站台，采用科研专题形式解决了全高站台门设置的位置及承压要求。

受用地条件限制，正线列车 200km/h 不减速通过地下车站站台，在地下形成 1023m(长)×7.5m(宽)×9m(高)的狭长封闭空间，列车高速行驶产生的风压远大于国内外既有规范的要求。设计采用计算机模拟仿真和缩尺模型对比试验，对隧道及车站内风压进行反复测试，得出轨旁设备承压要求，并确定了采用全高站台门系统缓解列车高速过站的风压冲击，保障了站台旅客安全和通行要求，研究成果填补了世界高铁地下线路技术空白。

2. 车站隧道排热兼站台公共区排烟系统的应用，既解决了车站轨行区的排热（排烟），又解决了站台公共区的排烟。

车站隧道排热兼站台公共区排烟系统利用车站排热风机通过轨顶风道进行站台层公共区的排烟；通过开启或关闭轨顶排热风道底部或侧壁安装的电动风阀，经车站排热风机实现对车站轨行区或站台层公共区的排热或排烟。既减少了风管尺寸过高对建筑净空的影响，又有效降低了工程造价，并且能够灵活调节轨行区或站台公共区的排风量，有利于系统的节能运行和控制调节。

3. 车站分区空调、分区横向排烟系统的应用，既减少了车站风亭设置对城市景观的影响，又节省了工程造价。

由于车站位于城市的中心区域，且全部位于地下，为减少车站风亭（地下对应设有空调机房）的设置数量以降低对城市景观的影响，同时避免由于单个空调区域划分过大（风管尺寸过高而提高建筑层高）而提高土建工程的造价，车站通风空调系统按每个空调机房担负不大于 4000m² （兼考虑防烟分区）进行分区空调设计。车站排烟系统结合空调分区采用分区横向排烟的形式，有效降低了排烟风管尺寸对建筑层高的影响，节省了土建工程的造价。

4. 车站长站台公共区采用独立新风＋全空气一次回风系统，既满足了旅客的乘降舒适度，又保证了站台公共区整洁、美观的空间效果。

根据车站地下三层站台超长（长站台 420m）的特点，为保证站台公共区整洁、美观的空间效果，降低狭长封闭空间带来的拥挤踩踏风险，长站台空调机房设置在站台公共区两端。由于站台层新风采用横向跨轨土建新风道进行送风，新风道位于长站台的中部（与短站台共用，位于短站台端部），因此长站台公共区采用独立新风＋全空气一次回风系统，新风经新风处理器处理达到室内设计状态点后直接送入站台公共区。

5. 车站轨行区轨顶排热风口、侧壁排风（排烟）口面积及位置的确定。

由于车站停靠车辆车型种类繁多，每种车型车厢空调冷凝器设置位置均不同，因此，车站轨顶排热风口根据数值模拟按"每节车厢对应一个排热风口"的原则进行设计，其面积根据排热风量及轨行区排烟量综合考虑。轨顶风道侧壁排风（排烟）口的面积及位置根据站台公共区与轨行区排烟量的比例综合考虑，既兼顾非空调季节排风要求，又满足火灾时的排烟要求。

6. 车站节能、节电控制系统的设计，大大提高了车站空调系统的能源利用效率。

车站中央空调冷冻站节能控制系统依据末端空调负荷变化，采用智能负荷预测算法，实现最优 COP 控制策略，达成空调冷源站整体节能运行，可实现年节能 20％。车站冷水机组冷凝器侧安装冷凝器自动在线清洗系统装置，保持冷凝器内壁洁净，换热效率最高，冷水机组制冷效率最高，节省电能。车站部分设备配置智能节电装置，实现对用电设备的节电控制。

重庆轨道交通六号线一期工程通风空调、给排水及消防、气体灭火系统设计

- 建设地点： 重庆市
- 设计时间： 2007 年 3 月～2012 年 7 月
- 竣工日期： 2013 年 5 月
- 设计单位： 中铁第一勘察设计院集团有限公司
- 主要设计人：刘 江 廖 凯 陈志鸿
- 本文执笔人：刘 江

作者简介：

刘江，高级工程师，2004 年毕业于西南交通大学。先后参与西安、天津、杭州、重庆、成都等城市轨道交通工程通风空调设计工作，负责完成了重庆轨道交通六号线一期工程的通风空调系统、六号线二期工程的给排水系统工作。

一、工程概况

重庆轨道交通六号线一期工程于 2012 年 9 月 28 日开通运营，通风空调系统总投资 17065.88 万元，线路总长 23.6km，其中地下线 16.6km；线路跨越长江与嘉陵江，由 4 段不连续的地下区间与高架区间组成，最长地下段约 13.9km，最短地下段约 0.65km。一期工程设 12 座地下站，3 座高架站与 1 座地面站，其中 9 座地下站为换乘站，换乘车站多且形式多样。江北城站、五里店站、大龙山站、冉家坝站、礼嘉站为平行换乘车站，冉家坝站为三线换乘交通枢纽，通风空调、给排水及消防以及气体灭火系统从设计上在满足先期线路运营正常需求的同时，兼顾后期换乘线路同时运营的需求，根据换乘线路的实施年限与换乘形式的特点，形成了体系化的资源共享方案。

二、通风空调系统设计要求

1. 设计原则

（1）全线按同一时间发生一次火灾事故考虑，并贯彻"预防为主，防消结合"的方针。

（2）通风空调系统按远期 2037 年运营条件设计。

（3）通风空调系统按地下车站设置全封闭站台门设计。

（4）列车正常运行时，隧道通风系统将隧道内的温度控制在相关设计标准范围内，为乘客提供足够的新风量。长区间采用相应的措施控制隧道内的温度不超过设计标准。

（5）列车阻塞在区间隧道内时，隧道通风系统向阻塞区间提供一定的送风量，以保障列车空调冷凝器正常运转，从而维持列车内乘客的环境条件。

（6）列车在区间隧道或车站轨道内发生火灾时，隧道通风系统向乘客和消防人员提供必要的新风量，形成一定的迎面风速，诱导乘客安全撤离，并迅速排除烟气。

（7）车站公共区通风空调系统正常运营时应能为乘客提供过渡性的舒适环境。火灾时应能迅速排除烟气，同时为乘客提供一定的迎面风速，诱导乘客安全疏散。

（8）车站设备管理用房通风空调系统正常运行时应能为工作人员提供舒适的环境，满足设备良好运行的条件。火灾时应能迅速排除烟气或隔绝火源。

（9）车站空调水系统应能在正常运行的时候满足系统运行、调节要求。

（10）通风空调系统采用技术先进、可靠性高、节省空间、便于安装和维护、运行安全且高效节能的成熟设备，在满足功能前提下立足于设备国产化。

2. 地铁内部设计参数

站厅夏季空调计算参数：干球温度≤30℃，相对湿度 40%～65%；

站台夏季空调计算参数：干球温度≤29℃，相对湿度 40%～65%；

列车内夏季空调设计参数：干球温度不大于 27℃；

区间夏季设计参数：正常运行时干球温度≤40℃，阻塞状态时列车顶部最不利点干球温度≤45℃；

主要管理及设备用房设计标准根据《地铁设计规范》GB 50157 执行。

3. 系统功能描述

（1）隧道通风系统

隧道通风系统由区间隧道通风（兼排烟）系统和车站轨道排热（兼排烟）系统组成。六号线一期工程采用区间隧道通风系统（简称 TVF）与车站轨道排热系统（简称 TEF）独立设置的系统形式。

区间隧道通风系统主要负责两个车站间区间隧道的通风与排烟，包括自然通风与机械通风排烟两种方式。在列车出站的隧道设置一个直通地面的活塞风井；对于有配线区间两端的车站和长大区间隧道，在隧道端头设置双活塞风井。

车站轨道排热系统担负车站轨道区域的通风排热排烟功能，采用在有效站台范围内设置轨顶排热风道（OTE）和轨底风道（UPE），六号线车站站台有效长度为 120m，分别在车站两端布置排热风机。

（2）车站通风空调系统

地下部分通风空调系统按照站台设置屏蔽门系统设计。车站通风空调系统兼防排烟系统，主要由车站公共区通风空调（兼防排烟）系统、车站设备管理用房通风空调（兼防排烟）系统、出入口通风空调系统、疏散楼梯间加压送风系统和车站制冷空调水系统组成。

公共区通风空调系统采用全空气一次回风系统，回/排风机可兼排烟风机。由风亭（或地面风口）、土建风道、结构片式消声器、组合式空气处理机组、回/排风机、排烟风机、管道消声器、联动风阀、电动多叶调节阀、电动风阀、防烟防火阀、排烟防火阀、风管、空气净化器、风口等组成，共同负担整个车站站厅、站台公共区正常工况下的通风、空调和火灾事故工况下的机械排烟、补风。

设备管理用房通风空调系统主要担负车站设备管理用房区域等部位通风空调防排烟功能。由风亭（或地面风口）、土建风道、结构片式消声器、吊（卧）柜式空调器、送风机、回/排风机（兼排烟风机）、管道消声器、联动风阀、电动多叶调节阀、电动风阀、防烟防火阀、排烟防火阀、风管、风口等组成。正常工况下，满足设备、办公用房的温、湿度条件或通风换气次数；火灾事故工况下，对火灾区域进行机械排烟、补风。

空调水系统由螺杆式冷水机组、冷水泵、冷却水泵、冷却塔、定压补水装置、水管、压差旁通阀、电动两通阀、蝶阀、电动蝶阀、过滤器、消声止回阀、水处理器等组成，分为空调冷水、空调冷却水和定压补水三大部分。系统为组合式空调器、吊（卧）式空气处理机、风机盘管等空调末端提供冷水。

三、通风防排烟系统

地下车站站厅、站台公共区划分防烟分区，每个防烟分区的建筑面积不超过 $2000m^2$。

地下车站站厅、站台公共区的排烟量，根据一个防烟分区的建筑面积按 $1m^3/(min \cdot m^2)$ 计算，排烟设备负担 2 个及 2 个以上防烟分区时，按同时排除最大两个排烟分区排烟量选配设备。当站台发生火灾时，应保证站厅到站台的楼梯和扶梯口处具有不小于 $1.5m/s$ 的向下气流。

地下车站同一个防火分区内的设备及管理用房的总面积超过 $200m^2$，或面积超过 $50m^2$ 且经常有人停留的单个房间设机械防、排烟设施。设备及管理用房的排烟系统担负一个防烟分区时，其排烟量应根据防烟分区的建筑面积按不小于 $60m^3/(h \cdot m^2)$ 计算并配置设备，担负两个或两个以上防烟分区时，其排烟量应根据其中最大防烟分区的建筑面积不小于 $120m^3/(h \cdot m^2)$ 计算并配置设备（单台排烟风机最小排烟量不应小于 $7200m^2/h$）。

地下区间隧道火灾的排烟量，按单洞区间隧道断面的烟气流速不小于 $2m/s$ 且高于计算的临界风速，但不得大于 $11m/s$。

车站超过 $20m$ 的内走道及连续长度大于 $60m$ 的地下通道和出入口通道设机械排烟，地下车站防烟分区内的排烟口距最远点的水平距离不应超过 $30m$。

地下车站范围内排烟设备及烟气流经的辅助设备如风阀消声器等耐温要求为 $250℃$ 条件下保证能连续有效工作 $1h$，区间隧道排烟设备及烟气流经的辅助设备如风阀消声器等耐温要求为 $250℃$ 条件下保证能连续有效工作 $1h$。

不具备自然排烟的防烟楼梯间设置机械加压送风防烟设施。

四、通风空调系统控制

1. 区间隧道通风系统运行模式

（1）区间隧道正常运行模式

列车正常运行时，区间隧道内利用列车运行的活塞作用，通过车站两端的活塞风井进行通风换气，排除区间隧道的余热余湿。

（2）区间隧道阻塞运行模式

当列车因故障或其他原因而停在区间隧道内，停车时间超过 $4min$ 时，运行相应的阻塞模式，由列车后方的隧道风机进行送风，列车前方的隧道风机进行排风，在区间隧道内形成与列车行驶方向一致的气流，控制列车顶部最不利点的隧道最高平均温度不超过 $45℃$，保证阻塞列车的空调冷凝器正常工作及车内乘客的新风量要求。

（3）区间隧道火灾运行模式

列车在区间隧道发生火灾时，列车应尽量驶入前方车站，进行人员疏散。若火灾列车被迫停在区间隧道内时，则由区间隧道一端车站隧道事故风机向火灾区间隧道送风，另一端车站隧道通风机将烟气经风道、风井、风亭排至地面，隧道通风机具体的送风或排风方向，根据列车着火时在区间隧道的位置、列车车厢火灾部位及相应的人员疏散方向等因素确定，以保证区间隧道内的气流方向总是与乘客疏散方向相反，使疏散区始终处于新风无烟区段。

在存车线区间隧道发生火灾时，由存车线处的射流辅助车站的隧道通风机进行推拉式通风，保证该区间的通风要求。

2. 标准车站公共区通风空调系统运行模式

（1）正常运行模式

空调季节小新风工况：当室外空气焓值大于空调回风焓值时，使用空调新风机和回排风机，由新风机提供最小新风，回风与新风混合后，经空调机组处理后分送至站厅层和站台层。

空调季节全新风工况：当室外空气焓值小于空调回风焓值，且室外空气温度大于空调回风温度时，采用全新风空调运行，室外空气经空调机组处理后送至站厅层和站台层，车站的回风经回排风机排至室外。

以上两种工况可根据公共区不同时段的负荷变化，对风机设定不同的频率，提供不同的风量来保证车站空调环境要求，从而实现节能降耗。

非空调季节工况：当室外空气焓值小于空调送风焓值时，关停空调冷水系统，组合式空调箱和回排风机变频运行，保证车站公共区通风换气要求。

（2）事故运行模式

车站乘客过度拥挤：当发生突发性客流、区间阻塞、线路故障及其他原因引起车站乘客过度拥挤时，大系统的组合式空调器、制冷机、空调用水泵、冷却塔等空调设备应根据实际情况实行手动调节，按当时季节正常运行的满负荷状态运行。

火灾事故运行：无论站厅层还是站台层发生火灾，车站空调水系统立即停止运行，转入火灾通风运行工况。且到该站的列车应越行至下一站。

若站厅层发生火灾，关闭组合式空调箱送风系统和站台层排风系统，站厅层排风/排烟系统排除烟气经风亭排至地面，使烟雾不致扩散至站台层，通过出入口自然部分形成一定气流，有利于乘客从站厅疏散至地面。

若站台层发生火灾，关闭站台层送风系统和站厅层排风系统，系统通过组合式空调箱向站厅层送风，同时开启屏蔽门端部滑动门，打开轨道排热风机，必要时打开隧道风机，协助站台排烟，烟气经风亭至地面，使站厅层至站台层楼梯口形成正压，使站厅层楼梯口产生向下不小于 1.5m/s 的气流，便于乘客经站厅层安全疏散至地面。

3. 平行换乘车站公共区通风空调系统火灾运行模式

无论站厅层还是站台层发生火灾，空调水系统立即停止运行，系统转入火灾通风运行工况。且两条线到该站的列车都应越行至下一站。

若站厅层发生火灾，关闭组合式空调箱送风系统和所有站台层排风系统，站厅层排风/排烟系统排除烟气经风亭排至地面，使烟雾不致扩散至站台层，通过出入口自然部分形成一定气流，有利于乘客从站厅疏散至地面。

若地下二层站台层发生火灾，关闭地下二层站台送风系统、站厅层排风系统和地下三层站台送、排风系统，打开地下二层站台排风/排烟系统排烟，通过组合式空调箱向站厅层送风，同时开启地下二层站台屏蔽门端部滑动门，打开轨道排热风机，必要时打开隧道风机，协助站台排烟，烟气经风亭至地面，使站厅层至站台层楼梯口形成正压，使站厅层楼梯口产生向下不小于 1.5m/s 的气流，便于乘客经站厅层安全疏散至地面。

若地下三层站台层发生火灾，关闭地下三层站台层送风系统、地下二层站台排风系统和站厅层排风系统，打开地下三层站台排风/排烟系统排烟，通过组合式空调箱同时向站厅层、地下二层站台送风，同时开启地下三层屏蔽门端部滑动门，打开轨道排热风机，同时打开隧道风机，协助站台排烟，烟气经风亭至地面，使地下二层站台至地下三层站台层楼梯口形成正压，使地下三层向地下二层的楼梯口产生向下不小于 1.5m/s 的气流，便于乘客经由安全区域疏散至地面。

五、工程主要创新及特点

重庆轨道交通六号线一期工程通风空调系统采用的技术标准、设计原则均是在国内地铁行业广泛采用的标准与原则，同时由于显著地域性，工程具有以下特点：

1. 线路衔接南岸区、渝中区、江北区以及礼嘉中心区。跨越长江与嘉陵江，由 4 段不连续的地下区间与高架区间组成，最长的一段地下区间长度约 13.9km，最短地下区间约 0.65km，隧道通风系统结合地下区间的特点分别采用了单活塞、双活塞、独立活塞、同站端单活塞等多种活塞通风形式，保证正常工况下区间隧道内的温度在合理范围内。

2. 隧道最大埋深 60m，在国内较为罕见。本工程深埋隧道段采用了双活塞形式，简化活塞风道的功能，个别风井采用独立于事故通风和车站端部设置，缩短活塞风道的水平距离，保证活塞风能正常压出室外或吸入隧道内。

3. 针对大断面隧道采取了中隔墙、中隔板等措施将断面进行分割，减小气流控制断面，利用射流风机配合隧道风机进行气流组织，与隧道专业密切配合，充分利用 TBM 工作井、暗挖施工通道等设置隧道通风机房。将盾构段管片拆除后重新暗挖扩大断面，满足射流风机安装要求。

4. 车站形式多样，换乘车站较多，且换乘类别繁多，一期工程共有地下站 12 座，其中平行同台换乘 3 座，平行台台换乘 1 座，十字换乘 3 座，T 字换乘 1 座，六号线与换乘线实施年限各不相同，车站公共区负荷变化很大。首先结合工程实施年限制定了不同换乘形式下的资源共享原则，其次是对运营与客流数据进行评估，采用设备预留与设备变频等多种方案适应负荷变化。

六、主要图纸

该工程设计主要图纸如图 1～图 3 所示。

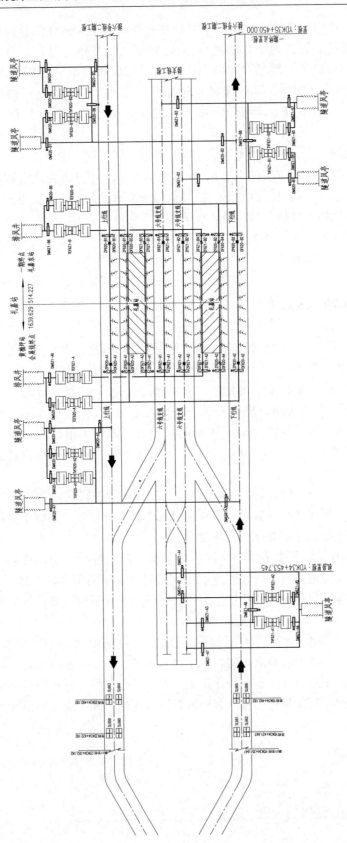

图1 全线通风配置原理图

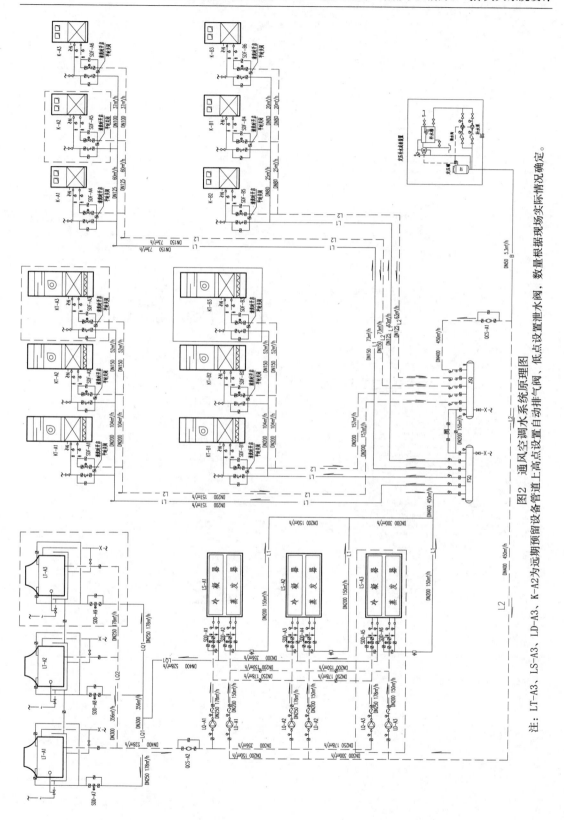

图2 通风空调水系统原理图

注：LT-A3、LS-A3、LD-A3、K-A2为远期预留设备管道上高点设置自动排气阀，低点设置泄水阀，数量根据现场实际情况确定。

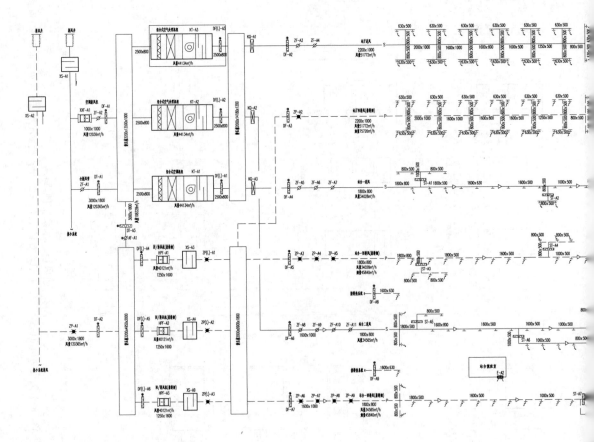

图3　公共

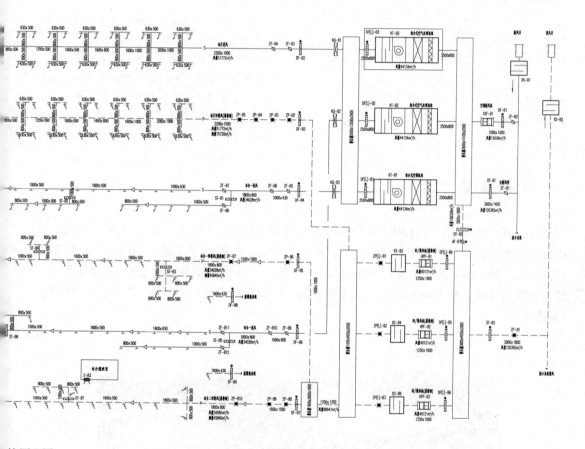

统原理图

哈大客专沈阳站房暖通设计

- 建设地点： 沈阳市
- 设计时间： 2010 年 3 月～2012 年 3 月
- 竣工日期： 2012 年 7 月
- 设计单位： 中铁第一勘察设计院集团有限公司
- 主要设计人：陈志鸿 铁 勇
- 本文执笔人：陈志鸿

作者简介：

陈志鸿，注册公用设备工程师（暖通空调），1992 年毕业于兰州铁道学院。现任中铁第一勘察设计院集团有限公司城建院暖通高级工程师。主要设计代表作品：兰新客运专线、大西客专西安至运城段、西宁站改造工程、西安地铁 2 号线—北客站等。

一、工程概况

哈大客专沈阳站房是沈阳市重要的综合客运交通枢纽中心之一，汇集铁路、地铁、城市公共交通、社会交通等多种交通方式。站场为 10 台 19 线，站房旅客高峰小时发送量为 11170 人。新建西站房、高架候车厅总面积 48900m² （不含地下联系通道），高架候车室与既有东站房连接，地下联系通道东端下穿既有站房并与既有地铁站连通，西侧与广场连接（见图 1）。

图 1 项目外观图

沈阳站房地下 1 层，地上 2 层；建筑主屋面最高点 47.9m。冬季供暖热源为市政供暖锅炉房，地下一层设换热站，站房设地面辐射供暖系统、散热器供暖系统、新风预热及再热系统、大门热风幕系统，根据水—水板式换热器二次水出水管上的温度传感器信号控制一次水供水管上的电动两通阀开度，使二次水出水温度保持恒定。

夏季空调系统主要分为两种形式：进站广厅、候车室、售票厅等高大空间场所，采用全空气空调系统，冷源由离心式冷水机组供给，制冷机房位于地下一层；贵宾室、办公室等区域，采用多联机空调系统，空调室外机位于屋面；通信、信息、信号等设备用房采用机房专用空调。空调、通风系统采用集散型控制系统，由中央管理计算机、通信网络、带网络接口的温度和浓度控制器、各种传感器、电动执行机构组成。空调冷源系统采用群控的控制方式，通过能量集算、温度控制、出水温度的再设定、机组及配套组的自动投入或退出、机组的均衡运行，实现空调冷源系统智能化运行。

二、暖通空调系统设计要求

1. 设计参数确定

夏季室外大气压力为99850Pa，夏季空调室外计算干球温度为31.4℃，夏季空调室外计算湿球温度为25.2℃，夏季空调室外计算日平均温度为27.3℃，夏季通风室外计算温度为28.2℃，夏季通风室外计算相对湿度为64%；夏季室外平均风速为2.8m/s。冬季室外大气压力为102333Pa，冬季空调室外计算温度为－20.6℃，冬季空调室外计算相对湿度为69%，冬季供暖室外计算温度为－16.8℃，冬季通风室外计算温度为－16.2℃，平均风速为2.0m/s。

2. 功能要求

站房主要公共区域、办公场所等，冬季供暖夏季空调，室内环境满足相关标准规范的要求；通风空调系统符合现行国家标准《建筑设计防火规范》GB 50016 的规定。

3. 设计原则

站房由公共空间、管理用房、设备房屋等多种功能组成，通风空调设计结合空间形式、负荷特征、使用时间等因素，采用合理、节能的通风空调形式；设备机房的布置，充分利用空间高度，减少占用公共区域的面积。

沈阳站冬季热源为市政供暖锅炉房，一次网热水温度为120℃/70℃，站房地下一层设换热站，换热站内设水—水换热器，为站房内散热器和地面辐射供暖系统、热空气幕、空气预热系统供热。大空间场所采用地面辐射供暖，办公用房采用散热器供暖，电器设备用房采用带电辅助加热器的变频多联空调供暖。

三、暖通空调系统方案比较及确定

1. 高架候车室空调系统

高架候车室最大净空 38m，跨度 67m，气流组织采用分层空调方式，以送风口中心线作为分层面，下部空间为空调区，上部空间为非空调区。该方案可充分利用候车厅两侧商业的下部空间，减少公共区域的机房面积，且节能效果明显。进站广厅、商业（一层）采用全空气低风速中央空调系统，冷热水由制冷机房供给。气流组织为双百叶风口下送，顶部集中回风。

高架候车厅采用两侧球形喷口侧送风的方式（见图 2）。高架层商业设全空气空调系统，组合式空气处理机组，条缝送风口下送。

图 2　球形风口侧送风

高架候车厅设备参数如表 1 所示。

高架候车厅设备参数

表 1

服务范围	空调设备编号	空调机组风量（m³/h）	机组冷量（kW）	空调冷量指标（W/m²）	空调电量（kW）
高架候车厅	KK1-1；KK01-1；KK2-1/2；KK02-1/2；KK3-1/1、2；KK03-1/1、2；KK4-1/1；KK5-1/1；KK04-1/1；KK05-1/1、2；KK6-1/1、2，KK06-1/1、2	30000（共 16 台）	191.8	147	18.5
	KK2-1/1；KK02-1/1	35000（共 2 台）	225.20		18.5
	KK6-1/3；KK06-1/3	40000（共 2 台）	257.8		22.0
9.00m 标高商业	KK12	15000	79.4	159	11.0

2. 候车厅等高大空间供暖系统

进站广厅、候车大厅、售票厅等大空间地板辐射供暖，由地下换热站制备的 55℃/45℃的低温热水作为热媒。这种供暖技术以整个地面作为散热面，利用地面自身的蓄热和热量向上辐射的规律由下至上进行热量传递，达到供暖的目的。

四、通风与防排烟系统

站房内不同功能区，根据使用性质，设有各自独立的通风与防排烟系统。其中站房内的变配电室、高压室设机械送、排风系统通风降温，由温度传感器控制通风系统的启闭；出站层西端冷冻机房位于地下，设机械送、排风/烟系统；西站房进站广厅设机械排风/烟系统，自然补风，所有厕所均设机械排风系统；有气体消防的设备间，火灾时，消防中心关闭房间进排风管上的电动风阀，气体消防完成后，开启排风机。

沈阳站房进行了消防性能化设计评估。高架候车层候车大厅两侧外墙上部设可开启外窗，顶部设置可开启天窗自然排烟；西站房楼梯间及其前室，设机械加压送风防烟系统；出站层联系通道 M~S 轴线间、B~LA 轴线间，设机械排风兼机械排烟系统。

五、控制（节能运行）系统

1. 空调水系统采用一次泵变流量、两管制异程式系统。冷水机组、冷水循环泵等采用变频控制，空调末端设备的冷水回水管上设置动态平衡两通电动调节阀，各空调区域可根据使用需求实现独立的温度控制，空调冷水系统根据水压自动调节冷水机组和冷水泵等的运行频率，大大降低系统能耗。

2. 候车室各季节均有人员密度较大的情况，为确保室内空气品质，高架候车区空调系统分季节采用不同的运行模式。当空调季节室外空气焓值大于室内焓值时，空调系统以小新风工况运行，组合式新风换气空调机组关闭；过渡季节空调系统的组合式空气处理机组关闭，组合式新风换气空调机组的新风侧或排风侧单独开启（全热交换器旁通功能开启），根据室内温度，送新风或排风，以改善室内空气品质；供暖季节，组合式空气处理机组关闭，组合式新风换气空调机组开启，新风经全热交换后（全热交换器旁通功能关闭），再经盘管加热至 35℃后送至室内。

3. 地板敷设供暖系统运用直接数字控制技术，由计算机通过多点巡回检测装置对室外气温和二次侧供水温度进行采样，并将采样值与存于存储器中的设定值进行比较，再根据两者的差值和相应于指定控制规律的控制算法进行分析和计算，以形成所要求的控制信息，然后将其传送给执行机构以控制一次侧回水管上的电动温控阀开度，用分时处理方式完成对多个单回路的各种控制。采用直接数字控制系统实现了在线实时控制、分时方式控制和灵活性、多功能性的技术要求。

六、工程主要创新及特点

1. 高架候车室、售票大厅等高大空间采用分层空调技术，以送风口中心线作为分层面，下部空间为空调区，上部空间为非空调区，确保该大空间下部工作区空调温湿度需求的同时，能大大降低该区域空调能耗。夏季，当空调区送冷风时，非空调区的空气温度和内表面温度均高于空调区温度，由于送风射流的卷吸作用，使非空调区的热量转移到空调区直接成为空调负荷，即对流得热；而非空调区辐射出来的热量，被空调区各表面吸收后，其中以对流方式释放出来的热量转化为空调冷负荷。由于太阳辐射作用到围护结构上，屋盖的内表面温度最高，而楼板的内表面温度往往最低，非空调区各表面对楼板的辐射得热占总辐射热转移量的 70%～80%，采用的分层空调技术与全空间空调系统相比，可以显著节省冷负荷、初投资和运行能耗，根据国内的经验，可节省能量约 30%。

2. 站房客流在不同时间变化较大，使得夏季空调负荷波动较大，空调系统采用变频冷水机组，结合运行台数来适应高低峰负荷变化。空调总负荷在 100%～50% 之间时，2 台冷水机组及对应的冷水循环泵运行；空调总负荷≤50% 时，单台冷水机组及对应的冷水循环泵均运行。冷水系统采用一级泵变流量运行，根据监测的压差值，变频运行。

3. 高架候车室空调机组的布置，划分 10 个子系统，根据旅客分布区域，实现分层、分区域空调。既可满足空调区环境要求，又可有效降低能耗。重要区域的空调子系统，均由 2 台或以上的组合式空气处理机组环状送风，提高了各球形喷口的送风均匀性。组合式新风换气空调机组与空气处理机组并联运行，根据各季节室内外温度、室内 CO_2 浓度等参数，单独或与空调、供暖并联运行。

4. 候车室、售票厅等大空间场所采用地面辐射供暖系统，供热系统采用同程式，候车厅、售票室靠近外墙处围护结构多，管间距采用为 200mm，其余管间距为 250mm，为防止冻结，盘管布置以回折型和平行往复型为主。供热系统均采用一次泵定流量系统。根据水—水板式换热器二次水出水管上的温度传感器信号控制一次水供水管上的电动两通阀开度，使二次水出水温度保持恒定。根据温度补偿器温度信号反馈，根据室外温度调整各系统供热温度，实现了供热系统的自动调节，满足室内供暖温度的同时，降低了供热能耗。

七、技术成效与深度

沈阳站供暖、通风、空调系统结合建筑功能要求设置，各工艺系统方案合理、运行经济可靠，各设备实现自动化和集中化控制，控制了投资规模。

沈阳站房竣工运营后，暖通空调设备运行正常，室内环境满足设计要求。冬季站房内温度均不低于设计要求温度，乘客舒适度较好，得到了使用单位的认可和好评。

八、主要图纸

该工程设计主要图纸如图 3～图 5 所示。

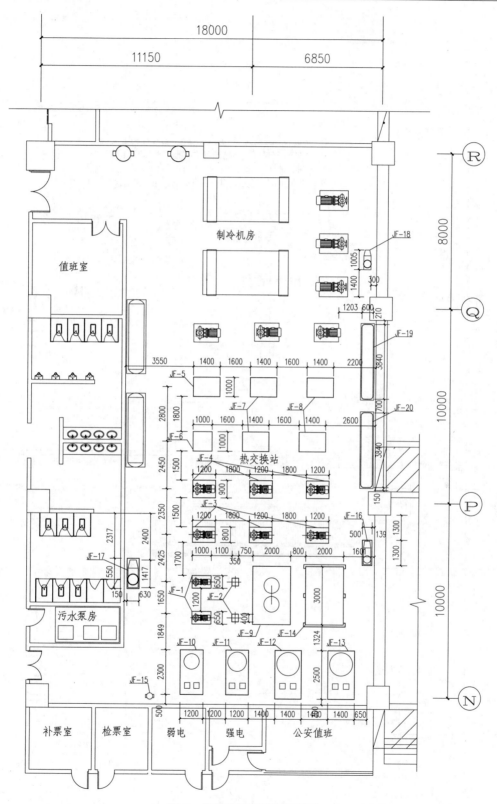

图 3　热交换设备平面布置图

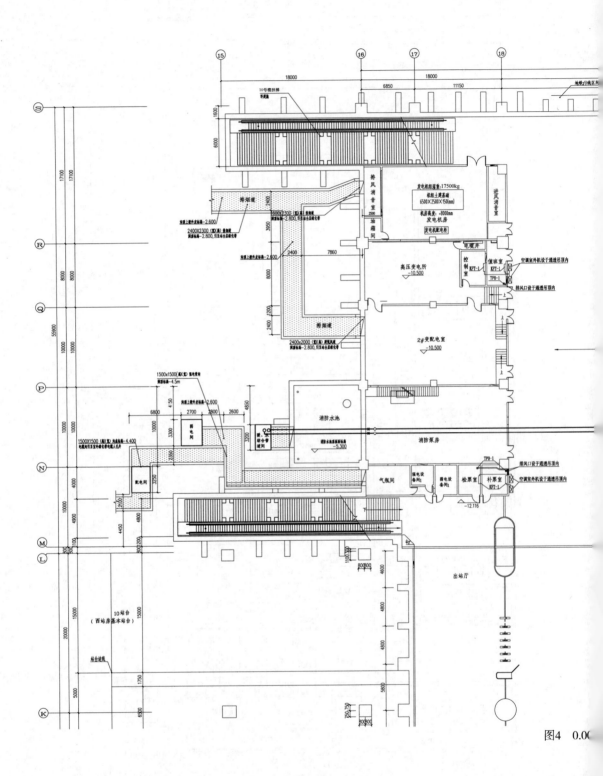

图4 0.00

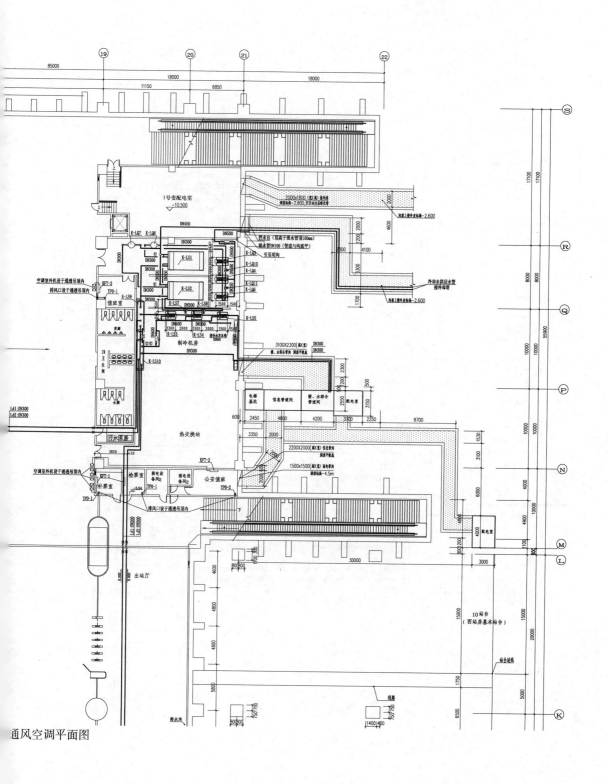

通风空调平面图

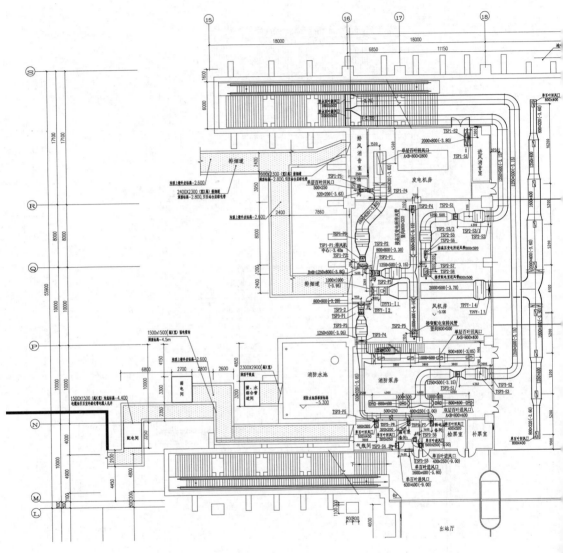

图5 −11.50

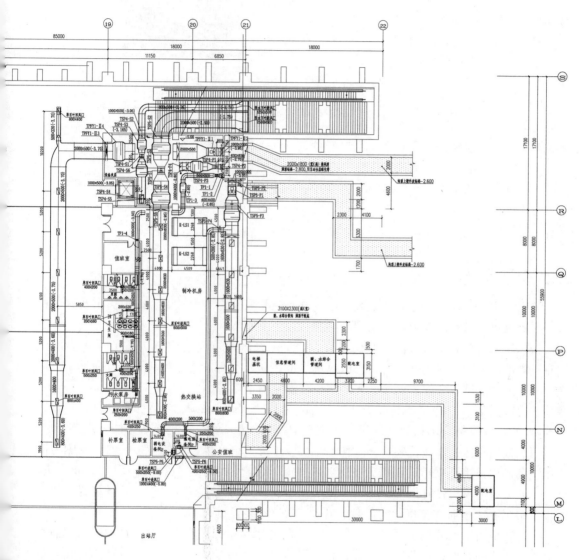

直通风空调平面图

河南安钢集团舞阳矿业有限责任公司地表水水源热泵机房设计

- 建设地点： 河南省舞钢市
- 设计时间： 2011 年 10 月～2012 年 4 月
- 竣工时间： 2014 年 4 月
- 设计单位： 安阳市建筑设计研究院
- 主要设计人： 李新付　李　海　何　红
　　　　　　　耿彦锋　张先喜　李　英
　　　　　　　张同欣　惠艳丽
- 本文执笔人： 李新付

作者简介：

李新付，教授级高级工程师、注册公用设备工程师（暖通空调），1986 年 7 月毕业于哈尔滨建筑工程学院供热通风与空调专业。现任安阳市建筑设计研究院院副总工程师。设计代表作品：中国文字博物馆地下室水源热泵机房、铜陵市行政中心、安阳市市民之家等。

一、工程概况

该机房主要为铁山庙东风井采区、铁古坑混合井采区、矿山医院、矿山宾馆及河东住宅小区提供供冷供热用及卫生热水用冷热源。

铁山庙东风井和铁古坑混合井两个采区，每个采区建筑面积约 2000m²，采区内均设置有更衣洗浴及活动等场所，每个采区每班员工 250 人左右，其中浴室能同时满足一个班次即 250 人的洗浴，并提供两个采区的夏季降温及冬季供暖。

矿山医院及矿山宾馆建筑面积 15000m²，其中医院 7500m²，120 张病床；宾馆 7500m²，50 个标准间。矿山医院和矿山宾馆均设有中央空调及中央卫生热水系统，为已有非节能公共建筑。

河东住宅小区为新建住宅小区，住宅小区位于舞钢市区内，西侧为朱兰河，北侧为矿山医院和矿山宾馆，总建筑面积为 15.9438 万 m²（含公共建筑 912m²），均为节能建筑，住宅小区夏季为风机盘管供冷，冬季为地板辐射供暖，均设置有分户能量计量装置。住户均设置中央卫生热水系统并设置有卫生热水流量计量装置。

本开式地表水地源热泵系统工程的水源库为铁山庙露天采区采矿坑由石漫滩水库抽水注储水后形成的开放式水源库，水源库总容积约 600 万 m³，深约 90m，直径约 300m，距河东住宅小区约 500m。

供暖热负荷设计指标为 31.5W/m²，冷负荷指标为 71.5W/m²（包含非节能公共建筑）。

二、供冷供热系统设置要求

1. 供冷供热及卫生热水冷热源

（1）供冷供热冷热源均由水源热泵机房提供，夏季提供 7℃/12℃的空调冷水；冬季提供 50℃/40℃的地板辐射供暖热水及 50℃/45℃的空调热水；全年提供 55℃的卫生热水。

（2）根据对水源库不同月份、不同深度的水温预测及实测分析：夏季水源库取水计算温度为 14℃；冬季水源库取水计算温度为 11℃，过渡季节水源库取水计算温度为 13℃。

（3）水源热泵机房设 3 台 PSRHH-5103 型水源热泵机组，供住宅低区供冷供暖，即住宅低区末端系统；设 1 台 PSRHH-5103 型水源热泵机组，供住宅高区供冷供暖，即住宅高区末端系统；设 1 台 PSRHH-5103 型水源热泵机组，供公共建筑供冷供暖，即公共建筑末端系统；设 1 台 FOCSWH-6404 高温型水源热泵机组，供全部卫生热水，即卫生热水系统。

（4）水源热泵机房按住宅高区、低区及公共建筑设置 3 组 4 台板式换热器（其中住宅低区为 2 台，其他住宅高区及公共建筑各 1 台），供夏季气温不高时直接利用水源库的低温水间接供冷。

（5）水源热泵机房设置容积为 100m³ 的不锈钢拼装热水储水箱。

2. 地表水水泵房

（1）地表水地源热泵系统水源水泵房与公司生产用水水泵房共用一个水泵房，水泵房位置紧贴水源库西北侧。共用水泵房尺寸 13300mm(长)×12000mm(宽)×15000mm(高)。地表水地源热泵系统水源取水泵前设置过滤型射频水处理器，过滤型射频水处理器具有杀菌、灭藻、防垢功能。

（2）设定水泵房地面为相对标高基准点，该基准点位于围堰最低处地面下 12m 处。设定标准水面标高为基准点上 6m 处，开式地表水地源热泵系统水源及生产用水取水管进水泵房隔墙处标高均为基准点上 1.4m 处。

（3）取水口标高确定：地表水地源热泵系统水源夏季取水口标高为标准水面下 67m；地表水地源热泵系统水源冬季取水口标高为标准水面下 37m；生产用水取水口标高为标准水面下 10m。

3. 供冷供暖水系统即末端系统的设置

（1）供冷供暖水系统即末端系统设置 3 个系统：住宅低区系统、住宅高区系统和公共建筑系统，其中铁山庙东风井采区、铁古坑混合井采区、矿山医院及矿山宾馆为公共建筑系统。

（2）供冷供暖水系统的工作压力：住宅低区系统工作压力为 0.9MPa（为系统循环水泵出口压力）；住宅高区系统工作压力为 1.2MPa（为系统循环水泵出口压力）；公共建筑系统工作压力为 0.8MPa（为系统循环水泵出口压力）。

4. 卫生热水系统的设置

卫生热水设置 2 个系统：河东住宅小区高区为一个系统（简称高区卫生热水系统）；河东住宅小区低区和铁山庙东风井采区、铁古坑混合井采区、矿山医院和矿山宾馆为一个系统（简称低区卫生热水系统）。低区系统工作压力为 1.2MPa；高区系统工作压力为 0.8MPa。高、低区系统均设置卫生热水循环管，夏季制冷时设置全部热回收提供卫生热水。

5. 末端系统定压和膨胀

供冷供暖水系统即末端系统均为闭式系统，其定压和膨胀均由水源热泵机房落地膨胀水箱承担；一次水源（地表水）系统及卫生热水系统，均为开式系统。

三、供冷供热系统设计

1. 水源侧系统

（1）水源侧系统为开式系统，由设在水面下水泵房的 5 台 ISW200/320-45/4 型离心水泵抽引水源库原水至水源侧管路系统，直接送至住宅低区末端系统 3 台 PSRHH-5103 型水源热泵机组、住宅高区末端系统 1 台 PSRHH-5103 型水源热泵机组、公共建筑末端系统 1 台 PSRHH-5103 型水源热泵机组及卫生热水系统 1 台 FOCSWH-6404 高温型水源热泵机组。其中夏季末端系统水源热泵机组与冷凝器接通，冬季末端系统水源热泵机组与蒸发器接通，全年卫生热水系统高温型水源热泵机组均与蒸发器接通；另外旁通送至住宅低区末端系统、住宅高区末端系统及公共建筑末端系统设置的 3 组 4 台板式换热器（其中住宅低区为 2 台，其他住宅高区及公共建筑各 1 台），供夏季初期末期时直接利用水源库的低温水间接供冷。

（2）水源侧系统夏季取水口标高为标准水面下 67m；冬季取水口标高为标准水面下 37m。

2. 末端系统

（1）末端系统均为闭式系统，末端系统包括住宅低区末端系统、住宅高区末端系统及公共建筑末端系统。

（2）住宅低区末端系统：设置 3 台 PSRHH-5103 型水源热泵机组、3 台 ISW200/400-75/4 型循环水泵、1 台 SYS-350B1.0DJZ-P-D 型多项全程处理器及 1 台 NZP2.0X2-80X2X5 型低位定压膨胀罐等主要设备。3 台循环水泵与 3 台水源热泵机组一一对应，采用母管连接，水源热泵机组蒸发器和冷凝器进水管道上均设电动阀，通过电动阀与循环水泵电气连锁实现循环水泵与水源热泵机组的对应启停。另外，与 3 台水源热泵机组旁通并联 2 组 CP250CL＋400PI 型不锈钢板换，实现夏季直接利用水源库的低温水间接供冷。住宅低区末端系统的定压点设在循环水泵入口母管上，与低位定压膨胀罐 NZP2.0X2-80X2X5 连接。

（3）住宅高区末端系统：设置 1 台 PSRHH-5103 型水源热泵机组、2 台 ISW200/400-75/4 型循环水泵、1 台 SYS-250B1.6DJZ-P-D 型多项全程处理器及 1 台 NZP1.6X1-50X2X7 型低位定压膨胀罐等主要设备。2 台循环水泵一用一备。另外与 1 台水源热泵机组旁通并联 1 组 CP250CL＋267PI 型不锈钢板换，实现夏季直接利用水源库的低温水间接供冷。住宅高区末端系统的定压点设在循环水泵入口母管上，与低位定压膨胀罐 NZP1.6X1-50X2X7 连接。

（4）公共建筑末端系统：设置 1 台 PSRHH-5103 型水源热泵机组、2 台 ISW200/400-75/4 型循环水泵、1 台 SYS-250B1.0DJZ-P-D 型多项全程处理器及 1 台 NZP1.4X1-50X2X4 型低位定压膨胀罐等主要设备。2 台循环水泵一用一备。另外与 1 台水源热泵机组旁通并联 1 组 CP250CL＋267PI 型不锈钢板换，实现夏季直接利用水源库的低温水间接供冷。公共建筑末端系统设置一组两个分有三路的集水器，分别为矿山医院及矿山宾馆空调供回水、铁山庙东风井采区空调供回水及铁古坑混合井采区空调供回水。公共建筑末端系统的定压点设在循环水泵入口母管上，与低位定压膨胀罐 NZP1.4X1-50X2X4 连接。

3. 卫生热水系统

（1）卫生热水系统均为开式系统，卫生热水系统包括低区卫生热水系统、高区卫生热水系统及卫生热水热媒循环系统。其中低区卫生热水系统为河东住宅小区低区、铁山庙东风井采区、铁古坑混合井采区、矿山医院和矿山宾馆卫生热水供应系统；高区卫生热水系统为河东住宅小区高区卫生热水供应系统；卫生热水热媒循环系统为高温型水源热泵机组与不锈钢拼装热水储水箱间的循环系统。

（2）卫生热水系统：设置 1 台 FOCSWH-6404 型高温型水源热泵机组、2 台 ISW200/250-30/4 型卫生热水热媒循环水泵、1 组容积 100m³ 不锈钢拼装热水储水箱、4 台 ISL80/

220-15/2 型低区卫生热水给水泵（其中 1 台为低区卫生热水循环水泵）、2 台 ISL80/270-22/2 型高区卫生热水给水泵、1 台 ISL65/270-15/2 型高区卫生热水循环水泵、1 台 SYS-250C1.0GS/C-D 型过滤型射频水处理器（卫生热水热媒循环系统）、1 台 SYS-250C1.0GS/C-D 型过滤型射频水处理器（低区卫生热水系统）及 1 台 SYS-200C1.6GS/C-D 型过滤型射频水处理器（高区卫生热水系统）。卫生热水水源为市政自来水，自来水与不锈钢拼装热水储水箱直接连接，并设置浮球阀。通过高温型水源热泵机组与不锈钢拼装热水储水箱间的卫生热水热媒循环系统加热储水箱内的自来水，卫生热水通过高低区卫生热水给水泵送至用户。为了保证卫生热水管道内在热水供应低峰时间段的水温，高低区卫生热水系统均设置热水循环管。

（3）夏季卫生热水系统冷回收：夏季卫生热水系统高温型水源热泵机组蒸发器产生的冷水并入住宅低区末端系统。

四、控制（节能运行）系统

1. 水源热泵机组蒸发器和冷凝器进水管道上均设电动阀，电动阀均与对应的空调水系统循环水泵和地表水循环水泵电气连锁。

2. 三个供冷供暖系统均为一次泵变流量运行，各系统总供回水干管间均设置压差控制器，根据其供回水压差进行变流量控制。

3. 卫生热水循环管在热水箱前设电动阀并与其给水泵（兼循环泵）电气连锁，根据其供水压力（或供回水压差）进行变流量控制。

五、工程主要创新及特点

1. 地表水的选用

铁山庙露天采区采矿坑水源库作为地采工程开式地表水地源热泵系统的水源，在注储水后其蓄水量及热容量大，尤其是水质优良，可达到Ⅲ或Ⅳ类地表水。在水体较深区域，夏季水温低，冬季水温变化小；水源库低品位蓄能丰富，具有很大的开采潜力，非常适合采用开式地表水地源热泵系统。利用距离河东住宅小区直线距离 500m 的铁山庙露天采区采矿坑经注水形成的水源库中的地表水，采用热泵技术，提取水源库中的地表水的能量，来提供夏季供冷、冬季供暖和卫生热水所需的供冷供热量。地表水通过管道经水源热泵机组升温（降温）后，返排回铁山庙水源库。

2. 水源取水口位置的特点

根据对水源库不同月份、不同深度的水温及水温预测分析，选择夏季和冬季两个水源取水口，其中夏季水源取水口距水面约 67m 处，计算温度为 14℃，夏季综合取水温度最低，水源热泵机组 EER 最高；冬季水源取水口距水面约 37m 处，计算温度为 11℃，冬季综合取水温度最高，水源热泵机组 COP 最高。另外，制备卫生热水的水源热泵机组在过渡季节时可利用公司生产用水水源取水口（取水口距水面约 10m 处），过渡季节水源库取水计算温度为 13℃，过渡季节综合取水温度最高，卫生热水用水源热泵机组 COP 最高。水源取水口水位处均设混凝土平台，取水口与平台水平距离为 2m。取水管沿坡架空敷设，取水管下底距地最小 0.3m。每隔 2.5m 设一混凝土曲面（与取水管外表面吻合）支墩，并设滑动管卡（$\phi20$）。取水管道规格为 $DN500$，管材为 HDPE100 管，取水喇叭口规格为 $DN500\sim DN800$。

3. 夏季空调用水源热泵机组运行节能潜力分析

从铁山庙露天采区采矿坑水源库水温及水温预测的结果可以看出，如果夏季 6～9 月铁山庙地表水水源库的取水口处（67m 处）的水温在 7～12℃之间，就可以不运行空调用水源热泵机组，直接利用 67m 处的低温水作为夏季空调冷源，通过板换直接向用户提供空调冷水。这样可以节省夏季空调供冷用水源热泵机组系统至少约 50％的运行费用，节能潜力非常大。如果夏季 6～9 月铁山庙地表水水源库的取水口处（67m 处）的水温高于 14℃，虽然供冷用水源热泵机组不能完全停用，但是由于水源侧温度较低，水源热泵机组的性能系数（EER）就高，同样可以节省供冷用水源热泵机组系统约 30％的运行费用。

4. 过渡季节采用板式换热器换热，然后直接进到空调末端进行供冷，不经过任何制冷机组，节能、便捷、高效。在夏季，对产生卫生热水的机组产生的冷量，加以回收利用，这部分冷量参与到低区空调供冷系统，在夏季提供冷源。这是"冷回收"利用的典型案例。

5. 铁山庙露天采区采矿坑开式地表水地源热泵系统作为河南省首个利用采矿坑地表水的地源热泵系统工程。本工程实施过程中遇到诸多困难，设计人员在有限的数据条件下，结合现场实测数据并通过合理的推演逐一克服现场遇到的诸多难题。

六．工程项目运行情况

本工程自 2014 年夏季开始运行，夏季运行时间为 5 月 15 日～9 月 15 日，冬季运行时间为 11 月 15 日～3 月 1 日。从运行情况来看，夏季水源库水温基本在 7～13℃；冬季水源库水温基本在 7～17℃。2014～2015 年夏季，利用水源库直接供冷 3 个月，水源热泵机组开机运行仅 1 个月，而且每台机组只开 33％负荷（即每台机组 3 个压缩机只开 1 个）；2016 年夏季利用水源库直接供冷约 2.5 个月，水源热泵机组开机运行仅 1.5 个月，而且每台机组只开 33％负荷（即每台机组 3 个压缩机只开 1 个）；2015 年夏季利用水源库直接供冷 4 个月，整个夏季没开水源热泵机组。2014～2017 年冬季，机组整体按设计工况运行，只是在每年 2 月份水源库水温较低（都在 7.2℃以下，尤其是 2018 年 2 月水源库水温只有 5.8℃）。另外，卫生热水系统高温型水源热泵机组运行申请到当地峰谷电价，降低了运行成本。

总之，本工程建成后运行情况良好，节能效益显著，尤其夏季绝大部分时间可以享受"免费供冷"，得到了业主的广泛赞誉。本工程的实施为河南省乃至全国同类矿区的可再生能源利用提供了良好的示范及推广。

七、主要图纸

该工程设计主要图纸如图 1～图 3 所示。

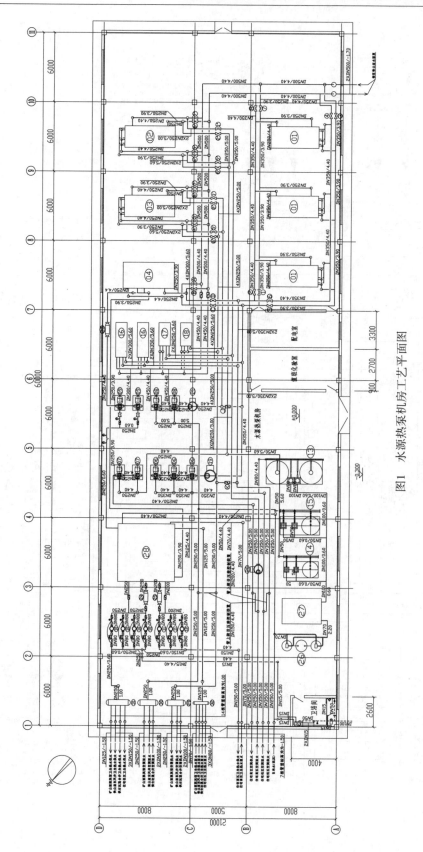

图1　水源热泵机房工艺平面图

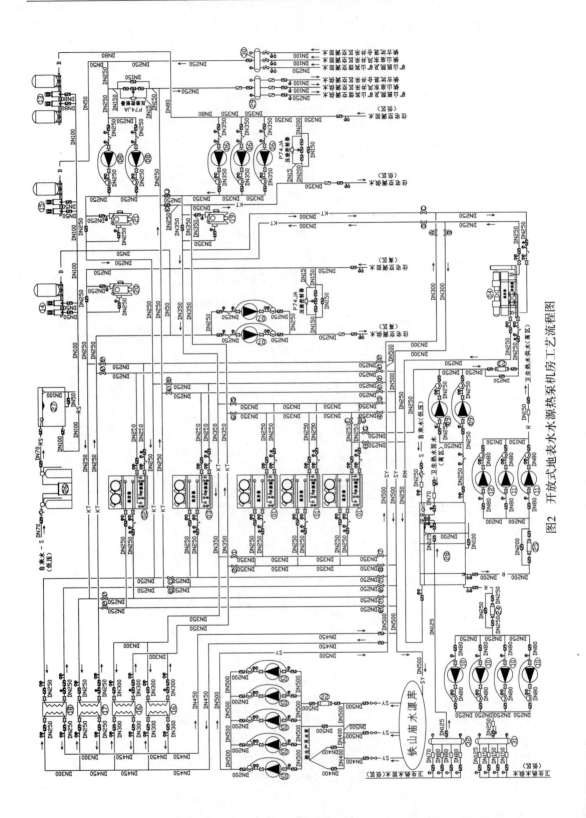

图2 开放式地表水水源热泵机房工艺流程图

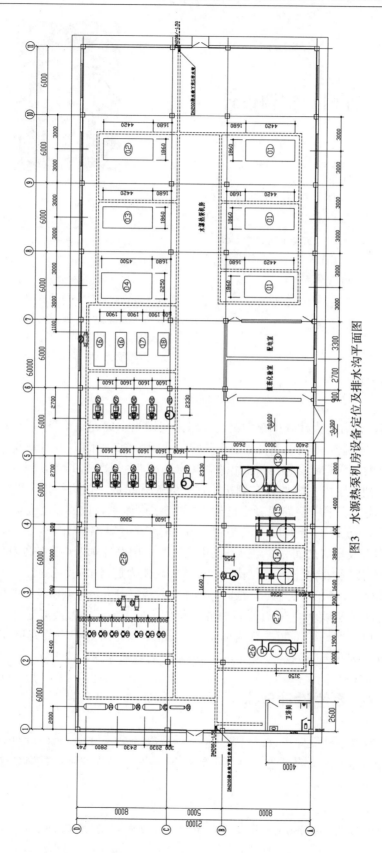

图3 水源热泵机房设备定位及排水沟平面图

中银大厦（苏州）空调设计[①]

- 建设地点： 苏州市
- 设计时间： 2010 年 10 月～2012 年 12 月
- 工程竣工日期：2013 年 12 月
- 设计单位： 启迪设计集团股份有限公司
  （原苏州设计研究院股份
  有限公司）
- 主要设计人： 庄岳忠 钱沛如
- 本文执笔人： 庄岳忠

作者简介：

庄岳忠，高级工程师，2002 年毕业于同济大学供热通风与空调工程专业。现任启迪设计集团股份有限公司机电三院副院长、暖通所所长。主要设计作品：苏州市轨道交通控制中心大楼、中国太湖文化论坛总部、苏州独墅湖高等教育区教育发展大厦、西交利物浦大学科研楼、苏州龙湖狮山路综合体、铁狮门苏华路北项目等。

一、工程概况

中国银行苏州分行大楼（中银大厦）项目由美国贝聿铭建筑事务所与我院合作设计，是苏州市的又一标志性建筑。项目坐落于苏州工业园区金鸡湖东，位于旺墩路北，万盛街东。总用地面积 25096m²，总建筑面积 99640.47m²，容积率 3.18%，绿地面积 6400m²，绿化率 25%。建筑物由主塔楼及东侧裙房、中庭连廊组成。主塔楼地上 22 层办公用房，顶部 2 层机械用房，采用钢筋混凝土框架-剪力墙结构体系，地面以上总高度为 99.72m；裙房地上 4 层，局部 1 层夹层，采用混凝土框架剪力墙结构体系，地面以上总高度 20.75m；主塔楼及裙房之间为 3 层挑空的中庭连廊，中庭连廊四层为餐厅和设备机房，五层为景观屋面，采用大跨度钢桁架结构。大楼主要功能为财富中心、餐饮、办公等，地下一层平时为汽车库、设备用房及金库，战时分为 4 个六级二等人员掩蔽所及一个移动电站。

空调工程投资概算约 9880 万元，单方造价约 990 元/m²。大楼舒适性空调总冷负荷（不包括数据中心）为 7733kW，总热负荷为 3058kW，建筑面积冷负荷指标为 79W/m²，热负荷指标为 32W/m²。数据中心总冷负荷根据工艺要求确定，按 1000kW 计算。

二、暖通空调系统设计要求

苏州地区空调室外设计参数：夏季计算干球温度 34.1℃，夏季计算湿球温度 28.6℃，夏季通风计算温度 31℃；冬季空调计算干球温度－4℃，冬季空调计算相对湿度 76%。室内设计参数如表 1 所示。

---

① 编者注：该工程设计主要图纸可从中国建筑工业出版社官方网站本书的配套资源中下载。

室内设计参数 表1

功能区	夏季		冬季		新风量 [m³/(h·p)]	噪声 [dB(A)]	人员密度 (m²/人)	照明功率 密度 (W/m²)	电器设备 功率 (W/m²)	备注
	温度 (℃)	相对湿度 (%)	温度 (℃)	相对湿度 (%)						
大堂门厅	26	—	16~20	—	10	≤50	20	13	5	
营业厅	26	≤65	16~20	—	30	≤45	2.5	11	5	
会议室	25	≤65	20~23	—	20	≤40	2.5	9	5	
办公区域	25	≤65	20~23	—	30	≤40	4~8	9~15	13~20	

塔楼五~二十二层主要功能为办公，采用 VAV 变风量空调系统，裙房一~四层功能为营业厅、财富中心及餐饮，根据室内空间及使用需求采用全空气系统或风机盘管加新风系统，门厅、营业厅等高大空间沿幕墙设置地盘管送风系统，以满足业主对大楼多功能、高标准、安静、舒适、节能的要求。

三、暖通空调系统设计方案

大楼办公空调冷源采用 2 台制冷量为 850RT 的水冷离心式冷水机组和 1 台 500RT 的溴化锂吸收式冷水机组，过渡季及冬季采用免费供冷系统，设置 2 台换热量为 750kW 的水-水板式换热机组。空调主机设置在地下一层冷冻机房内，空调夏季供/回水温度为 7℃/12℃，当室外湿球温度低于 10℃时，冷水机组停止运行，开启塔楼冷却塔、板换机组对需要供冷的内区进行供冷，此时空调供/回水温度为 14℃/17℃。

办公空调热源由城市热网蒸汽提供，蒸汽压力 0.8MPa，减压至 0.6MPa 接至分汽缸，分别送至各用汽点。蒸汽总用量为 6t/h，其中空调系统供热 5.8t/h，生活热水 0.2t/h。冬季蒸汽经 2 台换热量为 2400kW 的组合式汽-水板式热交换器换热后产生 60℃ 的热水，提供给空调末端使用，热水回水温度为 50℃。

根据当地热力管网公司的规定，冬季使用蒸汽的用户夏季也需部分使用蒸汽，因此本工程根据夏季须使用的蒸汽量并结合空调机组的容量配比，选择了 1 台 500RT 的溴化锂蒸汽吸收式冷水机组，溴化锂机组夏季蒸汽用量 2t/h。

数据中心冷源按工艺要求采用 2 台制冷量为 300RT 的水冷螺杆式冷水机组（1 用 1 备），过渡季及冬季采用冷却塔免费供冷系统，设置 2 台换热量为 1000kW 的水-水板式换热机组。

空调冷水、热水采用一次泵变流量系统，根据末端负荷调整系统冷热水量。空调水管采用四管制系统，冷热水立管采用同程式布置，水平分支管上设静态平衡调节阀，空调机组回水管上设动态平衡电动调节阀。系统经调试后，保证各支路的水力失调度不大于 15%。所有组合式空调机组和末端风机盘管的承压均为 1.6MPa。空调冷水闭式循环系统采用带气压罐的定压补水装置、自动加药装置及排气集污装置；热水闭式循环系统采用带气压罐的定压补水装置、自动加药装置及排气集污装置。系统补水在供水管上设置水流量计及防污染隔断阀。

大楼一~四层裙房根据使用功能的不同，小空间采用风机盘管加新风的方式，大开间及公共区域采用全空气空调方案，设置组合式空调器和转轮热回收。塔楼标准层办公区域使用时间相对集中，且对舒适性要求较高。为了满足业主对新风的需求和每个区域室温的可调要求，标准办公层的空调方式采用变风量空调系统。塔楼标准层办公区域进深为 10～12m，且具有较大的外窗面积，经过计算，将靠近外围护结构 3～5m 的范围划为外区，其余区域划为内区。外区采用串联风机动力型（配再热盘管）变风量末端装置，内区采用单风道变风量末端装置。塔楼的新、排风通过设置在屋面的全热回收机组处理后，新风通过专用的管井集中送到各层。全热回收机组热回收效率约为 62%。大门厅、营业厅等高大空间采用全空气空调系统，气流组织为顶送下回方式，玻璃幕墙处设置地埋式盘管上送风，避免幕墙结露。

数据中心末端采用机房精密空调（冷水型），一层 ATM 及消控室区域采用独立多联机空调系统，室外机放置于四层屋顶设备区。值班室等采用分体空调，由业主自行采购，其能效不低于《房间空气调节器能效限定值及能源效率等级》GB 12021.3—2010 中 2 级能效标准。

塔楼办公部分空调末端采用变风量空调系统，外区采用串联风机动力型（配再热盘管）变风量末端装置，内区采用单风道变风量末端装置。

VAV 变风量系统控制较为复杂，项目实施成功的关键很大一部分取决于系统控制，因此在设计过程中要求系统在控制、调试中至少采用定静压控制和变静压控制两种方式。定静压控制在送风系统管网的适当位置（常在离风机 2/3 处）设置静压传感器，在保持该点静压一定值的前提下，通过调节风机受电频率来改变空调系统的送风量（见图 1）。变静压控制保持每个 VAV 末端的阀门开度在 85%～100% 之间，即使阀门尽可能全开和使风管中静压尽可能减小的前提下，通过调节风机供电频率来改变空调系统的送风量（见图 2）。

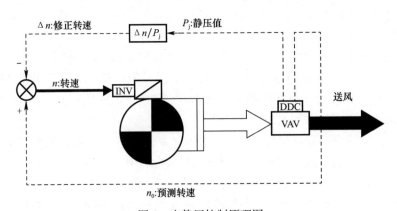

图 1　定静压控制原理图

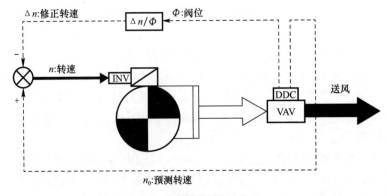

图 2　变静压控制原理图

在业主和空调施工单位的积极配合下，最终两种调试方案均通过测试。在实际运行过程中，VAV空调末端送风量和噪声水平也取得了平衡，整体空调运行平稳、安静，为业主提供了舒适的室内环境和优良的空气品质。

大楼及数据中心均采用了冷却塔免费供冷技术（见图3）。根据负荷计算值并结合苏州当地气候条件，大楼及数据中心分别设置了2台换热量为750kW和2台换热量为1000kW的水-水板式换热机组，当室外湿球温度低于10℃时，冷水机组停止运行，开启塔楼冷却塔、板换机组进行供冷，此时空调供/回水温度为14℃/17℃。随着室外气温的进一步降低，可提供的冷水温度也进一步下降，从而满足大楼和数据中心空调冷负荷需求。本项目在实际运行过程中，因数据中心一期装机容量为设计值的20%左右，冷负荷需求较小，数据中心物管人员在春夏交替时节人为延长了免费供冷使用时间。根据最终反馈的运行数据显示，免费供冷系统极限运行状态时室外气温达到了17～18℃，室内供水温度达到了21℃左右，仍能满足运行要求。后续随着数据中心装机容量的增加以及板换污垢系数的增大，免费供冷使用时数将会逐步减少。

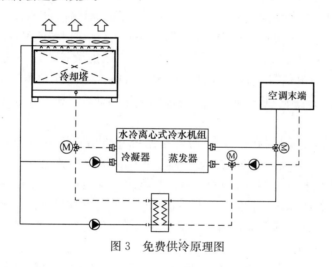

图3 免费供冷原理图

四、通风与防排烟系统

地下室汽车库设置机械排风，排风量换气次数不小于$6h^{-1}$，并设机械补风；地下室水泵房，冷水机房按换气次数$6h^{-1}$，设机械通风系统，变配电间用房根据设备散热量计算确定机械排风量，机械补风；变配电间用房设置气体灭火后通风系统，下部排风，上部自然补风，通风量不小于$5h^{-1}$换气次数；厨房按换气次数不小于$40h^{-1}$设置机械排风，机械补风按排风量的80%计算；各会议室及餐厅设置机械排风，排风量不大于新风量，保持微正压。

地下汽车库按建筑面积不大于$2000m^2$划分防烟分区，每个防烟分区排烟量按换气次数不小于$6h^{-1}$计，机械补风量不小于排烟量的50%，风机采用排烟/排风两用风机。所有防烟楼梯间及其前室、消防电梯前室或合用前室均设置机械加压送风系统，送风量按规范值选定。

建筑内长度大于20m且无法利用可开启外窗自然排烟及长度大于60m的内走道设置

机械排烟系统，机械排烟量按不小于 $60m^3/(m^2 \cdot h)$ 计，利用可开启门窗自然补风。地上房间采用自然排烟的房间，设置手动开启的排烟窗，火灾时，手动开启排烟窗，可开启窗面积不小于房间面积的 2%。

多个防烟分区合用机械排烟系统时，排烟量按该系统中最大防烟分区不小于 $120m^3/(m^2 \cdot h)$，防烟分区内排烟口至最远点水平距离不得超过 $30m$，排烟风机入口处设置 $280℃$ 排烟防火阀。

大于 $12m$ 的共享空间设置机械排烟系统，机械排烟量按不小于中庭体积的 $4h^{-1}$（体积 $>17000m^3$ 时）换气次数计，利用可开启门窗自然补风。

五、控制（节能运行）系统

汽车库控制：平时送排风机开启，火灾时排风机切换成排烟状态，同时送风机继续补风，直至送风机房内 FD 熔断后切断送风机，SD 熔断后切断排烟风机（由于平时排风和火灾排烟风量相同，故采用同一风机）。风机两路电源及消防信号接入相应风机房的电气控制箱（风机房中每台风机均配有相应动态节流仪），且消防电源不经过变频器。

汽车库排风机房动态节流仪：平时排风设置 CO 浓度测控点，对通风量进行实时调节；火灾时根据消防电信号直接启动排烟（风）风机（不经变频器）。当烟气温度达到 $280℃$ 时，SD 熔断后连锁切断排烟风机，并输出信号到补风风机，以停止补风风机，带远程控制。

冷热源系统采取双重控制模式，机房群控系统和机房就地控制。两种方式可切换控制，且自动/手动转换开关的状态应为集中监控系统的输入参数之一。冷热源自控系统应能实现正常情况下的自动运行（无人值守）、节能运行及能耗计量三位一体功能，避免重复投资。冷热源系统采用负荷控制法，根据冷水供回水温度和供水流量测量值自动计算空调实际所需冷负荷的瞬时值和累计值，来确定冷热源机组运行台数、调节运行负荷、机组和水泵的轮时运行与切换，以及旁通环路的自动启闭。自控系统可实现控制冷热源机组、冷水泵、冷却水泵、冷却塔、热水泵、补给水泵等设备的运行台数及电动阀门开关、调节，能够自动采取经济合理的措施保障冷热源系统始终以最佳工况运行，达到节能运行的目的。

组合式空调箱/吊顶式空调器：采取双重控制模式，以自控为主，机房就地控制为辅的方式，两种控制模式可互相切换。自控应包括机组水管进出口温度及压力监测、根据送风温度控制其表冷（或冬季加热）器的水阀开度、根据 CO_2 浓度控制新风阀、过滤器压差监控与超限报警、风机状态监视、冬季防冻保护及设备停机时自动关闭新风阀等（为防止新风机组运行时盘管冻裂，在机组内设置防冻开关，保护机组正常运行，当感温元件检测的温度低于设定值时，防冻开关动作）。送风温度通过控制冷热盘管回水管的电动动态平衡调节阀实现，电动调节阀的流量特性应为等百分比特性，常闭型。

风机盘管：风机盘管配三速温控器（联网型）及电动两通阀，具体要求包括：（1）根据设定的回风温度对回水管上的电动两通阀进行通断控制。（2）风机盘管风机设三挡风速控制，根据需要设定运行风速。（3）BA 系统可通过温控器读取风机盘管运行参数并远程控制。

节能措施：

机房群控系统，可根据日期、天气及末端温度分布等条件动态计算当前空调负荷以及未来 24h 中负荷的变化趋势，实现冷水机组、水泵、冷却塔等设备的分台优化控制，使所有设备始终以最佳工况运行。

新、排风经能量回收机组预处理后进入专用的新、排风管井，以回收排风中的冷、热量。过渡季节充分利用室外新风作冷源的运行，最大比例可达 100%。

地下车库排风、补风系统按高、低峰时段及车库内 CO 浓度控制风机运行频率，节省运行费用。火灾时根据消防电信号直接启、停送风机（不经变频器），带远程控制。

六、工程主要创新及特点

本工程设计秉承节能、环保、舒适的理念，并将其贯穿至整个工程的设计之中。采取了诸如冷却塔免费供冷技术、幕墙地盘管送风系统、人员密集场所 CO_2 浓度监测系统、地下汽车库 CO 浓度检测系统等一系列节能、环保措施，实际运行效果及能耗也基本达到了预期要求，得到了业主及同行的一致好评。

中衡设计集团新研发设计大楼①

- 建设地点： 江苏省苏州市
- 设计时间： 2011 年 10 月～2012 年 03 月
- 竣工日期： 2015 年 11 月
- 设计单位： 中衡设计集团股份有限公司
  （原苏州工业园区设计研究院）
- 主要设计人：张 勇 周冠男 印伟伟
  　　　　　　徐 光 姜肇锋 冯 琳
  　　　　　　戴 圣 陈金山
- 本文执笔人：张 勇 印伟伟

作者简介：

张勇，研究员级高级工程师，1994年 7 月毕业于同济大学暖通专业。工作单位：中衡设计集团股份有限公司。代表作品：苏州中心广场、独墅湖集中供冷中心、苏州现代传媒广场、吴江东太湖温泉酒店、苏州久光百货、苏州新光天地、苏州工业园区科技园五期 B3 项目、苏州电信数据中心、中衡设计集团新研发大楼等。

一、工程概况

本项目位于苏州工业园区独墅湖月亮湾科教创新区，为中衡设计集团股份有限公司的自持大楼，项目定位为卓越设计师（工程师）的创作平台和优秀绿色节能产品的应用展示平台；已经取得国家绿色三星设计标识，正在申报绿色三星运营标识和 LEED 标识。建筑外观如图 1 和图 2 所示。

图 1 建筑外观图一

图 2 建筑外观图二

本项目基地面积 $14137m^2$，总建筑面积为 $74897m^2$，总高度 96.25m，为一类高层建筑。其中地下 3 层，建筑面积为 $32517m^2$，地下一层为商业、后勤区、自行车库和设备用

---

① 编者注：该工程设计主要图纸可从中国建筑工业出版社官方网站本书的配套资源中下载。

房，地下二、地下三层为汽车库和设备用房，地下一～地下三层局部为战时 6 级人防二等人员掩蔽所；地上部分建筑面积为 42380m²，共 21 层，其中裙房一～三层功能为商业、餐饮，塔楼二十一层为餐饮会所，其余楼层功能均为办公。

本项目夏季空调冷负荷为 6100kW，建筑面积冷负荷指标为 81W/m²；空调冬季计算总热负荷为 3900kW，建筑面积热负荷指标为 52W/m²；暖通空调工程总投资 3800 万元，单方造价 507 元/m²。

二、暖通空调系统设计要求

把握节能、舒适、绿色（健康）、美观大方原则，结合项目实际，对暖通空调设计提出以下要求：

1. 采用节能高效的冷热源系统；
2. 提高人员活动区的空气品质；
3. 实现节能舒适与建筑的高度契合；
4. 应用适宜的绿色、节能技术；
5. 设置先进的控制系统。

室外设计参数：夏季空调室外计算干球温度 34.0℃；夏季空调室外计算湿球温度 28.2℃；夏季通风室外计算温度 32℃；冬季空调室外计算温度 -4℃；冬季通风室外计算温度 3℃。

室内设计参数如表 1 所示。

室内设计参数　　　　　　　　　　　　　　　　表 1

房间名称	夏季		冬季		室内噪声级 [dB(A)]	换气次数 (h⁻¹)	新风量 [m³/(h·p)]	人均占有面积 (m²/人)	设备功率 (W/m²)	照明功率 (W/m²)
	温度 (℃)	相对湿度 (%)	温度 (℃)	相对湿度 (%)						
商业	26	—	18	—	≤60	—	20	3	13	15
餐厅	26	55	20	—	≤50	—	30	2.5	5	11
门厅	26	60	18	—	≤50	—	10	50	2	13
办公室	26	55	20	—	≤45	—	30	5	15	15
会议	26	55	20	—	≤35	—	25	2.5	5	9
游泳池	28	75	28	—	≤55	—	30	5	2	9
活动室	26	55	20	—	≤45	—	30	10	5	15
卫生间	—	—	—	—	—	≥15	机械排风	—	—	—

三、供暖空调系统设计

通过对暖通空调系统方案的比较，确定了项目冷热源形式、系统分区及末端形式。

1. 系统冷热源。采用地源热泵＋水冷离心机组＋锅炉方案。土壤源热泵空调地埋管系统设计采用单 U 地埋管，打井数量为 546 口，井深为 100m，直径为 150mm，管材选用 PEX100，低埋管共分 11 个水平连接系统接入机房，地源热泵空调主机为 3 台，每台制冷量为 1400kW，制热量为 1450kW。同时考虑塔楼十九～二十一层部分会所和画廊的使用频率和使用时间与大系统不一致，设计采用多联式空调系统，泳池设计采用泳池专用的除湿热泵系统。

2. 系统分区。由于工程系统较大，各区域使用功能差别化明显，设计采用二次泵变频系统，冷水二次泵按其服务的区域设置 3 组泵组，第一组服务地下一层商业和裙房商业的一～三层，第二组服务地下一层后勤、塔楼一～六层和裙房四～五层（此部位为设计院自用），第三组服务塔楼七～十八层。二次泵变频系统可根据空调末端的负荷变化及时调整系统冷水流量，二次泵变频系统与传统的一次泵变频系统相比可大量地节省运行费用。

3. 末端形式。本工程的一层商业大堂、四层办公的公共空间，四层办公入口门厅均设计采用地板送风系统，地板送风口在地板上形成一层空气湖，热作用或空气压力使新风向房间流动形成主导气流，污染的空气从房间上部排除，通风效率高于上送上回的传统混合通风，节能效果好、舒适度高、美观、简洁大方。大楼办公一层大堂设置带全热交换回收的组合式空调机组，回风与新风混合后经过转轮热回收，再降温处理送入空调房间内，热回收机组与传统的组合式空调机组相比较更加节能，送风效果好，舒适度高。

四、通风防排烟系统设计

1. 新风与排风系统设计

本项目的新风系统结合建筑外立面条件（造型、绿化等）进行分别设置。经过 PM2.5 过滤除尘、能量回收（转轮热回收）等功能段后送入室内。

地下一～三层商铺、四～十八层办公区采用风机盘管＋新风系统，按区域设置新风空调机组，就近设置于新风机房内。

地下一～三层的走道、餐厅、门厅等大空间区域设置采用全空气定风量低风速系统，气流组织方式采用顶送顶回，空气处理机组就近设置于专用空调机房内。

四～五层门厅、走道等大空间区域设置采用全空气定风量低风速系统，气流组织方式采用地板送风侧墙回风，空气处理机组就近设置于专用的空调机房内。十九～二十一层活动室采用多联机加新风系统的空调方式，室内机组根据房间功能及吊顶型式采用顶棚内藏风管式。按区域设置新风空调机组，就近设置于新风机房内。

室内游泳池：采用泳池专用除湿热泵热回收系统，顶送顶回；设置机械排风系统；冬季在送风管设置辅助热水加热。

2. 防排烟系统设计

本项目对不满足自然排烟条件的楼梯间、前室、消防电梯前室、合用前室等设置机械加压送风系统；地下车库及内走道（超过 20m 等）设置机械排烟系统和消防补风系统；地上部分裙房商业、中庭、门厅设置机械排烟系统；塔楼中庭设置机械排烟，其他区域设置自然排烟。

五、控制（节能运行）系统设计

本项目空调冷水机房设计采用一套集控系统，根据大楼的空调使用情况，制定空调主机和水泵运行策略，灵活调整设备的启停和用量，见图3和图4。经过两年多的运行实践，表明该控制系统对末端负荷变化反应及时有效，节能效果明显。

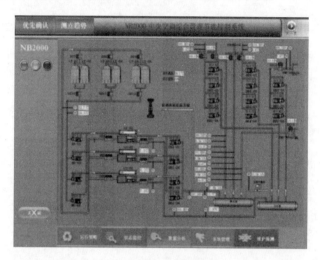

图3　控制系统总界面

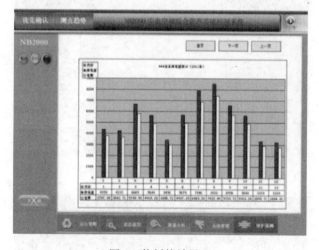

图4　能耗统计界面

六、项目技术特点

1. 设置电子探测系统，确定地源热泵地耦换热器位置

本项目地源热泵系统的地耦换热器深埋在建筑物底板下方，打井深度超过120m，地埋管的成品保护和井位的探测是一个难题。解决办法是：在土建开挖后，基坑和承台施工前，根据设计井位优先开始打井，每口井都设置一种电子探测系统，这样在土建回填后，

可以根据探测器的信号反馈，来确定每口井的位置，在土建二次开挖时，避免了地埋管被开挖设备损坏，节约了成品，为地源热泵系统正常运行打下了基础，提高了工作效率。

2. 通过 CFD 模拟技术，优化设计

采用 CFD 软件对项目各复杂空间内（包括一层门厅、四层门厅、绿色展厅、四层中庭等）不同面的风速、温度等变化情况进行模拟分析，辅助空调设计，保证空调系统较好的运行效果。见图 5～图 7。经过模拟分析，优化设计，各区域空调系统的使用效果均比较良好。

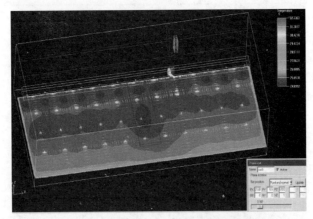

图 5　一层办公门厅 1.5m 高度温度场分布

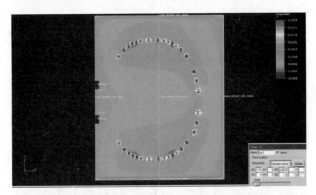

图 6　绿色展厅夏季 1.5m 高度温度场分布

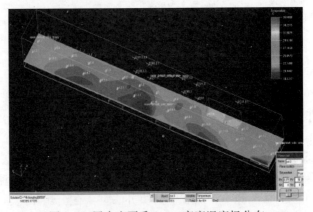

图 7　四层中庭夏季 1.5m 高度温度场分布

3. 应用 BIM 技术，合理利用建筑空间

为了严格控制各功能区吊顶高度，梳理设备管线走向，项目采用 BIM 设计。BIM 主要应用点为：碰撞检查和三维管线综合。经过 BIM 优化后，系统管线走向合理，各空间净高满足设计要求，见图 8、图 9。

图 8   BIM 设计模型截图

图 9   优化管线后冷冻机房实景

七、项目运行情况

项目运行采用了节能型机房能源管理系统，通过末端负荷需求自动调节机组、水泵、冷却塔等设备的智能运行，使系统维持在高效状态点运行。通过监测数据调取，发现在 2017 年 6 月～2018 年 3 月期间，用电量均有减少，除过渡季节外（2017 年 10 月、11 月），能节约 10787kWh～29660kWh，节能率达 28.4%～39.1%。

邯郸市西污水热泵能源站项目①

- 建设地点： 河北省邯郸市
- 设计时间： 2012 年 8 月～2013 年 9 月
- 竣工时间： 2015 年 11 月
- 设计单位： 天津市建筑设计院
- 主要设计人：芦 岩 田 铖
- 本文执笔人：芦 岩

作者简介：

芦岩，现任天津市建筑设计院绿色机电技术研发中心所总工程师。主要设计代表作品：天津公馆污水源热泵系统、河北师范大学新校区污水源热泵系统、天津解放南路规划区生态规划、天津中新生态城公屋 4 号、5 号楼被动房等。

一、工程概况

邯郸市西污水热泵能源站位于河北省邯郸市西污水处理厂内（见图 1），总用地面积 5070.8m²，总建筑面积 3916.4m²，其中地上建筑面积 1517.5m²，地下建筑面积 2398.9m²，地上 2 层，地下 1 层，容积率为 0.3，檐口高度为 10m。建筑功能分区及建筑层高见表 1。

该能源站是邯郸市第一座再生水源热泵供热能源站，采用的系统为再生水水源热泵系统，系统概况为：再生水间接换热的再生水水源热泵系统，供热装机容量为 13000kW，供热半径为 800m，规划供热建筑面积 35 万 m²，目前供热规模为 10.1 万 m²。

图 1　建筑夜景鸟瞰图

建筑功能及层高统计表　　　　　　　　　　表 1

楼层	建筑功能	层高（m）
地下一层	热泵机房及其附属用房	8.5
一层	附属办公	4
二层	附属办公	4

二、设计特点

1. 对本项目进行了长达半年的调研与分析，充分了解项目基础资料，为项目的成功

---

① 编者注：该工程设计主要图纸可从中国建筑工业出版社官方网站本书的配套资源中下载。

实施奠定了基础。

2. 对再生水源热泵系统进行了多方案比选。

3. 对再生水源热泵系统的关键技术问题进行了专项研究：

（1）污水处理厂进行全年的水温、水量分析，确定再生水侧设计参数。

（2）采用"堰式"再生水取、回水井，实现取回水合一。

（3）对用户侧输配系统的形式进行了深入分析，采用分布泵系统，减少输配系统能耗。

（4）对系统供热参数进行了优化分析，最终确定采用高温大温差供热参数。

4. 不仅考虑系统高效运行，同时从建筑设计层面采用合理设计，实现站房及系统的全面节能。

三、技术经济指标

本工程技术经济指标如表2所示。

技术经济指标表 表2

项目	技术经济指标	项目	技术经济指标
装机容量	13000kW	再生水供/回水温度	11℃/7℃
规划供热面积	35 万 m²	目前供热面积	10.1 万 m²
电价	0.52 元/kWh	介质水供/回水温度	8℃/4℃
供热半径	800m	系统供/回水温度	65℃/45℃
系统设计 COP	3.1	设计运行电费指标	10.98 元/m²
实际系统运行 COP	3.3	实际运行电费指标	10.31 元/m²
设计年节约标准煤量	3075.9t/a	目前年节约标准煤量	936.9t/a

四、节能创新点

1. 对再生水水源热泵系统进行全过程的方案分析——对调研基础数据进行细致分析，并且对系统中关键技术问题也进行了深入研究。

2. 对可再生能源采用规模化利用——结合水厂建设再生水水源热泵供热站，实现再生水热利用的最大化。

3. 用户侧采用高效分布泵输配系统，输配能耗远低于常规一次泵系统——相对于一次泵输配系统，减少输配系统能耗 25％以上。

4. 根据室外气温及再生水温度制定了阶段性质调节下的量调节的运行策略，提高系统运行效率，减少电力消耗。

5. 站房设计充分考虑日后设备更换，将吊装孔与采光天窗结合，减少站房照明能耗。

6. 根据地下站房特点，设置导光筒，减少站房照明能耗。

五、设计优点

1. 采用全过程分析方式进行设计。

2. 对关键技术问题进行专项研究。

3. 关注站房及系统的全面节能。

4. 充分考虑水厂扩容与热泵能源站扩容的问题，预留站房扩容空间。

六、关键技术研究

1. 再生水换热系统的确定

再生水水质检测数据显示：再生水水质除浊度、NH₃-N 超标外，其余均满足《工业冷却循环水处理设计规范》与《采暖空调系统水质》中间接开式冷却循环水水质标准，水质检测数据如表 3 所示。

水质检测数据与水质标准对比　　　　　　表 3

项目	单位	检测值	工业冷却循环水水质要求	间接开式冷却循环水水质要求
		数值	限值	限值
浊度	NTU	11	≤20	≤20
				≤10（换热设备为板式、翅片管式、螺旋板式）
pH		7.73	6.8~9.5	7.5~9.5
钙硬度＋甲基橙碱度（以 CaCO₃ 计）	Mg/L	756	≤1100	≤1100
总 Fe	Mg/L	0.045	≤1.0	≤1.0
Cu²⁻	Mg/L	0.005	≤0.1	—
Cl⁻	Mg/L	214	≤700	≤500
SO₄²⁻＋Cl⁻	Mg/L	521	≤2500	
硅酸（以 SiO₂ 计）	Mg/L	20	175	
Mg²⁺×SiO₂（Mg²⁺以 CaCO₃ 计）	Mg/L	794.8	≤50000	
游离氯	Mg/L	0.1	0.2~1.0	0.05~1.0
NH₃-N	Mg/L	87.5	≤10	≤10
石油类	Mg/L	—	—	
COD_CR	Mg/L	25	≤100	≤100
电导率（25℃）	μs/cm	1073	10	≤2300
悬浮物	Mg/L	28	≤30	≤30

（1）NH₃-N 超标将会导致产生金属生化腐蚀，采用铜镍合金的防腐材质，其 NH₃-N 耐受上限为 10mg/L，再生水中 NH₃-N 含量远超标准，因此再生水源热泵系统需要设置间接换热系统。

（2）由于再生水浊度为 11NTU，超过板式换热器所接受的限值（10NTU），因此无法采用板式换热器，需采用宽流道换热器以防止换热器堵塞。

综上，根据再生水的水质情况，确定设置再生水间接换热系统，换热器形式为宽流道换热器。

2. 污水处理厂全年的水量

邯郸西污水厂日处理量为 10 万 t，出水水质为一级 B，且具有较为健全的水量、水温监测系统，但由于监测系统或监测仪表的问题，连续水量数据出现了很多粗大误差（见图 2），因此必须采用科学的方法，对连续水量数据进行数据处理，以确定冬季再生水最低小时流量。

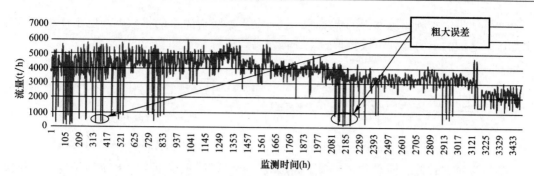

图2　冬季再生水水量连续监测数据

为了剔除粗大误差，采用拉伊达准则（3δ准则法）对水量连续监测数据剔出异常值（致信区间为99.74%），以确定冬季最低小时流量，3δ准则法公式如下：

$$\bar{x} = \frac{(x_1 + x_2 + x_3 + \cdots + x_n)}{n} \tag{1}$$

$$\delta = \sqrt{\frac{(x_i - \bar{x})^2}{n}} \tag{2}$$

根据上述准则，统计确定冬季再生水最低小时流量为2199.6t/h。

3. 污水处理厂进行全年的水温分析

根据水厂监测数据，再生水水温冬季最低为10.5℃，如图3所示。

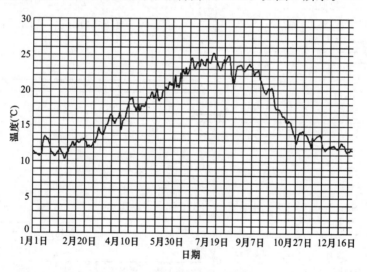

图3　再生水水温连续监测数据

再生水10.5℃的持续时间为20h，如按照10.5℃作为再生水的供水温度，换热器投资将增加16.7%，总计约230.8万元。同时，介质水输配系统也将增加电耗58196kWh/a，考虑再生水低温持续时间不长以及建筑的热惰性对室内温度的稳定性影响，取11℃作为再生水的供水温度，其满足率为99.3%。

4. 再生水取、回水设施的确定

水厂经过生化处理完的再生水，经过巴士计量槽计量后，以重力流方式流至再生水排水加压泵站，经加压后，通过再生水管线送至景观河道，排水流程示意图如图4所示。

为了使再生水利用既不影响再生水计量，又不影响再生水的排放，在巴士计量槽与排水加压泵之间的重力流管道设置堰式取、回水井，流程示意图如图 5 所示。

图 4　再生水排水流程示意图　　　　图 5　再生水取、回水流程示意图

通过设置堰式取、回水井，实现了同点取、回水，简化了再生水系统，经过一个供暖季的实践检验，堰式取、回水方式是可行的，施工图如图 6 和图 7 所示。

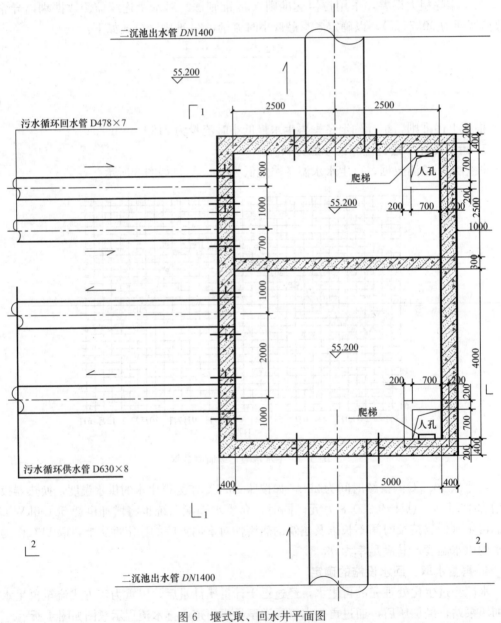

图 6　堰式取、回水井平面图

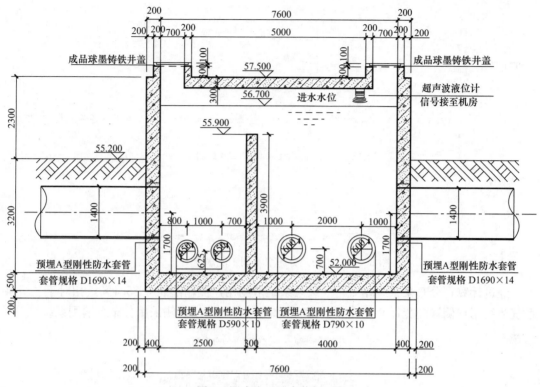

图 7　堰式取、回水井剖面图

5. 用户侧输配系统形式的确定

为了降低输配系统能耗，用户侧采用的一级泵、二级泵及分布泵系统进行了模拟计算，并分析了三种输配系统的输配能耗，最终确定了输配系统形式，一级泵、二级泵及分布泵系统各工况水压图如图 8 所示。

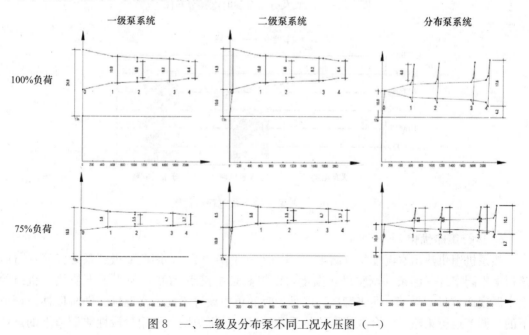

图 8　一、二级及分布泵不同工况水压图（一）

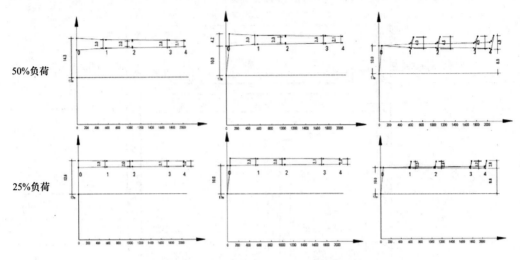

图 8　一、二级及分布泵不同工况水压图（二）

经过计算，分布泵系统相对于一级泵系统节约用户侧输配能耗 25.4%，相对于二级泵系统节约用户侧输配能耗 9.8%（见图 9 和图 10），因此用户侧采用分布泵输配系统。

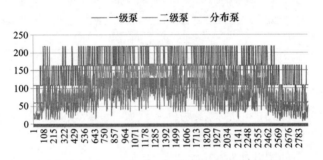

图 9　一、二级及分布泵逐时电耗分布图

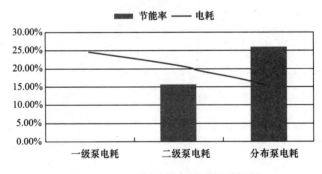

图 10　一、二级及分布泵电耗对比图

6. 运行策略优化

热泵机组供热出水温度每升高 1℃，其 COP 下降约 2%，因此要做到系统经济运行应该根据不同室外气温条件调整供热温度，以提高热泵机组 COP，但为了不使热泵机组的出水温度调整过于频繁，便于管理，以月为时间单位设置不同出水温度，即阶段性质调节下的量调节运行策略。结合散热器传热系数的分析计算表明，采用阶段性质调节下的量调节运行策略相对于单纯量调节，可提升季节机组 *COP*7.4%，具体计算过程如表 4 所示。

不同运行策略季节机组 *COP* 对比　　　　　　表 4

月份	11	12	1	2	3
再生水月均温度（℃）	12.3	12.1	11.8	12.2	12.7
最低气温（℃）	−2.7	−5.2	−5.4	−5.4	−0.6
运行时间（h）	360	744	744	672	360
单纯量调节运行策略					
机组冷凝器出水温度（℃）	65	65	65	65	65
机组 *COP*	3.54	3.53	3.50	3.53	3.57
季节机组 *COP*	3.53				
阶段性质调节下的量调节运行策略					
机组冷凝器出水温度（℃）	59.3	62.3	65	65	46.7
机组 *COP*	3.94	3.72	3.50	3.53	4.88
季节机组 *COP*	3.79				

7. 能源站整体节能

能源站自身也是单体建筑，因此对于能源站也要考虑建筑节能，虽然此能源站属于工业建筑，但从建筑节能角度考虑，其围护结构按照《公共建筑节能设计标准》的要求进行设计，同时由于站房位于地下，从方便设备运输、更换以及节约照明能耗角度出发，站房设置了两处采光吊装口以及 3 个导光筒，节约了照明能耗，如表 5、图 11 和图 12所示。

围护结构热工性能参数表　　　　　　表 5

序号	围护结构部位	传热系数（W/km²）	遮阳系数
1	外墙	0.52	—
2	外窗	2.7	0.44
3	非供暖空调房间与供暖空调	隔墙：0.7	—
	房间的隔墙或楼板变形缝	楼板：0.9	
4	屋顶	0.4	—

按照现行国家标准《建筑采光设计标准》GB 50033 的相关要求计算导光筒及天窗每年可节约照明能耗为 13261.03kWh/a，计算过程如下：

$$W_e = \sum \frac{P_n \times t_D \times F_D + P_n \times t_D' \times F_D'}{1000} \tag{3}$$

式中　W_e——可节省的年照明用电量，kWh/a；

　　　P_n——房间或区域的照明安装总功率，根据《建筑照明设计标准》GB 50034—2013，取 4W/m²，则总功率取 5496.8W；

　　　t_D——全部利用天然采光的时数，h；

　　　t_D'——部分利用天然采光的时数，h；

　　　F_D——全部利用天然采光的采光依附系数，取 1；

　　　F_D'——部分利用天然采光的采光依附系数，在临界照度与设计照度之间的时段取 0.5。

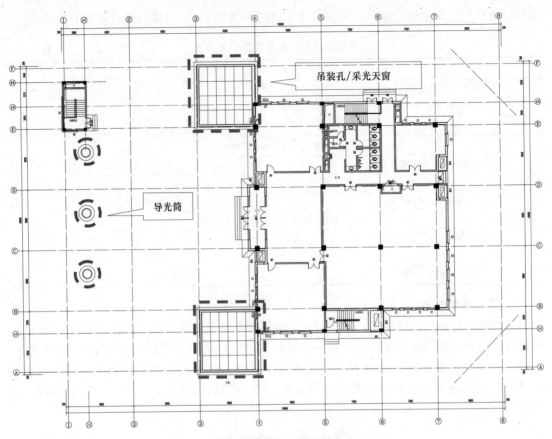

图 11　吊装孔、导光筒设置图

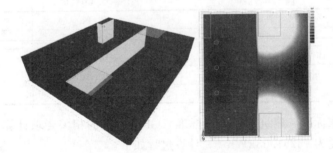

图 12　导光筒及天窗采模拟图

第 2 届"全国建筑环境与设备工程青年设计师大奖赛"

金　奖

北京地铁 14 号线工程施工设计①

- 建设地点： 北京市
- 设计时间： 2011 年 3 月～2014 年 7 月
- 竣工日期： 2015 年 2 月
- 设计单位： 北京城建设计发展集团股份有限公司
- 主要设计人：张 领 孟 鑫 张晓伟
  郭光玲 师 可 王怀良
- 本文执笔人：张 领

作者简介：

张领，工程师，2008 年 6 月毕业于西安建筑科技大学建筑环境与设备工程专业。主要设计代表作品：北京地铁 6 号线一期工程、北京地铁 10 号线二期工程、北京地铁 14 号线工程、石家庄地铁 1 号线一期、二期工程。

一、工程概况

车站站位及周边环境：阜通西站是 14 号线工程的一般地下车站，车站等级为 2 级。车站设于广顺南大街与阜通西大街交叉路口以南，沿广顺南大街方向布置。车站共设置 4 个通道 5 个出入口（公共区 4 个出入口，设备区 1 个消防出入口）及 2 组 4 个风亭。

阜通站车站左线总长 249.6m，车站右线总长 314.6m，标准段宽 21.2m，总建筑面积 16726.7m²，分地下和地上两部分。地下部分建筑面积 16150m²，其中主体建筑面积 12523.1m²，附属建筑面积 3626.9m²；地上部分建筑面积 576.7m²；过街通道总建筑面积 2369.4m²。车站采用 12m 岛式站台，双柱三跨混凝土结构，有效站台长 140m，站中心处覆土约为 4m。车站主体采用盖挖法施工，风道、出入口等附属建筑过管线处采用暗挖法施工。车站小里程端区间采用矿山法施工，车站大里程端区间采用盾构法施工。

本线采用站台设置高安全门的集成闭式通风空调系统，相关技术指标如表 1 所示。

技术指标表　　　　　　　　　　　　　　　　表 1

空调建筑面积	6972m²	空调冷指标	21W/m²（总建筑面积）
空调冷负荷	2026kW		143W/m²（扣除轨行区活塞风带来的热量）（空调建筑面积）
空调设计冷量	2026kW		
空调通风系统总装机电容量	368kW	空调装机电容量指标	22W/m²（总建筑面积）

① 编者注：该工程设计主要图纸可从中国建筑工业出版社官方网站本书的配套资源中下载。

续表

冷源形式		机组形式	设计供冷量	台数
冷源	冷水机组	对开多页式蒸发式换热器 （螺杆＋涡旋压缩机）	1220kW	3＋2
		对开多页式蒸发式换热器 （螺杆压缩机）	806kW	2

二、通风空调设计要求

1. 主要设计参数及标准

（1）室外空气计算参数

夏季：

空调（公共区）：干球温度 $T_g＝32℃$，相对湿度 65%；

空调（设备管理用房）：干球温度 $T_g＝33.5℃$，湿球温度 $T_s＝26.4℃$；

通风（区间隧道）：干球温度 $T_g＝25.8℃$；

通风（设备管理用房）：干球温度 $T_g＝29.7℃$。

冬季：

通风：干球温度 $T_g＝-3.6℃$。

（2）室内空气设计参数

夏季：

站厅：干球温度 $T_g＝30℃$，相对湿度 $≤65\%$；

站台：干球温度 $T_g＝29℃$，相对湿度 $≤65\%$；

列车：干球温度 $T_g＝27℃$，相对湿度 $≤65\%$；

区间允许最高平均干球温度：正常运行 $T_g≤35℃$，阻塞运行 $T_g≤40℃$。

车站设备管理用房设计参数按《地铁设计规范》GB 50157—2017 第12.2.35条及相关专业工艺要求执行（见表2）。

主要设备及管理用房设计参数表 表2

房间	夏季计算温度（℃）	换气次数（h⁻¹）	
		进风	排风
站长室、会议室、值班休息室	27	6	6
车站控制室	27	6	5
售票室、票务室	27	6	5
牵引变电所、	36	按排除余热计算风量	
降压变电所	36	按排除余热计算风量	
通信设备室、通信电源室 信号设备室、信号电源室	27	6	5
蓄电池室	30	6	6
水泵房			4

房间	夏季计算温度（℃）	换气次数（h⁻¹）	
		进风	排风
厕所			10
清扫工具间、气瓶室、储藏室			4
通风空调机房、冷冻机房		6	6
折返线维修机房	30		6
盥洗室、车站用品间		4	4
屏蔽门控制室	27	6	4

注：厕所排风量每坑位按 100m³/h 计算，且换气次数不宜少于 10h⁻¹。

（3）新风量标准

车站公共区空调季最小新风量不小于 12.6m³/(h·p)，且不小于系统总送风量的 10%；非空调季每位乘客新风量≥30m³/(h·p)。设备和管理用房新风量≥30m³/(h·p)，且不少于系统总送风量的 10%。

（4）排烟量标准

地下车站公共区火灾时的排烟量应根据一个防烟分区的建筑面积按 1m³/(m²·min) 计算。当排烟设备负担两个或两个以上防烟分区时，其设备能力按同时排除其中两个最大的防烟分区的烟量配置。当车站站台发生火灾时，应保证站厅到站台的楼梯和扶梯口处具有能够有效阻止烟气向站厅蔓延的向下气流，且气流速度不应小于 1.5m/s。结合本站公共区装修情况，在站厅公共区及在站厅到站台的楼梯和扶梯口正面设置挡烟垂壁。当地下设备管理用房、内走道、地下长通道和出入口通道需设置机械排烟时，其排烟量应根据一个防烟分区的建筑面积按 1m³/(m²·min) 计算，排烟区域的补风量不应小于排烟量的 50%。当排烟设备负担两个或两个以上防烟分区时，其设备能力应根据最大防烟分区的建筑面积按 2m³/(m²·min) 计算的排烟量配置。

（5）噪声标准

通风空调设备传到站厅、站台公共区的噪声≤70dB(A)；通风空调设备传到设备及管理用房的噪声≤60dB(A)；通风空调机房的噪声≤90dB(A)；通风空调设备传到地面风亭的噪声应符合《声环境质量标准》GB 3096—2008 以及本工程环境评价报告书的要求。

2. 功能要求

在地铁正常运营时，为乘客和工作人员提供一个适宜的人工环境。

列车阻塞在区间隧道时，向阻塞区间提供一定的通风量。保证列车空调等设备正常工作，维持车厢内乘客在短时间内能接受的环境条件。

在发生火灾事故时，提供迅速有效的排烟手段，为乘客和消防人员提供足够的新鲜空气，并形成一定的迎面风速，引导乘客安全迅速地撤离火灾现场。

为地铁各种设备提供必要的空气温度、湿度以及洁净度等条件，保证其正常运转所需的环境条件。

3. 主要设计原则

（1）通风空调系统制式采用全高封闭型站台门系统。

（2）通风空调系统按远期 2045 年晚高峰运营条件进行设计，且兼顾初、近、远期的相应变化。

（3）通风空调系统为乘客提供较舒适的过渡环境，为地铁工作人员提供相对舒适的工作条件，为设备提供合适的工作条件。

（4）地下车站及区间，应满足地铁系统以下各种运行工况对通风空调系统的功能要求：

1）正常运行工况：控制地铁系统内（车站和区间隧道）的空气温度、湿度、气流速度及空气质量，为乘客提供过渡性舒适的乘车环境。

2）阻塞运行工况：当发生区间阻塞事故时，能够对阻塞区间通风，阻塞区间的温度应满足列车空调器的运行要求，并为乘客提供新风。

3）火灾运行工况：通风空调系统兼作车站和区间的火灾排烟系统。当发生火灾时，通风空调系统应为乘客和消防人员提供新鲜的空气并排除烟气和控制烟气流向，保证乘客安全地疏散。

（5）设备管理用房根据工艺和功能要求，提供空调或通风换气，满足管理人员舒适性及工艺要求，且排风系统兼容排烟功能。

（6）系统通风排烟是按全线区间隧道、车站公共区、车站设备管理用房同一时间只有一处发生火灾事故考虑；换乘车站及相邻的区间隧道按照一次火灾设计。

（7）设计应充分考虑设备安装运输所需要的吊装孔、运输通道及日常维修维护所需要的通道。

（8）区间隧道应充分利用列车动力形成的活塞通风对地下区间通风换气，当采用自然通风不能满足通风排热要求时，采取机械通风。

三、节能设计原则及控制方式

1. 节能设计原则

（1）采用冷媒直接蒸发式可开启表冷器技术，让冷媒在空调末端表冷器内直接蒸发换热，有效提高了蒸发温度，系统能效比提高 20%，环保节能；另外，在北方地区也解决了原水系统冬季泄水防冻问题，降低运营维护工作量。

（2）车站公共区通风空调系统、站台车轨区排热通风系统考虑随负荷变化，进行变频调节；过渡季利用隧道风冷却车站，达到节能目的。

（3）使用时间、温度、湿度、洁净度等要求条件不同的空气调节区，不宜划分在同一空气调节系统中。

（4）空调系统按季节划分运行工况以节省全年运行费用，设备均选用高效率设备。

2. 控制方式

通风空调系统应采用就地控制、车站集中控制和中央控制的三级控制方式。

就地控制功能：就地控制在车站两端的通风空调机房附近的通风空调电控室，具有单台设备就地控制和模式控制功能，便于各设备及子系统调试、检查和维修。就地控制具有优先权。

车站集中控制功能：车站集中控制设置在车站控制室，对车站和所管辖区的各种通风及空调设备进行监视，向中央控制系统传送信息，并执行中央控制室下达的各项命令。火灾发生时在控制中心授权的条件下，车站控制室作为车站指挥中心，根据实际情况将有关通风空调系统转入灾害模式运行。

中央控制功能：中央控制设置在控制中心，是以中央监控网络和车站设备监控网络为基础的网络系统，对全线的通风空调系统进行监控，向车站下达各种运行模式指令或执行预定运行模式。

3. 运营模式的节能

（1）车站公共区通风空调系统根据室外气象条件分为空调季小新风、空调季全新风和非空调季节通风工况。

1）空调季最小新风运行

当外界空气焓值大于车站空调系统回风焓值时，采用小新风空调运行，采用排风全部回风的方式，此时新风阀开启，保证车站内人员最小新风量要求，排风阀关闭、回风阀开启。此时站台门的漏风量一部分由组合空调箱新风部分补充，另外一部分由出入口补充。

根据车站的时间与客流预测情况，通过对冷水机组、电动两通阀的控制，根据实际负荷情况进行供冷，减少能耗。

2）空调季全新风运行

当外界空气焓值低于或等于车站空调系统回风焓值时，采用全新风空调运行，组合空调处理室外新风后送至空调区域，排风则全部排至车站外。

（2）设备管理用房区的节能

在重要的设备房间设置温度测点，根据实际温度情况调节末端水系统的两通阀开度，风量与冷量匹配，达到节能目的。

（3）冷源系统的节能

对制冷水系统进行精细化设计，水泵、冷水机组、冷却塔参数匹配，利用合理设计，在满足功能的前提下降低设备功率。根据制冷运行情况对系统功率进行监测，应使制冷系统整体能效达到最优。

四、系统方案选择

本系统有以下特点：

1. 取消地面设置冷却塔及车站内冷水、冷却水系统，有效解决了冷却塔占地、噪声、漂水等问题；另外，车站内取消了冷水、冷却水系统，节约了原设置的冷水泵、冷却水泵能耗，简化了车站内管线特别是穿越公共区的管线，减小了后期的运营维护工作量。取消了车站内原设置的 $200m^2$ 左右的冷水机房，节约土建投资。

2. 结合风道在两端设置冷源系统，对末端设备就近供冷，节约能耗。

3. 采用新型与水喷淋结合的多页对开换热器设置在排风道内，用蒸发冷替代水冷，换热器效率提高，比冷却塔系统节水 50%。换热器在非空调季节及火灾工况可旋转开启，满足地铁不同工况的运行需求，节约能耗。

4. 采用制冷剂在蒸发器内直接蒸发的换热方式，提高了蒸发温度，从而提高了制冷压缩机的效率，达到节能效果；避免了原水系统冬季由于泄水不利导致的末端设备与水管被冻裂的风险。

5. 大型表冷器采用换热器可开启的方式，达到全年节能的目的。

6. 需要在新排风道间设置风机墙（闭式系统），将室外新风引入冷却换热器后机械地排除，增加了系统能耗。但综合能耗低于原系统。

7. 对水质及蒸发冷换热器清洗的要求较高。

五、工程主要创新及特点

北京地铁 14 号线工程阜通西站（根据北京市规划委员会"2014（市）地名命字 0002号"更名为阜通站）于 2014 年 5 月进行地面取消冷却塔变更设计。

地铁项目通风空调设计有通风空调占地面积大、服务对象复杂、运行模式多样化的特点。在地铁车站的通风空调设计过程中不仅仅要考虑通风空调专业功能的实现，同时还要兼顾土建用地的影响，应尽量减少地面建筑物、构筑物的数量及占地面积。

根据地铁车站的实际情况，空调冷源形式的选择会成为影响车站规模的主要因素，其中主要因素是传统水冷系统的地面冷却塔占地、漂水等问题，地下制冷机房的位置选择问题等（由于地下车站的设备服务区大部分为电气房间，为保障列车运行的安全性，此类房间均需远离带水区域）。

阜通西站在国内首次采用了革命性的地铁通风空调系统创新技术：

1. 采用新型蒸发冷凝技术，将传统整体式蒸发冷凝换热器，结合地铁运行特点，创新性地设置成了"多页对开"型，设置在地铁排风道内，空调制冷工况下，换热器关闭，系统制冷；非空调工况和火灾工况下，换热器开启，降低风道阻力。同时，用新型蒸发冷凝换热器替代传统地铁系统的冷却塔，地铁地上空间更加环保美观。

2. 采用冷媒直接蒸发式可开启表冷器技术，让冷媒在空调末端表冷器内直接蒸发换热，有效提高了蒸发温度，系统能效比提高 20%，环保节能；另外，在北方地区也解决了原水系统冬季泄水防冻问题，降低运营维护工作量。

3. 结合地铁特点，系统蒸发冷凝与冷媒直接蒸发换热器分别设置在车站两端的排风道内，就近给空调末端供冷，取消了地铁车站 200m² 左右的冷水机房，取消了冷水和冷却水系统，节地、节约输送能耗。

以上技术在国内地铁范围内均为首次应用，对后续地铁工程有参考价值。

第 2 届 "全国建筑环境与设备工程
青年设计师大奖赛"

银　奖

山西大剧院空调系统设计①

- 建设地点：　山西省太原市
- 设计时间：　2009 年 5～10 月
- 竣工日期：　2011 年 12 月
- 设计单位：　山西省建筑设计研究院
- 主要设计人：刘艳云、宋剑波、刘岳栋
- 本文执笔人：刘岳栋

作者简介：

　　刘岳栋，暖通专业负责人，高级工程师，注册公用设备师（暖通空调）。1999 年 7 月毕业于青岛建筑工程学院供热通风与空调工程专业。现就职于山西省建筑设计研究院综合设计六所，主要设计代表作品：山西省大剧院、忻州艺术中心、大剧院、群众艺术馆等。

一、工程概况

　　山西大剧院位于山西省太原市长风街以南，新晋祠路以东长风商务区内，文化岛中部，北部与山西图书馆毗邻，南部与太原博物馆毗邻，西部为市府东路，东部为文化岛中心广场。主要功能有 1 个 1628 座主剧场，1 个 1170 座音乐厅和 1 个 458 座多功能小剧场及配套设施和展览大厅、屋顶观景厅等公共活动空间。总建筑面积 73133.82m²，其中地上建筑面积为 70148.49m²，地下建筑面积为 2985.33m²。总建筑高度 56.85m，平台下 1 层，局部 3 层，平台上 6 层，局部 10 层。空调总冷负荷为 8125kW，冷负荷指标为 91.2W/m²，总热负荷为 6582kW，热负荷指标为 90W/m²。

二、空调系统设计计算参数

　　1. 室外设计计算参数（太原地区）：夏季空调室外计算干球温度 30.8℃；夏季空调室外计算湿球温度 23.6℃；夏季通风室外计算温度 28℃；冬季空调室外计算温度 −13℃；冬季通风室外计算温度 −6℃；冬季供暖室外计算温度 −11℃；最冷月平均室外计算相对湿度 49％；最热月平均室外计算相对湿度 74％；冬季室外平均风速 2.2m/s；夏季室外平均风速 1.9m/s；当地夏季大气压 91.96kPa；当地冬季大气压 93.33kPa。

　　2. 室内设计计算参数

　　（1）通风室内设计计算参数（见表 1）

通风室内设计计算参数

表 1

序号	房间名称	换气次数（h⁻¹）	序号	房间名称	换气次数（h⁻¹）
1	面光室、追光室	20	3	舞台	6
2	耳光室	15	4	冷冻站	6

　　① 编者注：该工程设计主要图纸可从中国建筑工业出版社官方网站本书的配套资源中下载。

序号	房间名称	换气次数（h^{-1}）	序号	房间名称	换气次数（h^{-1}）
5	变配电室	10	9	车库	6
6	卫生间	10	10	调光室	10
7	开水间	6	11	控制室	10
8	空调机房	10	12	舞台机械	15

（2）空调室内设计计算参数（见表2）

空调室内设计计算参数　　　　表 2

房间名称	夏季		冬季		新风量标准 [m³/(h·p)]	噪声标准 NR(dB)
	温度（℃）	相对湿度	温度（℃）	相对湿度		
观众厅	24	50%	21	45%	18	NR20
舞台	24	50%	20	45%	30	NR25
台仓	25	60%	20	45%	30	NR25
观众休息厅	25	60%	20	40%	20	40dB（A）
化妆间	25	55%	22	45%	30	40dB（A）
琴房	25	60%	22	45%	30	NR30
办公用房	26	60%	20	45%	30	40dB（A）

三、空调系统设计

1. 空调冷热源设计

总冷负荷为 8125kW，冷指标为 111W/m²，设置螺杆式冷水机组 1 台，制冷量为 865kW（246RT），设离心式冷水机组 3 台，每台制冷量为 1934kW（550RT），同时使用系数为 0.820，单位面积装机容量为 91W/m²，夏季提供 7℃/12℃冷水供空调系统使用。

冬季总热负荷为 6582kW，空调热源来自城市集中供热管网，一次热媒为 130℃/70℃的高温水，经设于本建筑热交换站内的热交换器制取 60℃/50℃的温水供冬季空调系统使用，热交换站内设置水—水板式换热器 3 台，每台供热量 2715kW。

2. 空调水系统设计

空调水系统采用分区两管制系统，大剧场、小剧场、音乐厅、排练厅、演播厅、录音录像室空调水系统为内区两管制系统，其余空调水系统均为外区两管制系统。内区两管制系统分别设置供冷分集水器和供热分集水器，冬季供热管与夏季再热管合用管道，可实现内区两管制系统提前供冷以及必要时的冬季供冷要求。空调水系统采用一次泵水系统，异程式布置，冷热水泵均配置变频调速装置。

3. 空调风系统设计

大剧场面积 5774m²，观众厅座位数为 1653 座，观众厅体积 $V=20177m^3$，观众厅空调机组总风量为 109490m³/h，换气次数为 5.43h^{-1}；音乐厅面积 1389m²，观众厅座位数为 1155 座，观众厅体积 $V=17397m^3$，观众厅空调机组总风量为 72597m³/h，换气次数为 5.03h^{-1}。为解决池座与楼座的竖向温差问题，主剧场观众厅及音乐厅空调系统均采用全空气单风道低速送风系统并各分设多个空调系统，空调机组均采用单风机组合式空调机组，夏季可实现制冷、再热过程，冬季可实现制热或制冷过程，冬季可利用新风供冷。气流组织采用置换型下送上回方式，送风至地板下静压仓，经每个座椅下设置的带均流孔板的座椅送风口低风速均匀送出，夏季室内温度为 24℃，送风温差≤3.5℃。冬季室内温度为 21℃，送风温差≤4℃，柱脚座椅送风口送风速度≤0.2m/s，足踝处风速≤0.15m/s，送风口设有均流稳流装置，人体脚踝处无吹风感，回风设于观众厅吊顶上。由于热气流上升，高位区温度比低位区高，为满足观众的舒适度要求，在设计时，高位区每座风量略高于低位区，系统运行时，空调系统可对按高度划分的系统分别设定送风量和送风温度。

舞台设置 4 套空调系统，新、排风比可根据舞台正压要求进行调节，保证舞台与观众厅风量的平衡，防止幕布偏移。主舞台演员区风道设于主舞台两侧，风道上设有下送风口和侧向喷口送风，每个风口上设置电动调节阀，控制装置设于侧舞台的电气控制室，可根据演出幕布使用情况调节侧送或下送风口，以不吹动幕布为准。台仓送风口主要设于演员入口位置和检修人员停留区。

小剧场面积 2009m²，剧场观众席座位数 482 个，观众厅体积 $V=7205m^3$，总送风量为 45875m³/h，换气次数为 6.37h⁻¹，观众厅设两套空调系统，小剧场为多功能剧场，座椅为活动式，气流组织采用上送下回式，送风口为温感可控旋流风口，冬夏季送风气流可调，回风口设于剧场两侧墙下部。

演播室、录音、录像室、排练厅为全空气单风道低速送风系统，气流组织为上送上回式，空调机组主要功能段与剧场相同，送风口采用温感可控散流器送风口或温感可控旋流风口。夏季可实现制冷、再热过程，冬季可实现制热或制冷过程，冬季可利用新风供冷。

各剧场休息厅、咖啡厅、中厅、展览大厅、琴房等均为全空气单风道低速送风系统，服装间、化妆间、办公区等为风机盘管加新风系统。钢琴库设风冷热泵恒温恒湿独立空调系统。楼宇控制室、监控室、电气控制室、值班室、安保室等设置风冷热泵多联分体空调系统。

4. 供暖系统设计

本工程建筑设计有 3 处中庭，建筑中厅高 16.4m，大剧场中厅高 20m，音乐厅中厅高 20m，为解决自然形成的温度梯度问题，在 0.00m 层休息厅、6.4m 展览厅、咖啡厅、大剧场、音乐厅 16.4m 入口大厅设置低温热水地板辐射供暖系统，供暖热媒来自冬季空调热水系统，热媒温度为 60℃/50℃。

为防止舞台冷气流下降造成大幕偏移，在舞台后墙设置散热器。

在外门上部均设置电热风幕，以减少室外冷、热风的侵入。

本建筑设有大量的玻璃幕墙，为解决冬季大面积玻璃幕墙的结露问题，在部分幕墙边布置一排卧式暗装风机盘管，沿幕墙向下吹热风，在某些层次平顶内侧布置垂直于幕墙的喷口送风口。为减少太阳辐射得热量，玻璃幕采用了双银 Low-E 中空玻璃。

5. 通风系统设计

面光室、追光室、耳光室灯具发热量大，均设置单独的机械排风系统。换气次数为 15～20h⁻¹，排风口直接设于灯光发热处，排风机设于屋顶，补风由面光、追光室与观众厅的开口处补入，排风机均设变频控制，根据室内压力要求，排风量与空调新风量匹配，保持观众厅风量平衡。

大、小剧场舞台顶部均设置机械排风系统，补风来自舞台空调系统，送排风机均变频控制，根据舞台压力要求平衡风量。

展览厅、休息厅、咖啡厅、排练厅、演播室等全空气系统场所均设置机械排风系统，过渡季空调系统全新风运行时，排风机运行。

6. 监测与控制系统设计

大剧院空调通风系统及热交换系统均采用直接数字式集中监测控制系统，既满足人员舒适度要求又达到节能目的。主要监控要求如下：

温湿度控制：根据露点温度控制冷却盘管两通阀开度，根据送风温度控制加热器或再热器两通阀开度。采用座椅下送风方式时，空调夏季送风温度设定值为21℃，冬季送风温度设定值为17℃，设定值可根据池座、楼座温度要求进行适当调整，送风温差≤4℃，冬季通过调节加湿器电动阀的开度来保证其设定值。

风机、风门控制：演出前2h，风机启动，进入预热预冷工况，关闭新风阀，回风阀全开，风机低速运行。观众进场后，冬夏季，新风阀预设最小开度，同时根据回风 CO_2 浓度，调节新风阀开度，设于屋顶的面光、追光室等处排风机运行并根据新风量或空调区正压要求调节排风量，过渡季系统所需新风大于最小新风量时，根据新风送风温度值，自动调节新风、回风风阀的开度，开启对应空调机组设置的排风机，屋顶排风机高速运行，±0.00m层排风机根据新风量变化变频调速运行以满足空调区正压值要求。空调区发生火灾时，关闭回、排风阀、排风机停止运行，空调机组风机高速（马达频率重新设定）运行，直流消防补风。

7. 消声减振设计

本工程将声学、噪声振动控制作为专项设计，大剧场观众厅、音乐厅座椅送风消声静压仓、土建回风道消声保温，机房隔声、空调通风系统消声设计、噪声、振动控制均由声学专项设计单位配合完成设计，消声减振措施如下：

制冷机房、热交换站、锅炉房、大型空调机房设于地下层或顶层，尽量远离剧场等空调场所。

冷水机组、水泵、空调机组、冷却塔、通风机等机械设备均设置减振台座或减振支吊架。设备的风管进出口，水管进出口均采用柔性连接。

空调机组、通风机、水泵配置高效率、低噪声风机和电机、空调机组箱体采用内贴50mm厚发泡聚氨酯保温消声高强度面板。平时使用的送排风机箱体内面均贴50mm厚玻璃纤维消声材料。

空调送回风管路上设置消声器、消声弯头、消声静压箱多种消声措施，空调机房内风管消声后管道保温层外包石棉板，防止噪声再传入。

钢琴房采用全空气系统、各室支风管加消声器、避免产生管道串声。

通过空调机房、冷冻站、通风机房等有振动和高噪声房间的风道和水管采用弹性减振支吊架。

气流再生噪声主要与流速有关，合理控制流速可有效地降低气流噪声，降低消声降噪难度，剧场、排练厅、演播室等空调系统，机房内管内风速≤7m/s，竖风道风速≤5.5m/s，支风道风速≤3m/s。

空调机房、冷水机房、通风机房内壁表面贴50mm厚玻璃棉毡，门为隔声门。

静压仓作法及要求：首先，静压仓内表面采用水泥砂浆密封防潮处理，避免送风过程中漏风和尘土、潮气等污染送风，同时防止由于存在潮气造成静压仓内发生霉变。然后粘贴100mm厚蜜胺海绵，蜜胺海绵须粘贴牢固，保证在4m/s的风速下不脱落，施工时须从静压仓内侧开始，向外侧边缘后退施工，所有内表面均须粘贴，接缝处须严密不得漏风。

8. 排烟系统设计

音乐厅，大、小剧场观众厅，舞台，台仓均设有机械排烟系统。剧场着火时，由消控中心发出指令，关闭空调机组回风防火阀及回风电动风阀、排风防火阀及排风电动风阀，排风机停止运行，新风阀全开，空调机组直流消防补风，排烟风机投入运行。排烟温度达到280℃时，排烟风机前设置的排烟防火阀关闭，并联动排烟风机及补风系统停止运行。大剧场排烟量计算如下：

大剧场观众厅排烟量按 $13h^{-1}$ 换气计算，在36.4m结构层中设置高温排烟风机4台。

大剧场主、侧舞台排烟量按 $4h^{-1}$ 换气计算，大剧场后舞台排烟量按 $6h^{-1}$ 换气计算。

大剧场台仓排烟量按 $6h^{-1}$ 换气计算。

四、结束语

山西大剧院建筑造型独特、空间复杂，暖通专业结合剧场建筑的特点，重点解决了建筑内外区分别供冷、供热问题；高大空间建筑的气流组织、竖向温差问题；观众厅、舞台的风压平衡问题；相对于其他建筑更为严格的消声减振问题；玻璃幕墙的防结露、防辐射问题及自动控制、消防排烟等问题。

五台山机场改扩建工程航站、
航管、办公综合楼工程
暖通空调设计

- 建设地点： 山西省忻州市
- 设计时间： 2011 年 10 月~2014 年 5 月
- 竣工日期： 2015 年 11 月
- 设计单位： 空军工程设计研究局
- 主要设计人：蔡存占
- 本文执笔人：蔡存占

作者简介：

蔡存占，注册公用设备工程师，2003年毕业于哈尔滨工业大学建筑环境与设备工程专业。工作单位：空军研究院工程设计研究所。负责多项民用支线机场、军民合用机场或空军机场的前期咨询论证和设计工作，参与完成了多项国家标准图集和军用标准的工作，多次荣获中国勘察设计协会优秀设计一、二等奖。

一、项目概况

五台山机场改扩建工程是山西省重点工程，机场性质为国内支线机场，本期扩建工程主要包括：飞行区按 4C 标准设计，航站区按满足 2020 年旅客吞吐量 35 万人次、货邮吞吐量 1570t 的要求设计。新航站楼是机场扩建的核心，机场各项工程基本上以新航站楼为主体工程而展开（见图 1）。新航站楼设计目标年为 2020 年，旅客吞吐量 35 万人次，高峰小时 380 人。

图 1　建筑效果图

本工程是航站楼、贵宾区、航管楼、办公楼和机务场务办公区的综合体，总建筑面积 13044.89m²，其中包含航站楼 10371.72m²（含贵宾区）、航管楼 801.97m²（含塔台）、办公楼 1581.85m²、机务场务办公区 290.35m²。航站楼布置采用前列式机位布置方式，根据使用功能要求，将航站楼分为迎送区、换票区、安检区、候区、行李提取区。航站楼地上 2 层，建筑高度 22.5m，结构形式主体为框架结构，建筑结构安全等级为 2 级，防火设计的建筑分类为 2 类，耐火等级为地上 2 级。

本工程夏季空调冷负荷为 2112kW，冷指标为 156.3W/m²；其中航管、办公楼多联机空调系统冷负荷为 380kW，航站楼一层贵宾区及部分房间风机盘管系统冷负荷为 442kW，航站楼各大厅中央空调冷负荷为 1290kW。冬季供暖热负荷为 1205kW，其中，地板辐射供暖热负荷为 925kW，散热器供暖热负荷为 280kW，供暖热指标为 90.3W/m²。另外，根据模拟计算分析，冬季航站楼由于外门开启等，存在大量冷风渗透问题，对室内热舒适环境影响较大。根据多年的类似工程设计总结和模拟计算结果，室内末端设备容量宜适当加大，可根据室内温度情况适时开启空调送风系统，以满足冬季最不利情况下的热舒适需求，冬季空调热负荷为 715kW，空调热指标为 57.9W/m²。

二、暖通空调设计

1. 室外空气计算参数

该地区属于大陆季风气候，春秋两季多东南风和晨雾，遇有西北大风时伴有扬沙天气；夏季多雷雨及大风，6、7 月份雷雨最多。冬季多西北风，烟雾较多，能见度较差，现场了解该地风向全年为西北风及东南风偏多。机场全年（历史纪录）平均气温 8.9℃，最热月为 7 月，平均气温 24℃，最高气温 38℃。

忻州市夏季空气调节室外计算干球温度为 31.8℃，冬季空气调节室外计算干球温度为 −14.7℃，冬季供暖室外计算干球温度为 −12.3℃，属于寒冷地区。忻州市全年各天干球温度统计见图 2。

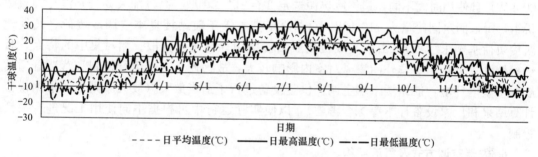

图 2　忻州市全年各天干球温度统计图

2. 室内空气设计参数

航站楼各功能区空调室内设计参数如表 1 所示。

航站楼各功能区空调室内设计参数　表 1

名称	夏季		冬季		最新风量 [m³/(h·p)]
	温度（℃）	相对湿度（%）	温度（℃）	相对湿度（%）	
出港厅、候机厅	24～28	＜65	18～22	＞40	30
贵宾厅、VIP 厅	22～24	＜65	20～24	＞40	35
进港厅、迎宾厅	24～28	＜65	18～22	＞40	25
行李大厅	26～28	＜65	15～18	＞40	20
办公室	24～28	＜65	18～22	＞40	30

3. 功能要求

本航站楼虽然属于支线机场航站楼，建筑面积不大，但"麻雀虽小、五脏俱全"，包含国内航站楼的所有功能性分区，既有迎送大厅、候机大厅等高大空间，又有办公用房、贵宾区、安检区等内区空间。

4. 设计原则

机场航站楼的配套设施建设，对提高机场服务质量、树立地区形象、改善当地的投资环境，具有不可忽视的作用。航站区供暖、空调系统，作为机场规划与建设中的一部分，应以舒适、简单、方便、经济、节能、环保为原则，从而达到提高机场硬件设施的目的。设计中秉承"采用最有效的技术，而不是堆积最炫的技术，一切为了尽可能实现最终运行控制方便和节能"的设计理念，根据支线机场航站楼的建筑空间和使用功能特点，创造条件采用灵活、分散、利于分时分区控制的空调方案，采用灵活多变的室内末端系统形式，通过多场景计算机模拟试算，为细化设计方案和制定运行策略提供技术支持。

5. 冷热源和末端设备选型

本工程冷热源均由直燃机组提供，直燃机组供应整个航站区各建筑，制冷（热）机房未设置于航站楼内，而是独立设置于综合工作用房内。本次申报内容不包括航站楼外的制冷（热）机房，但对制冷（热）机房的设置进行了适当分析、说明。

根据多个工程的设计经验，民航航站区各建筑使用时间不同，且支线航站楼自身使用频率不高，存在较大时间间隔，冷源设备选型应考虑航站区各建筑的同时使用系数，选型不宜太大，经计算分析，航站楼夏季空调冷负荷为 2112kW，其他建筑冷负荷较小（共约600kW）且使用时间不同，最终冷热源选定 2 台 BZ-100 型（高发加大 3 号）溴化锂直燃机组，每台额定制冷量为 1163kW，总制冷量基本等于航站楼夏季空调冷负荷（其他建筑冷负荷基本未计入）。由于支线机场航站楼使用存在全天分散、相对集中的特点，且经模拟计算分析，冬季外门渗风对室内影响较大，故为便于末端运行控制和营造舒适的航站楼室内环境，航站楼末端空调、供暖设备进行了适当放大（放大原则主要根据模拟计算结果和厂家设备样本等综合考虑），以便实际运行中可根据不同使用工况进行灵活控制。

6. 末端空调方式及气流组织

本航站楼虽然属于支线机场航站楼，建筑面积不大，但"麻雀虽小、五脏俱全"，包含国内航站楼的所有功能性分区，既有迎送大厅、候机大厅等高大空间，又有办公用房、贵宾区、安检区等内区空间。根据本工程的建筑空间和使用功能特点，采用灵活、分散、利于分时分区控制的多种暖通空调方案：一层迎送大厅（高大空间）采用分层空调喷口送风方式；二层候机大厅（高大空间）采用分层空调喷口送风和送风柱送风方式；一层远机位候机厅、行李大厅、咖啡厅等分别独立设置全空气送风系统，一层迎送大厅、一层候机厅、一层行李大厅、一层咖啡厅、二层候机厅等分别独立设置空调机组；贵宾厅、其他内区小房间等采用风机盘管＋新风空调系统；航管楼、办公楼由于使用特点不同，单独采用多联机空调系统。空调系统设置如表 2 所示。

空调系统设置一览表　　　　　　　　　　　　　　　　　　　表 2

名称	系统形式 系统编号	气流组织	机组位置
一层迎送大厅	全空气 K1-1 K1-2	大厅喷口送风	一、二层空调机房
一层行李大厅	全空气 K1-3	双层百叶风口顶送	到港行李库吊装

续表

名称	系统形式系统编号	气流组织	机组位置
一层咖啡厅	全空气 K1-4	双层百叶风口顶送	咖啡厅服务间吊装
一层候机厅	全空气 K1-5	双层百叶风口顶送	12-13轴吊装
一层贵宾区	风机盘管新风 X1-1	散流器顶送	贵宾区 C~D轴吊顶内
二层办公区	VRV新风 X2-1	双层侧送风口顶送	二层办公区 17~21轴吊顶内
一层内区办公	风机盘管新风换气 X1-2	散流器顶送	一层 13~14轴走廊吊顶内
一层远机位候机厅	全空气 K1-5	双层百叶风口顶送	吊装
二层候机大厅	全空气 K2-1、K2-2	大厅喷口送风 其余区域双层百叶风口顶送	一、二层空调机房

7. 末端供暖方式

本建筑设置冬季空调送风和地板辐射供暖、强制对流散热器供暖等多种供暖保障方式，可根据航班特点和室外气象参数灵活控制室内空调、供暖系统，以利于冬季系统的调节和节能运行。在冬季航班密集、室外气象参数恶劣等最不利条件时，可同时开启各个供暖系统，保证室内舒适温度；当冬季无航班或室外温度较高时，可适时关闭空调系统和强制对流散热器，利用地板辐射供暖保证值班温度或舒适温度。

三、通风及防排烟设计

本建筑属高大空间，建筑防火设计中引入了消防性能化设计的概念，在迎送大厅和候机大厅外墙檐口下方设计了大面积的电动排烟窗，着火时开启电动排烟窗进行自然排烟；过渡季节可开窗进行自然通风，经模拟计算，过渡季节室内自然通风效果良好，可节约大量能源。

四、控制系统

1. 暖通控制系统

采用直接数字控制系统（DDC 系统），直燃机组、换热机组均设置自动控制系统。

2. 制冷制热机房内系统自控

室外设气候补偿器，控制散热器供暖系统和地板辐射供暖系统的运行方式，空调冷热水系统、散热器供暖系统及地面辐射供暖系统补水泵采用变频控制，并设置压力传感器。燃气直燃机、供暖循环泵等设备总进出水管均设置温度、压力传感器，监测系统的运行情况。另外，工程还设置设备联动控制和燃气检漏报警及控制系统，增强暖通系统设备运行的可靠性。

3. 航站楼内空调系统自控

采用变风量控制，送风机变频运行，排风机采用台数调节运行。风系统根据室内外空气焓差，调节混风比、送风风量满足设计、节能要求。

五、项目技术特点

1. 基于支线机场航站楼使用特点的冷源和末端选型方法

支线机场航班全天分散、相对集中，再考虑同时使用系数等因素，冷源选择不宜过大，但室内末端设备宜适当放大，以应对因恶劣天气等因素导致的航班延误、集中等引起的相对集中客流和冬季因外门开启导致的室内温度下降，快速满足室内温度要求。

2. 灵活分散、利于分时分区控制的空调方案

根据支线机场航站楼的建筑空间和使用功能特点，宜创造条件采用灵活、分散、利于分时分区控制的空调方案，综合采用分区域设置多个全空气系统、风机盘管＋新风系统、多联机系统等空调系统形式，小空间气流组织采用顶送风，大空间根据建筑布局采用喷口侧送和风柱送风等分层空调方式，为航站楼的运行控制和节能运行打下基础。

3. 研究、重视冷风渗透对高大空间的不利影响

相对于大型机场航站楼，支线机场航站楼进深很小（基本在 50～70m），冬季外门开启后，空陆两侧的冷风侵入可快速覆盖整个航站楼进深，对航站楼内温度影响巨大，冬季外门全开时的室内温度模拟见图 3 和图 4。

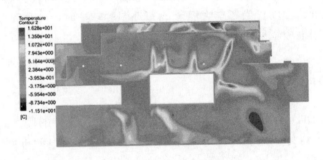

图 3　一层迎送大厅温度分布云图（外门全开）

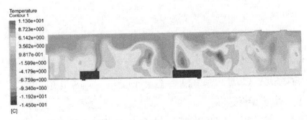

图 4　二层候机大厅温度分布云图（外门全开）

根据上述模拟计算结果，在冬季最不利工况外门全开时，门口处温度非常低，航站楼室内温度分布不均匀，开门后对迎送大厅和二层候机厅温度影响较大。故施工中应保证门窗的严密性，运行中应优化流程，保证大门口热风幕开启，并交错开启外门。

4. 对自然通风的优化控制

根据支线机场航站楼进深不大且有高大空间等特点，有利于自然通风的组织控制，故

支线机场航站楼应特别重视设计阶段对自然通风的优化控制，以降低航站楼的运行能耗。自然通风模拟效果如图 5 和图 6 所示。

图 5　一层迎送大厅温度分布云图（自然通风，室外温度 16℃）

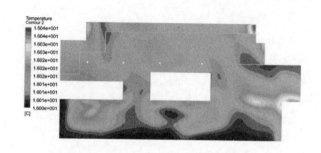

图 6　二层候机大厅温度分布云图（自然通风，室外温度 16℃）

设计中选取春秋两季几个典型温度进行了自然通风模拟（外门开启、电动外窗开启），优化了电动外窗的开启高度，经调整、模拟分析，航站楼内自然通风效果良好。

六、项目运行情况

项目投入运行至今，根据回访和甲方反馈，基本达到了保证旅客需求、方便运行控制、利于运行节能的设计目标，满足了旅客对室内环境的要求以及节能的要求，得到了甲方和有关方的充分肯定。

第 2 届"全国建筑环境与设备工程青年设计师大奖赛"

铜　奖

泊头市医院迁建项目
暖通空调系统设计①

- 建设地点： 河北省泊头市
- 设计时间： 2009 年 10 月～12 月
- 竣工日期： 2013 年 12 月
- 设计单位： 山东省建筑设计研究院
- 主要设计人：舒　勤　解　勇
- 本文执笔人：舒　勤

作者简介：

舒勤，注册设备工程师（暖通），2001 年毕业于在山东建筑大学供热通风与空调工程专业，工作单位：山东省建筑设计研究院四分院。主要设计代表作品：泊头市医院迁建项目、安庆市立医院新院区项目、滨州医学院烟台附属医院、吉林国文医院、锦州医学院附属第一医院门诊医技病房综合楼、昆山东部医疗中心等。

一、工程概况

本工程为泊头市医院迁建项目，建设地点位于泊头市裕华路以南，永安大街西侧。项目总用地面积 65000m²，总建筑面积 70000m²，整个项目包括门诊病房综合楼、综合服务楼、传染楼、二期病房楼。其中门诊病房综合楼为院区最高建筑，建筑面积 58624m²，建筑高度为 81.65m。该综合楼地下 1 层，地上 20 层，设计病床 600 张，属一类高层民用建筑。本建筑地下一层是库房、配电室等，战时为核五级人防；一层为急诊、儿科、放射、磁共振、高压氧等科室；二层为外科、内科、电声理科、检验科、ICU 等；三层为皮肤科、眼科、超声科、内窥镜科、血库、手术室；四层为病理科、办公区、预留发展区；六～十九层为各科室病房。二十层为会议室及病房；综合服务楼建筑面积 7022m²，建筑高度为 17.15m，属于多层公共建筑；传染楼 560m²，建筑高度 4.65m，共 1 层，为诊室、抽血、挂号等，属于多层公共建筑。该项目空调工程投资概算为 2100 万元，空调系统单方造价为 300 元/m²。

二、暖通空调系统设计要求

1. 供暖通风空调设计要求
（1）室外计算参数（见表 1）

室外计算参数　　　　　　　　　　　　　　　　　　　　　　　表 1

城市：河北泊头市		气候分区：寒冷 A 区	
参数	单位	夏季	冬季
大气压力	hPa	1004	1027
供暖计算温度	℃	—	−7.1

① 编者注：该工程设计主要图纸可从中国建筑工业出版社官方网站本书的配套资源中下载。

续表

城市：河北泊头市		气候分区：寒冷 A 区	
参数	单位	夏季	冬季
通风计算温度	℃	30.1	−3.0
空调计算干球温度	℃	34.3	−9.6
夏季空调计算湿球温度	℃	26.7	—
冬季空调室外计算相对湿度	%	—	57
夏季通风室外计算相对湿度	%	63	—
室外平均风速	m/s	2.9	2.6

（2）室内设计参数（见表 2）

室内设计参数 表 2

房间名称		夏季		冬季		风速 (m/s)	新风量或换气次数	允许噪声 [dB(A)]	备注
科室	房间名称	温度 (℃)	相对湿度 (%)	温度 (℃)	相对湿度 (%)				
门诊部	诊室、检查、治疗室	26	60	21	30	0.2	$2h^{-1}$	45	小儿科诊室及候诊室为正压
	候诊区	26	60	18	30	0.3	$10m^3/(h·p)$	55	隔离诊室及其候诊前室为负压
住院部	病房	26	60	22	30	0.2	$2h^{-1}$	45	
	儿科护理	26	60	24	30	0.2	$2h^{-1}$	45	
产科	待产、分娩、洗婴室	26	60	24	40	0.2	$2h^{-1}$	45	
医技科室	检验科、病理科、实验室	25	60	22	35	0.2	$40m^3/(h·p)$ 且不小于 $2h^{-1}$		净化要求详见专业公司
	数字胃肠、CT、DR、CR	25	60	22	35	0.2		45	多联机空调系统
	MR	22±2	60±10	22±2	60±10	0.2		45	独立恒温恒湿空调
	生殖学中心	25	60	22	35	0.2		45	净化要求详见专业公司
	介入手术室	25	30	22	35	0.2		45	
	控制室	25	60	20	—	0.3		45	多联机空调系统
	设备间	30	60	18	—	0.3	—		多联机空调系统
其他	配药室	26	60	22	—	0.3	$5h^{-1}$	45	
	药库	28	60	10	—	0.3		—	
	办公、会议、医护用房	26	60	20	30	0.3	$30m^3/(h·p)$	45	
	门厅	27	60	16	—	0.3	$10m^3/(h·p)$	55	
	家属等候、患者活动	26	60	20	30	0.3	$30m^3/(h·p)$	50	

2. 功能要求

本项目为集门诊、医技及病房为一体的综合医疗建筑群，不同区域对房间温湿度要求及空调时间需求均不一样。例如门诊区的放射科室，CT，DR，MR 等大型检查设备散热量大，又在内区房间，常常造成冬季供热季依然需要在此类房间降温的现象，同时这些区域因设备昂贵，还要求不能有水管路在其上方；又例如手术区、ICU 区域，有净化要求，要求全年不间断运行空调；地下变配电室、地上信息机房常年散放大量热量，需要长期降温排湿。因此在设置冷热源时应该考虑不同空调方案以适应各个区域的不同冷热需求。

3. 设计原则

本工程空调范围包括门诊病房综合楼、综合服务楼、传染楼、二期病房楼。在与建设单位就空调方案交流时，业主方要求在设计初期就应以建设一个绿色、智慧型医院为主要前提。因此在考虑空调系统时，设置绿色节能环保的冷热源方案是非常必要的。同时，在整个医院空调系统的设计中应选择高性能及节能环保设备，系统自控的设置都要尽量贴合实际要求，使得最终的设计能尽量达到其理想的空调效果。

三、暖通空调系统方案比较及确定

1. 冷热源设计方案比较及确定

目前医院类建筑的空调冷热源方案主要为：（1）夏季冷水机组＋冬季城市热网（或锅炉房供热）。（2）多联热泵式空调系统。本项目因地处新区，周边无集中热网及燃气管道，这就使得冬季供热热源成了问题，同时又要考虑到业主提出的节能环保的要求。因此，在做了土壤热物性试验，并通过技术经济分析比较之后，确定本工程采用地源热泵作为空调系统冷热源。通过对本项目进行全年动态空调负荷计算分析，夏季蓄热量小于冬季取热量，由地源热泵机组承担夏季全部空调热负荷，以便充分把夏季空调得热量蓄到地下土壤供冬季使用。冬季取热不足部分由院区燃油热水机组提供（因医院为重要公共建筑，为防止地埋管出力不足现象，在设计时也预留了冷却塔作为夏季备用冷却水源，但实际未安装）。

地源热泵机房设在院区综合服务楼地下一层制冷机房内。根据表3院区总冷热负荷值，确定冷热源设备选型为：三台高温型地源热泵机组，夏季提供7℃/12℃空调冷水，地源水温度25℃/30℃（根据土壤热物性试验报告确定），冬季提供45℃/40℃空调热水，地源水温度10℃/5℃（根据土壤热物性试验报告确定）。地源热泵机组单台制冷量2146kW，单台制热量2002W。地源热泵机组采用内部四通换向阀转换机组，在内部进行夏季供冷工况及冬季供热工况的转换。

医院集中空调冷热负荷指标　　　　　　　　　　　　　　　表3

序号	项目名称	负荷（kW）		负荷指标（W/m²）	
		夏季	冬季	夏季	冬季
1	整个院区（包括净化）	5950	6160	85	88
2	净化区	800	600	—	—

在地源热泵机房集水器处设置各路空调水系统冷热量计量装置，进行总冷热量及各路空调水系统冷热量的计量。

2. 空调输配系统设计

（1）空调水系统形式

空调冷源侧采用一级泵系统末端变流量系统，冷水机组定流量运行；空调负荷侧水系统采用变流量两管制系统，室外干管、室内立管、水平干管均采用异程布置。新风机组、空调机组的回水管上设置动态平衡电动两通调节阀，风机盘管回水管上设置动态平衡两通电磁阀，以自动平衡各末端设备水力不平衡度。

（2）空调水系统分区及回路

本工程空调水系统竖向不分区。根据各区域使用功能及用能规律，医疗综合楼空调水系统分成 9 路；门诊部分按不同科室及使用时间不同分成 6 路；ICU、手术室等需要提前供暖的病房或科室单独设置一路。主楼病房区根据不同护理单元分成 2 路。

3. 空调风系统设计

（1）舒适性空调系统及气流组织

医疗综合楼及后勤楼等的舒适性空调方式为风机盘管加新风系统；空调新风采用分层、分区的供给方式，同时，考虑与水系统的分区基本一致，有利于分层、分区运行管理，每一个新风系统尽量不跨越不同医疗科室或护理单元，以避免或减少交叉感染的机会；病房、诊室及办公等用房，采用风机盘管加新风系统。风机盘管装于房间吊顶内，采取上送上回方式；新风机组采用额定热回收效率不低于 60％的显热旁通型热回收式空气处理机组，分层设置在专用的机房内。

（2）洁净空调系统

1）洁净手术部

① Ⅰ级洁净手术室独立设置净化专用空调系统，室内横断面风速为 0.20～0.25m/s，气流组织为顶送双下侧回，采用平铺式层流送风天花，送风口集中布置的面积不小于 6.24m²，净化空调机组内设进风段、过滤段、热水盘管段、冷水盘管段、洁净干蒸汽加湿段、送风机段、出风段。

② Ⅱ级洁净手术室室内换气次数为 24h⁻¹，气流组织为顶送双下侧回，采用平铺式层流送风天花，送风口集中布置的面积不小于 4.68m²，按一一对应方式设置净化空调系统，净化空调机组内设进风段、过滤段、热水盘管段、冷水盘管段、洁净干蒸汽加湿段、送风机段、出风段。

③ Ⅲ级洁净手术室室内换气次数为 18h⁻¹，气流组织为顶送双下侧回，采用平铺式层流送风天花，送风口集中布置的面积不小于 3.64m²，均按一一对应方式设置净化空调系统，净化空调机组内设进风段、过滤段、热水盘管段、冷水盘管段、洁净干蒸汽加湿段、送风机段、出风段。

④ 洁净手术部采用集中新风系统；利用新风支路所设置的双位机械式定风量阀、每间手术室送风管上的机械式定风量阀以及每间手术室独立设置的排风系统满足手术部的正、负压控制和手术室正常使用时的新风量要求；新风机组采用变频运行，新风过滤器采用三道过滤器串联组合形式。夏季运行时采用湿度优先控制模式，冬季新风直接送到各净化空调机组。

⑤ 洁净区走廊及洁净辅助用房：室内换气次数为 12h⁻¹，按洁净手术部分区分别设计净化空调系统，净化空调机组内设进风段、过滤段、热水盘管段、冷水盘管段、洁净干蒸

汽加湿段、送风机段、出风段。

⑥ 每间手术室设独立排风系统，在每间手术室顶部设置门铰式排风口，排风系统顺气流方向设置高中效过滤器、排风机和止回阀，排风机选用低噪声型。

2）ICU

洁净等级为Ⅲ级的洁净辅助用房，设计换气次数为 $12h^{-1}$，气流组织为顶送下侧回，选用一台净化空调机组，机组内设进风段、过滤段、热水盘管段、冷水盘管段、洁净干蒸汽加湿段、送风机段、出风段，送风口采用高效过滤送风口，分散布置。

四、通风防排烟系统设计

1. 通风系统设计

制冷机房、热交换站、变配电室、水泵房、柴油发电机房等设备用房，设置机械送排风。制冷机房设置事故排风，换气次数按照相关规范执行；公共卫生间及污洗设置专用排风竖井和带有止回装置的通风器；各病房卫生间及处置、换药室设置机械排风系统；屋顶电梯机房设置机械排风设施。

2. 防排烟系统设计

空调风系统按防火分区设置风道系统。消防机械排烟系统横向按防火分区设置；地下一层库房设机械排烟系统，同时设置专用的机械补风系统，补风量为排烟量的50%；防烟楼梯间及合用前室分别设置正压送风系统；地下室的内走道和各房间总面积超过 $200m^2$ 或一个房间面积超过 $50m^2$，且经常有人停留或可燃物较多的房间，设置机械排烟和机械补风系统；地上部分不具备自然排烟条件的内走道和面积超过 $50m^2$ 的无窗房间分别设置独立的排烟系统；中庭设置机械排烟系统。

五、供暖通风空调系统监控要求

1. 监控原则

本工程为大型公共建筑，暖通空调系统采用集散型集中监控系统，下位机采用 DDC 控制，设于现场被控设备或系统附近；上位机采用计算机，设于中央监控室。控制内容包括参数检测、参数与设备状态显示、自动调节与控制、工况自动转换、能量计量以及中央监控与管理等。

2. 冷热源

（1）参数检测

冷热水温度、压力、流量、冷却水温度等参数显示、记录；软化水箱液位显示及报警。

（2）设备状态显示

热泵机组（冷水机组）、水泵、冷却塔等设备的状态显示、事故报警。

（3）能量计量

计量内容包括：热泵机组（冷水机组、冷却塔）耗电量；补水量；空调循环泵、地源水（冷却水）循环泵等用电设备耗电量分项计量。

（4）设备联锁启停控制

开机顺序：地源水电动阀（冷却水电动阀）—空调水电动阀—地源水循环泵（冷却水循环泵-冷却塔）—空调循环泵—地源热泵机组（冷水机组）。

停机顺序与开机顺序相反。

地源热泵机组（冷水机组）空调水电动阀、地源水电动阀（冷却水电动阀）应缓慢启闭，全行程时间不宜小于 2min，不得小于 1min。

（5）冷水机组群控

由主机厂家配套供应冷水机组群控软件，实现出水温度控制、负荷调节、机组群控等功能，并预留楼宇控制接口。

（6）冷却水系统控制

根据冷却塔出水温度控制冷却塔风机的变频调速。

（7）水处理及补水定压

全自动软水器、物化全程水处理器、气压补水定压装置均由设备自带控制柜，并预留楼宇通信接口。

3. 空气处理设备

（1）组合式空调机组、柜式空调机组、新风机组

1）风机启停控制及状态显示、故障报警；

2）送风温度、湿度等参数的控制、显示、超限报警；

3）风过滤器堵塞报警；

4）过渡季、冬季调节新风比的焓值控制。

（2）通风系统

1）风机的启停控制；

2）风机运行状态显示、故障报警；

3）热回收机组的旁通控制。

（3）防排烟系统控制

1）加压送风系统：合用前室，火灾时由消防中心远距离打开着火层及其上一层的电动格栅式加压送风口，同时联动开启加压风机；防烟楼梯间，火灾时由消防中心远距离开启相应区域的加压风机。

2）内走道排烟系统：火灾时，由消防中心远距离开启或就地手动打开着火层的排烟口，联动开启排烟风机。当烟气温度超过 280℃时，排烟风机入口处的排烟防火阀自动关闭，并联动排烟风机停止运行。

3）地下各层的排烟及补风系统：火灾时，由消防中心远距离开启相应防火分区相应防烟分区内的排烟口，同时联动开启排烟风机、补风机。当烟气温度超过 280℃时，排烟风机入口处的排烟防火阀自动关闭，并联动排烟风机和补风机停止运行。

六、工程主要创新及特点

1. 绿色建筑设计

（1）采用符合节能设计标准的设备。地源热泵冷水机组额定工况下夏季 $COP=9.08$，

冬季 $COP=6.08$，均满足公共建筑节能设计标准的要求。

（2）在建筑热源入口处设置热量计量装置。

（3）空调冷水采用冷水机组定流量的变流量一级泵系统，所有空调末端设备均设置动态平衡电动两通阀，空调热水循环水泵采用变频变流量控制。

（4）设置空气—空气能量回收装置，回收空调排风中的能量，同时对新风进行预冷预热。

（5）大空间全空气定风量一次回风系统可达到的最大新风比为70%，过渡季工况可以增大新风比运行，有效改善空调区内的空气品质，节省空气处理所需能耗。

2. 地源热泵系统特点

本工程采用了地源热泵系统这种绿色节能环保能源，它是利用地下常温土壤相对稳定的特性，通过深埋于建筑物周围的管路系统，采用热泵原理，通过少量的高位电能输入，实现低位热能向高位热能转移与建筑物完成热交换的一种技术。其主要特点为：（1）环保：供热时可代替锅炉房系统，没有燃烧过程，避免了排烟污染，供冷时省去了冷却塔，避免了冷却塔噪声及霉菌污染，使环境更加洁净优美。（2）节能：地温一年四季基本稳定，使得热泵无论在制冷或制热工况中均处于高效率。系统的高效率、压缩机的低能耗，使运行费用大幅减少，只有传统方式的2/3。（3）运行安全可靠：由于土壤温度一年四季相对稳定，其波动范围远远小于空气温度的波动，主机吸热和放热不受室外气温影响，因此运行工况比较稳定，优于其他类空调设备。

3. 热泵机组实际运行记录及运行费用分析

根据对2015年度全年的运行工况分析可知，热泵机组年用电量为2442302kWh，制冷季平均每天用电量约为8502kWh，整个制冷季平均运行费用为12.3元/m²。供暖季平均每天用电13144kWh，整个供暖季平均运行费用为25.2元/m²。

泊头地区当地电费为1元/m²，市政供热收费为30元/m²，热力管道开户费为70元/m²，若冬季采用市政热力供暖，1年的运行费用为30元/m²×65000元/m²＝195万元，开户费为70元/m²×65000元/m²＝455万元。采用地源热泵供暖，1年运行费用为25.2元/m²×65000元/m²＝163.8万元。分析可知，采用地源热泵机组的经济性是比较明显的。

虹桥商务区核心区一期 08 地块暖通空调系统设计①

- 建设地点： 上海市
- 设计时间： 2011 年 4 月～2012 年 12 月
- 竣工日期： 2014 年 9 月
- 设计单位： 华东建筑设计研究总院
- 主要设计人： 韩磊峰 郑 若 张 洁
- 本文执笔人： 郑 若

作者简介：

韩磊峰，高级工程师，1999 年毕业于中国纺织大学供热通风与空气调节专业。现供职于华东建筑设计研究总院文化旅游与建筑设计所。主要代表作品：通用电气上海张江二期园区、虹桥核心商务区 08 号地块、苏州信汇达国际金融广场、复旦大学附属妇产科医院、萨摩亚国家医院、普陀山观音法界、南京牛首山文化旅游区一期工程、尼山胜境儒宫等。

一、工程概况

虹桥 08 号地块 D23 街坊位于上海市虹桥核心商务区南端，距虹桥机场约 11km。四周分别沿申贵路、建虹路、申长路与甬虹路贴线建设。

本街坊总建筑面积 252441m²。地下 3 层，地上主体建筑 8～9 层，最高 42.4m。地下三层为汽车停车库，地下一层与地下二层为商业、餐饮与机电设备用房；地上 6 幢主体建筑除 6 号楼内设有少量娱乐性功能房外，其余均为办公建筑（见图 1～图 3）。

图 1　地块整体夜景

空调工程投资概算：9800 万元；单方造价：925 元/m²；空调冷指标：78W/m²（总建筑面积），112W/m²（空调建筑面积）；空调热指标：39W/m²（总建筑面积），55.7W/m²（空调建筑面积）。

通风空调室外空气计算参数见表 1，空调设计室内空气计算参数见表 2。

---

① 编者注：该工程设计主要图纸可从中国建筑工业出版社官方网站本书的配套资源中下载。

图 2　3号楼

图 3　2号楼

通风空调室外空气计算参数　　　　表 1

	空调	通风	大气压力	室外风速
夏季	干球温度 34.6℃	干球温度 30.8℃	100570Pa	3.4m/s
	湿球温度 28.2℃	—		
冬季	干球温度 1.2℃	干球温度 3.5℃	102650Pa	3.3m/s
	相对湿度 74%	—		

空调设计室内空气计算参数　　　　表 2

房间类型	夏季		冬季		人均使用面积 (m²/p)	新风标准 [m³/(h·p)]	噪声标准 NC
	干球温度 (℃)	相对湿度 (%)	干球温度 (℃)	相对湿度 (%)			
门厅	26	50	18	30	20	10	45
办公	25	45~60	20	40	7	30	45
会议	25	60	20	40	2.5	20	40
商业	25	60	20	40	4	20	45
邮政支局	26	60	20	40	6	20	45
酒吧	25	60	20	40	2.5	10	50
多功能厅	25	60	20	40	2.5	20	45
餐厅	25	60	20	40	1.5	20	45
美容、美甲	25	60	20	40	6	30	40
SPA（按摩）	26	60	25	40	8	30	40
浴室、更衣室	26	60	23	50	6	2.5h⁻¹	45
健身房	25	55	18	40	6	30	50
跳操、拉丁舞	25	60	18	40	5	30	50
书吧	25	55	20	40	4	20	40
休息室	25	60	20	40	5	20	45
地下商业公共空间	25	60	20	40	15	10	45
便利店	25	60	20	40	4	20	45

二、暖通空调系统设计要求

1. 冷热源（含动力）及供给系统

D23 街坊空调冷、热水全部由虹桥 08 号地块核心商务区南区能源中心提供，在地下二层共设置了 11 个换热站。根据《虹桥商务区核心区区域集中供能技术标准（第一版）》提供的资料：夏季区域供冷的设计供/回水温度为 5.5～6.0℃/13℃；冬季区域供热的设计供/回水温度为 100～110℃/60℃。D23 街坊各热交换站冷水二次侧（即用户侧）的设计供/回水温度统一采用 7℃/14℃；热水二次侧的设计供/回水温度统一采用 60℃/50℃。

2. 空调系统

（1）本工程所有主体建筑全部按绿色三星建筑的要求设计。遵照这个原则，本街坊中所有办公楼、会展、休息厅及设在 6 号楼的正餐厅、酒吧、健身房、书吧、门厅及地下商场的公共场所按全空气空调系统设计，可以更好地保证空气品质，过渡季也能采用加大新风量的节能措施；6 号楼地上部分的快餐、SPA、美容、美甲等小空间空调区及地下商业与餐饮等功能分隔不确定因素较多的区域采用分区两管制风机盘管加新风的空气—水空调系统。

（2）变风量末端的选型以及末端小环路风道的设计。为配合建筑空间设计，空调设计采用了较大的送风温差，为此变风量末端均选用数控压力无关型串联式风机动力箱（FPB）。外区末端需配置热水加热盘管，盘管的加热量应满足其服务区内建筑热负荷和加热该末端最小一次风所需要的热负荷。3 号楼在四～六层办公室和二层、三层的会议室内设置带独立新风入口的变风量空调系统，其新风由设置于屋顶的一台（可变风量的）分子筛铝箔转轮全热回收新风处理机供给。

（3）为配合商业区全空气空调系统的全新风工况的运行和秋冬季的节热运行，过渡季排风风机均配置了变频调速装置（见图 4），并在其排风管内设置温度传感器，为空调系统的节热运行提供必要的室内温度的控制信号。该系统中有部分风机将为处于内区的商业区变新风系统（利用新风供冷）全风量运行时提供可变风量的排风。

3. 环境保护

（1）本工程均选用高效低噪声空调通风设备，并配备必要的减振降噪措施，确保室内噪声符合现行国家标准《民用建筑隔声设计规范》GB 50118 室内允许的噪声标准，并确保环境噪声不超过原地位置声环境预测的计权等效连续感觉噪声级标准。

（2）所有厨房的炉灶排油烟系统均设有高效油雾净化装置，将排风中的含油量降到国家规定的标准以下，然后再送到办公楼的屋顶高空排放。

（3）厨房的隔油池、污水泵房均设置机械排风系统，系统中设置光氢离子等除臭净化装置对排风进行预处理，然后送到办公楼的屋顶高空排放。确保区内无不当的空调通风系统形成的污染源。

（4）在垃圾房的排风系统上设置了活性炭过滤除臭装置，有效阻止了垃圾房内的臭味对周边环境的影响。

4. 绿色、节能技术措施

（1）本工程的冷热源全部由南区能源中心提供。能源中心采用分布式热电联供技术，并尽可能地配置了水蓄冷设备。

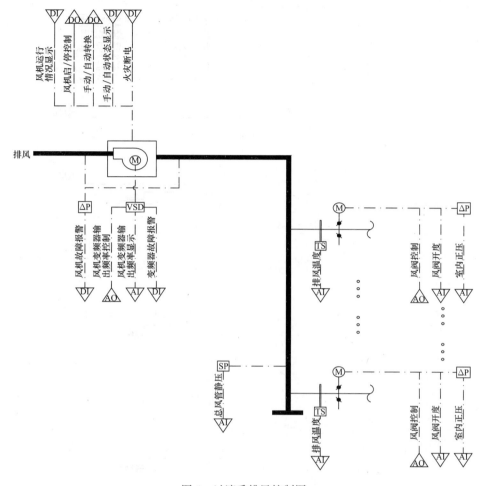

图 4　过渡季排风控制图

（2）本区内办公楼采用高效全热回收装置，得以充分利用建筑内所有排风对新风进行预冷（和预热）处理，有效降低了空调季的新风负荷。

（3）本工程办公、会展、娱乐等建筑中采用的全空气空调系统均分别设置了与空调季及过渡季相匹配的机械排风系统，可在过渡季协助空调系统实现全新风工况运行，以低焓值的室外空气实现"免费冷却"，在全面提升室内空气品质的同时有效降低空调系统的耗冷量。

（4）本工程在主体办公建筑内设计采用了带独立新风入口末端的变风量系统，该系统克服了传统变风量空调系统新风分配不均的缺点，并在入室人数变化较大的会展、会议等空调区域内可通过室内空气品质传感器对每一个变风量末端的新风量进行调节，可在确保室内空气品质达标的前提下最大限度节省新风能耗。

（5）办公建筑采用变风量全空气系统，使建筑物处于部分负荷或部分空间使用时能有效控制系统的送风范围与送风量，既可有效节省运行能耗，必要时还可实施分区域对用能进行计量。带独立新风入口末端的新风系统的设置，可使外区末端的一次风的风量在 0～100% 进行调节。与必须设定最小一次风的变风量系统相比，独立新风变风量系统的总送风机的节能率可获得进一步提高。

空调通风系统原理如图 5 所示。

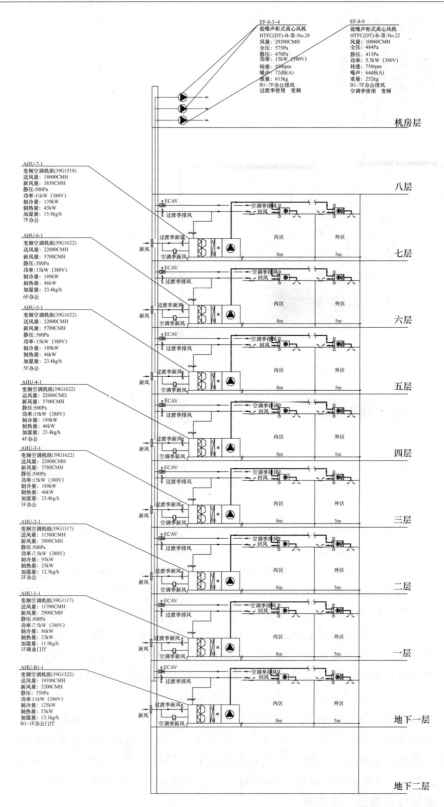

图 5　空调通风系统原理图

（6）设计采用了无刷直流大温差风机盘管，与普通型风机盘管相比，其运行能耗平均可降低约 50%。

三、暖通空调系统方案比较及确定

高效热回收新风机组的节能率与经济效益分析：选型计算时，考虑到绿色建筑的外窗和玻璃幕墙的气密性须高于普通玻璃幕墙的气密性，根据以往的经验本设计按 $0.3h^{-1}$ 的换气次数估算办公建筑维持室内正压的漏风量。由此推算出，在使主体建筑室内的正压维持不低于 10Pa 时，热回收系统可利用的最大排风量约为设计新风量的 76%。为保证热回收装置在排风与新风的风量比在 76% 的条件下，全热回收的效率能够大于 60%，设计推荐采用热回收转轮铝箔表面陶瓷晶体分子筛筛孔的直径等于 3 埃（0.3nm）的高效排风热回收装置。研究表明，所有有害气体分子的直径都远大于 3 埃，即只要热回收转轮表面分子筛筛孔的直径均等于 3 埃，那么所有有害气体的分子都不会被分子筛转轮吸附，只能吸附直径等于 1.8 埃的水蒸气分子，实现无污染的全热回收。3 埃级分子筛转轮全热回收装置生产厂技术部根据上海的气象资料对其生产的新风量为 30000m³/h、排风量为 22800m³/h（即排风量与新风量之比 76%）的转轮热回收新风处理机的初投资和全年运行能耗作了详细分析，较为全面地反映了 3 埃级分子筛高效热回收转轮的节能率及其经济效益。

经济比较的结果表明：在使用常规冷热源的工程中，第一年就可以节省 19.76 万元。在采用集中供冷的虹桥 8 号地块内使用，30000m³/h 3 埃级分子筛转轮热回收新风机组的年度运行费，比使用集中冷热源的新风机组的年度运行费少 10.2991 万元，即两年内便可回收转轮热回收新风机组的初投资，并且有 8.7 万元的盈余。计算同时表明，即使在上海地区的新风系统内使用，陶瓷晶体分子筛转轮热回收仍然是一项实现低碳与节能减排绿色生活的先进技术。

四、通风及防排烟系统

1. 通风系统

（1）本工程的地下停车库、变配电所、应急发电机房、水泵房、热交换机房、电梯机房、通风空调机房、卫生间、厨房及隔油池、污水泵房等均配机械通风系统。

（2）厨房通风设计。为使厨房内能保持将近 5Pa 的负压，应在空气平衡计算的基础上确定厨房补风量。根据上海市卫生防疫部门的要求，夏季厨房的室内温度不应超过 30℃，必须对送风作冷却处理；冬季为防止厨房内产生雾气影响正常操作，必须对送风作加热处理，以保持其送风温度不低于 16～18℃。为防止燃气泄漏，厨房须另设值班通风和事故通风系统。本设计在靠近厨房排油烟罩的附近设置带自动清洗设备的高效静电油雾净化装置，就近对厨房排风进行除油净化处理，以减少排油烟风管的火灾隐患。经除油净化后的厨房局部排风，通过不锈钢风管经相邻主体建筑内的竖井，由安装在屋顶的厨房排风风机抽吸到屋顶，高空排放。为避免安装在室内的排油烟风管中的废气外泄，各厨房排油烟风机的静压应包括排油烟罩（滤网）、防火阀、油烟净化装置、风机进出口消声器的局部阻力损失以及从排油烟罩到排油烟机房出口的全部排风管及其管件的阻力损失，排油烟风管内的静压值在其出机房的隔墙处为零。此后，排油烟风管中废气流动的动力将全部由屋顶排风风机提供，保持穿越室内的排油烟风管全部处于负压状态。

（3）变配电所通风。根据《全国民用建筑工程设计技术措施暖通空调动力 2009》对变配电室室内温度的规定，夏季设计将地下商业用过的新风（或称余风）送入相邻的变配电所，以消除其室内的余热。在无法利用空调余风的变配电所内根据热平衡计算设置通风与空调降温系统，并设置室温控制系统对通风与空调降温系统实施启停控制：在室内温度达到 30℃时，BAS 将启动通风系统降温；当室内温度超过 35℃时，BAS 将自动关闭通风系统，启动空调降温系统。当空调降温系统运行时，其设计最小新风量不应小于系统送风量的 5％。在室外相对湿度极高的梅雨季中，不要随意开启通风系统。

（4）地下汽车库通风。地下汽车库的通风系统按防火分区划分的范围分别设置机械送、排风系统。排风量在单层车库的分区内按 $6h^{-1}$ 换气的风量计算；机械式停车库则按 $6h^{-1}$ 换气（层高按 3m 计算）与每辆车 $400m^3/h$ 中较大的一个风量进行设计。送风系统的设计风量按其分区内排风系统设计风量的 80％计算。根据本街坊以办公为主的特点，地下汽车库的通风系统宜采用分时间段自动启停送、排风风机的方式进行控制，以节省运行能耗。

2. 防排烟系统

（1）防烟系统设计。按照防火设计规范与建筑防排烟技术规程的要求，本街坊所有防烟楼梯间、合用前室及防火隔间均配置机械加压送风系统；防烟楼梯间的设计余压值为 50Pa，合用前室的设计余压值为 25Pa，防火隔间的设计余压值为 30Pa。

（2）排烟系统设计。根据建筑专业提供的资料，本街坊主体建筑的办公室全部采用开窗自然排烟；长度大于 20m 的走道与无法开窗的门厅采用机械排烟；地下部分建筑根据国家规范的要求设置相应的机械排烟和补风系统。

（3）由于地下商业空间的防火分区的面积较小，排烟系统的排烟管须多次穿越防火分区的防火墙。凡设在走道吊顶内以及穿越防火分区的排烟管全部采用 1h 耐火极限的防火风管，凡穿越前室和穿越防火墙两侧各 2m 的范围内的排烟管均采用耐火极限不小于 2h 的防火风管。吊装在走道吊顶与吊装在有可燃物吊顶内的排烟管应采用厚 40mm、密度为 $70 \sim 100 kg/m^3$ 的矿棉板或岩棉板隔热，并与可燃物保持不小于 150mm 的间距。

五、自动控制设计

（1）采用自适应控制程序对换热站的变频调速冷热水泵进行最佳启停控制、运行台数控制、顺序控制、均时控制以及根据最不利环路空调末端的供回水压差对水泵转速与运行台数进行控制：换热站水泵的变频调速控制装置宜由水泵生产厂提供，控制器须内置一个有记忆的微处理器，一台控制器可控 6 台水泵、连接 4 个压差传感器，控制器的显示屏上可显示各控制区域的设定值、过程变量、水泵运行情况、水泵运行次序、PID 调节范围、水泵或变频器失灵、报警、故障诊断、手动或自动转换、备用电池的储电量等。控制器内设控制程序，控制器出厂前已将所控水泵的特性曲线输入控制程序。因此，控制器可防止水泵电机过载、避免水泵在其特性曲线的末端工作，并按"适当效率程序"控制水泵在最高的"电—水总效率"下运行。BAS 可通过控制器的 RS-485 接口，了解变频控制系统及其所控水泵的全部运行参数。用户侧冷、热水供回水温度控制；水泵最低转速电动旁通阀的开度控制。

（2）风机盘管具有室温、风机启停与转速控制、电动两通水阀的开关控制。其室温控制器宜与时间型计量装置合并设置。

（3）新风机组控制。

1）常规新风机组控制：常规新风机组控制包括送风温湿度、机组启停控制，自动/手动操作的切换、过滤器压差报警、防冻保护、火灾断电等监控功能及其空气处理耗用冷（热）能的计量。

2）简易变新风系统的控制：冬季可实现对内区商铺供冷简易变新风系统的控制，除包括常规新风机组的控制项目以外，还包括冬季对新风送风温度（新、回风比）的控制、根据新风系统最不利环路的静压传感器的偏差信号调节系统风量（风机变频调速）的控制，以及根据新风机组夏季提供新风与冬季向内区供冷的不同需要，对末端电动定风量阀及其手动控制器的失电（失电时保持系统最小新风量）与通电（可根据室温手动调节各电动定风量阀的开度）控制。

（4）定风量全空气空调系统的最佳启停控制。空调机组设高负荷段变风量、送/回风温湿度、最小新风量（采用压差传感器对系统最小新风量进行控制）、全新风（及过渡季排风风机转速）、变新风比的新/回风混合温度控制，自动/手动操作、过滤器压差报警、防冻保护、火灾断电等监控功能及其空气处理耗用冷（热）能的计量。

（5）变风量空调系统控制。主要包括室温控制（即压力无关型变风量末端的串级控制、冬季外区末端热水流量调节阀的控制）、空调系统总风量控制（设计建议采用总风量控制或欧美式的变静压控制）、空调系统新风量控制（包括最小新风量，全新风与变新风控制，CO_2 浓度控制以及转轮热回收新风处理机的控制）、空调系统送风温度控制、房间正压（即空调季排风与过渡季排风系统的控制）、冬季室内平均相对湿度控制及空调箱的常规控制（即送/回风温湿度、新/回风混合温度控制、自动/手动操作、过滤器压差报警、防冻保护、火灾断电等监控功能及其空气处理耗用冷/热能的计量）等（见图 6）。

（6）每个热交换站设冷、热能计量装置（见图 7）。由于各热交换站的能量计量直接与收费挂钩，因此，其流量计应根据能源中心的要求，采用测量精度为 0.5%、下限测量流速可达 0.1m/s 的管道式电磁流量传感器；采用测量精度为 0.2% 且计量特性一致或相近的配对温度传感器以及采用精度为 0.5% 的能量积算仪。

（7）以排除余热为主的通风系统（如变配电室、电梯机房以及换热站等机电用房的通风系统）的运行，应根据其室内温度由 BAS 进行监控。

（8）电动双工况风口送风状态的控制。BAS 应根据设计要求对系统辖区内的电动双工况风口（如电动双工况球形喷口的送风射流与水平面的夹角、电动双工况旋流风口送风气流的状态）的送风状态，适时进行控制。

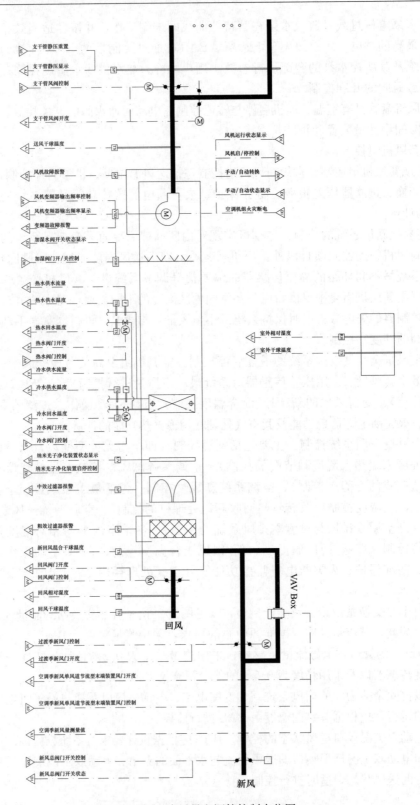

图 6 变风量空调箱控制点位图

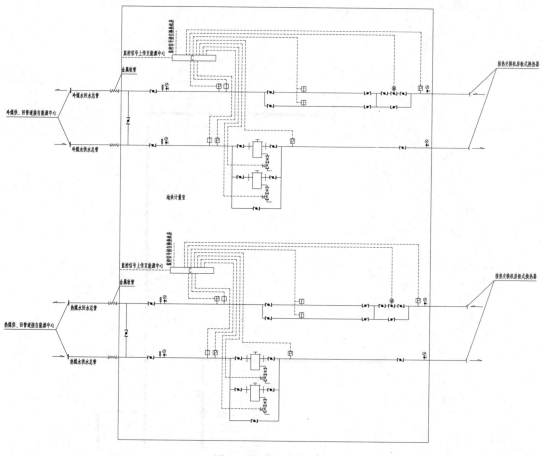

图 7　能量计量原理图

（9）屋顶排油烟风机的排风量控制。安装在主体建筑 2、4、5 号楼的屋顶上的厨房排油烟风机，大多负担 1～3 个厨房排油烟系统废气的排放。BAS 应及时根据送出信号的静压传感器的偏差信号调节屋顶排油烟风机的变频调速装置的输出频率，控制屋顶排油烟风机的转速，在保证厨房排油烟系统的排风达到设计风量的同时，确保所有穿越商场与办公室的排油烟管在运行中必须全部处于负压状态，不得向室内泄漏废气。

（10）BA 控制程序包含了最佳启停（或按预定时间自动启停）控制、焓值控制、节热控制、室内温湿度控制等。

六、工程主要创新及特点

（1）采用热回收转轮铝箔表面陶瓷晶体分子筛筛孔的直径等于 3 埃（0.3nm）的高效排风热回收装置（见图 8）。

（2）采用了带独立新风入口末端的变风量系统，该系统克服了传统变风量空调系统新风分配不均的缺点。

（3）本项目获得三星级绿色建筑设计证书。

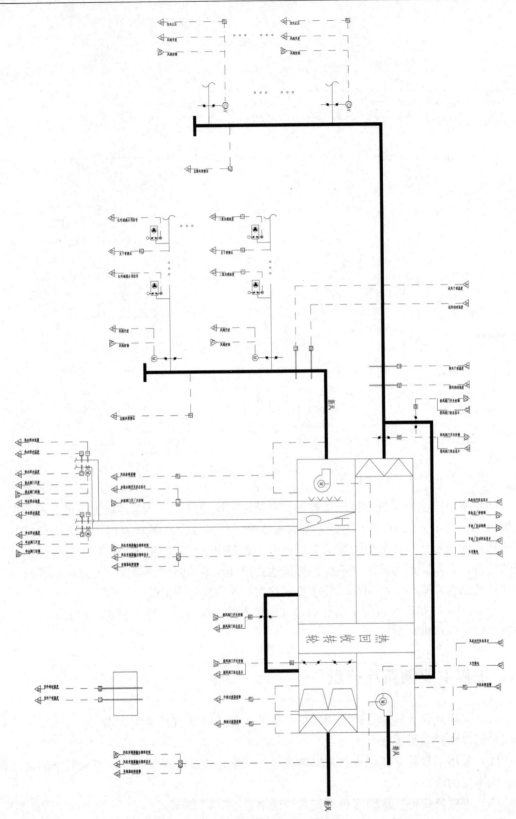

图 8　热回收转轮机组控制图

南海意库梦工厂大厦空调设计^①

- 建设地点： 深圳市
- 设计时间： 2010 年 9 月～2014 年 10 月
- 竣工日期： 2015 年 12 月
- 设计单位： 广东省建筑设计研究院
- 主要设计人： 朱少林　陈伟漫　江宋标
　　　　　　 廖坚卫　浦 至
- 本文执笔人： 朱少林

作者简介：

朱少林，高级工程师，注册设备工程师（暖通空调），副总工程师，2009年7月毕业于湖南大学。现工作于广东省建筑设计研究院深圳分院。主要代表作品：深圳中广核大厦、深圳招商蛇口海上世界城市综合体、希尔顿酒店、华润前海中心、昆明西山万达广场、深圳大冲村大涌商务中心、中山远洋城等。

一、工程概况

南海意库梦工场大厦为商业办公综合体，位于深圳市南山区蛇口海上世界片区，太子路与工业三路交汇处。

总建筑面积约 113742m²，空调面积 53743m²。本建筑地下 3 层，地上 25 层，总建筑高度 99.95m（见图 1）。

1. 裙房 3 层：为商业、餐饮、电影院、公交场站及其他服务用房，面积约 30000m²。裙房一～三层均为商业、餐饮及电影院。

2. 地下一层设有地下商业、停车库及设备用房，地下二、地下三层设有停车库及设备用房，地下二、地下三层局部设置平战结合人防地下室。公交场站设于一层商业与办公之间，场站设计 4 个发车位，2 个下客位，13 个蓄车位。

图 1　南海意库梦工厂大厦实景图

3. 塔楼 25 层：首层、二层为办公大堂及配套商业，三～二十五层为办公区，面积约 50000m²。

二、设计参数及设计原则

1. 室外计算参数（见表 1）

室外计算参数　　　　　　　　　　　　　　　　　　　　表 1

季节 \ 参数	干球温度（℃）		湿球温度（℃）	大气压力（kPa）
	空调	通风		
夏季	33.7	31.2	27.5	100.24
冬季	6	14.9	—	101.66

① 编者注：该工程设计主要图纸可从中国建筑工业出版社官方网站本书的配套资源中下载。

2. 室内计算参数（见表 2）

室内计算参数 表 2

功能＼参数	干球温度（℃）		相对湿度（%）		新风量 [m³/(h·p)]	噪声 [dB(A)]
	夏季	冬季	夏季	冬季		
电影厅	26	20	50～60	＞40	20	≤45
餐厅	26		50～60		20	≤55
办公区	26		≤55		30	≤45
商业	26		50～60		20	≤55
电梯厅	26		40～60		10	≤55

3. 功能及设计原则

本项目包含商业与办公功能，其中商业又有租售业态及自持业态；办公整体出售给招商港务运营。根据运营时间差异及物业管理差别，合理选择空调系统。

（1）裙房商业除地下一层超市及 24h 公共连通通道、二层中餐厅及三层电影院外，其余为型室外商业街，商铺均为租售型；塔楼功能均为办公。

（2）地下生活超市、24h 公共连通通道、二层中餐厅均为大空间商业区，运行时间基本一致（24h 通道夜间不供冷），合设中央空调系统，同时各区域独立水立管，分开计量，便于计费。

（3）电影院有独立运行需求，且有冷暖空调要求，独立设置风冷热泵系统。

（4）裙房零散商业，功能复杂，运行时间差别大，尤其餐饮类、便利店存在 24h 营业需求，同时小业主要求商铺区域的空调尽量灵活，计费相对独立，采用多联机可有效满足小业主的使用要求。

（5）办公楼功能单一，统一业主运营，建筑立面要求较高，其中高区楼层为招商港务自用办公，低区楼层出租，租户类型为金融、保险行业及集团公司总部。总体新风品质要求高，二次装修空间划分多变，采用中央空调系统更符合业主需求。

三、空调冷热源及系统设计

1. 经冷热源方案对比分析及逐时逐项冷负荷计算，冷热源配置如表 3 所示。

冷热源配置 表 3

负担区域	空调面积 (m²)	总冷负荷 (kW)	总热负荷 (kW)	冷热源设备		
				形式	台数	单机容量（kW）
塔楼	39416	6074	—	水冷离心 水冷螺杆	2 1	2110 1231
电影院	2667	634	320	模块式风冷热泵	4	130（冷） 132（热）
超市、24h 通道、餐厅	6756	2138	—	水冷螺杆	2	1055
其余商业	4904	1407	—	变频多联	空调：1758kW 新风：445kW	

2. 冷水供/回水温度为 7℃/12℃，热水供/回水温度为 45℃/40℃；冷却水进/出水温度为 32℃/37℃。

3. 电影院风冷热泵系统供回水干管与商业中央空调系统（其中电影院负荷不计入商业系统）连通，作为机组故障时备用。

4. 水系统为一次泵变水量双管系统，冷水管立管采用同程式、水平支管采用异程式；商业中央空调水系统为一次泵变水量、异程式双管系统；电影院风冷热泵冷热水系统均采用一次泵定流量、异程式双管系统。

5. 裙房商业多联机系统计算冷负荷为 1407kW，实际总装机容量为 2203kW，超配原因如下：1) 多联机系统存在衰减，衰减系数约为 0.85，各系统实际制冷量为额定工况的 0.85；2) 设定送风温差，根据室内显热校核风量计算，室内机选型冷量大于房间实际冷量需求；3) 考虑到裙房商铺均为餐饮，高峰期负荷较大，空调末端按中档选型，室内末端冷量略有放大；4) 多联机室内外机配比一般不宜超过 1.1，根据室内各末端冷量之和校核室外机装机容量引起外机装机容量增加。

6. 塔楼办公楼预留 IT 机房用多联空调系统，每层装机容量 44kW，分 2 套系统设置，室外机位分别预留在二层及塔楼屋面层。

7. 制冷机房布置平面图见图 2。

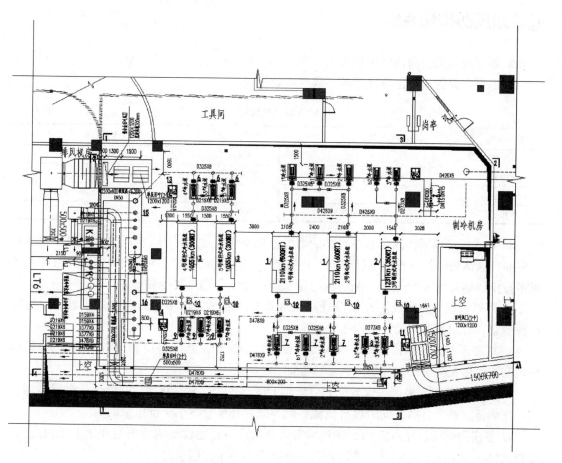

图 2 南海意库梦工厂大厦制冷机房布置平面图

四、空调风系统

1. 首层办公大堂、地下一层超市、24h 通道、二层餐厅、影院放映厅、门厅等大空间采用全空气低速变风量空调系统（末端空调器变频），气流组织为上送上回。在过渡季节新风量按系统送风量的 50% 调节运行，且全空气系统风柜采用变频技术，有效调节所负担区域的风量及冷量。

2. 影院放映机房采用直流式空调系统。

3. 影院走道、裙房零散商业、办公采用风机盘管加新风系统。办公塔楼新风系统设置 CO_2 浓度探测器，根据室内 CO_2 浓度调节新风量。其中室内 CO_2 浓度控制范围为 800～1000ppm，当室内 CO_2 浓度大于 1000ppm 时，提高风柜变频频率；当小于 800ppm 时，降低风柜变频频率。

4. 新风系统安装 PHT 光氢离子空气净化装置，确保办公的室内空气品质。

5. 车库通风系统：地下停车库设 CO 浓度探测器，控制对应区域送、排风机的启停。车库 CO 浓度指标不允许超过 $30mg/m^3$，当超过时开启车库送、排风机。

五、通风防排烟系统

1. 各层公共卫生间换气次数为 $15h^{-1}$，排风经竖井或者外窗排至室外。

2. 地下室设置机械进排风系统，换气次数见表 4。

地下室换气次数　　　　　　表 4

房间名称	换气次数（h^{-1}）	房间名称	换气次数（h^{-1}）
汽车库	6	变电房	按实际发热量
配电室	按实际发热量	发电机房	6（平时通风）
水泵房	6	制冷机房	6/12（平时/事故通风）
垃圾房	12（设除臭装置）	气瓶间	12

3. 餐饮厨房预留排油烟竖井，排油烟风量按换气次数 $60h^{-1}$ 确定，油烟出口设置在裙房屋面，远离塔楼并设置静电过滤器，达到低空排放标准。建筑外立面预留取风百叶，送风量按排油烟量的 80% 选取。厨房内通风系统由专业公司二次接驳。

4. 严格按照《高层民用建筑设计防火规范》的要求，本项目所有防烟楼梯间、消防电梯前室、合用前室均设置加压送风系统。

5. 塔楼不符合自然排烟要求的内走道设置竖向排烟系统，各层均设有电动排烟风口，由设在屋面层及机房层的排烟风机进行排烟。

6. 地下汽车库：根据防火分区划分防烟分区（每个防烟分区 ≯2000m²），设置排烟系统，排烟量 ≥$6h^{-1}$ 计算；同时设有机械补风系统，补风量不小于排风量的 50%。

7. 各房间总面积超过 200m² 的经常有人停留或可燃物较多的地下室或地上无窗房间，设置机械排烟系统，同时设有消防补风，补风量不小于排烟量的 50%。

8. 裙房及地下室不符合自然排烟要求的房间，设置机械排烟系统。

六、节能控制系统

1. 制冷系统

冷水机组、冷热水泵、冷却水泵、冷却塔、电动水阀——一对应联锁运行，根据系统冷负荷变化，自动或手动控制冷水机组的投入运转台数（包括相应的冷水泵、冷却水泵、冷却塔）。

2. 冷水泵变频控制

自动监测流量、温度等参数计算出冷量，自动发出信号，控制制冷主机及其对应水泵，增大或减小系统的流量，但必须保证系统最不利环路水平支管的压差不小于设定值 ΔP。当负荷变化时，优先控制水泵投入运转台数，再变频控制水泵转速。

3. 中央空调风柜（新风柜）控制

（1）温度控制：在回风口（或送风管）处设温度传感器。夏季工况：当回风温度小于设定温度时，通过变频器减小风量，当风量减小到70％，状况未改变时，则关小冷水阀开度，减少冷水量；当回风温度大于设定温度时，通过变频器加大风量，当风量增加到100％，状况未改变时，则加大冷水阀开度，增加冷水量。冬季工况：当回风温度大于设定温度时，通过变频器减小风量，当风量减小到70％，状况未改变时，则关小热水阀开度，减少热水量；当回风温度小于设定温度时，通过变频器加大风量。当风量增加到100％，状况未改变时，则加大热水阀开度，增加热水量。过渡季：当室外温度低于设定温度时，自动关闭调节水阀，停止供冷。

（2）CO_2 浓度控制：由设置在室内或回风管处的 CO_2 浓度探测器控制新风阀动作，调节新风量，根据 CO_2 浓度控制。

4. 地下车库送、排风机的控制

根据 CO 浓度探测器监测车库内 CO 浓度，由物业控制对应车库区域送、排风机的启停。每个防烟分区设置一个 CO 浓度探测器。

5. 变频多联机的控制

（1）设置集控系统，室内、室外机控制及计费系统由厂家提供。

（2）各个系统的室内机与对应的空调室外机联锁运行，根据系统的冷负荷变化即系统总回气管的压力变化，自动控制空调室外机的投入运转台数及变频控制（包括室外机相应风扇）。

（3）各个系统的室内机由设在区域内的线控液晶控制面板根据室内使用人员的设定控制室内的温度。

七、设计特点及先进性

1. 本项目设计达到国家公共建筑二星和深圳银级绿色建筑设计标准的要求。

2. 电影院设置模块式风冷热泵系统，同时电影院供回水干管与商业中央空调系统（其中电影院负荷不计）连通，作为机组故障时备用。

3. 中央空调制冷系统设置冷凝器在线自动清洗装置，提高制冷主机冷凝器盘管洁净度，提高换热效率，降低运行能耗。

4. 车库 CO 监测系统：地下停车库设 CO 浓度探测器，控制对应区域送、排风机的启停。

5. 办公 CO_2 监测系统：办公塔楼新风系统设置 CO_2 浓度探测器，根据室内 CO_2 浓度调节新风量；各层水平分支管设置冷量计量装置，为中央空调计量收费提供依据。新风系统安装 PHT 光氢离子空气净化装置，确保办公的室内空气品质。

6. 24h 多联机系统：考虑到办公塔楼租户有数据机房 24h 空调使用需求，预留变制冷剂流量系统（单冷型），每层分 2 套系统设置，室外机位分别预留在二层及塔楼屋面层。

八、运行分析

2017 年 7 月 31 日 16：00，对商业制冷系统冷水主机、冷却水泵及冷却塔的运行工况进行实测。运行条件下，制冷机组冷冻水供回水温差与设计工况基本一致，冷却水温比设计日水温低 2℃。主机制冷量与额定工况相同，水泵额定水量运行。

1. 实际运行工况下商业制冷系统耗功率如表 5 所示。

实际工况下商业制冷系统耗功率　　　表 5

设备名称	参数	单台功率	台数	总功率
螺杆式冷水机配电柜	制冷量：1055kW	209.3kW	2 台	418.6kW
冷冻、冷却泵水配电柜 A	—	—	—	61.87kW
冷冻、冷却泵水配电柜 B	—	—	—	61.87kW
冷却塔配电柜	—	—	—	9.54kW
总计	—	—	—	551.88kW

2. 设计工况下商业制冷系统耗功率如表 6 所示。

设计工况下商业制冷系统耗功率　　　表 6

设备名称	参数	单台功率	台数	总功率
螺杆式冷水机	制冷量：1055kW	200kW	2 台	400kW
冷冻水泵	流量：200m³/h，扬程：320kPa	37kW	2 台	74kW
冷却水泵	流量：240m³/h，扬程：300kPa	37kW	2 台	74kW
冷却塔	容量：300m³/h	5kW	2 台	10kW
其他	冷凝器清洗装置，加药设备	4.75kW	2 套	9.5kW
总计	—	—	—	567.5kW

3. 运行日室外干球温度高于设计工况，湿球温度略低于设计工况，冷却塔设在室外屋面背阴处，实际供回水温度比设计工况低 2℃；但由于主机冷凝器与标准工况存在一定的差别，污垢系数增加，实际运行制冷耗功率高于额定功率。

4. 水泵实际运行时，实际耗功率低于额定功率。

5. 运行日，设计电冷源综合制冷性能系数（SCOP）（制冷主机＋冷却水泵＋冷却塔）为 4.28（《公共建筑节能设计标准》GB 50189—2015 对应的要求为 4.1）；实际运行电冷源综合制冷性能系数为 4.31，达到设计目标。

6. 总体制冷系统运行能耗略低于设计能耗，系统运行可靠。